“硬”核

硬件产品成功密码

汪正贤 著

人民邮电出版社
北京

图书在版编目（CIP）数据

“硬”核 : 硬件产品成功密码 / 汪正贤著. 北京 : 人民邮电出版社, 2025. -- ISBN 978-7-115-65830-2

Ⅰ. TP330.3

中国国家版本馆 CIP 数据核字第 20256UQ845 号

内 容 提 要

本书全面阐述了硬件产品经理的能力模型、知识结构和工作流程，并配有丰富的图表、示例。本书在介绍硬件产品经理工作中涉及的三大业务板块（产品准备、产品落地和产品运维）的具体事务时，依次从产品需求管理、规划和定义、设计与研发、项目管理、上市、维护和退市等方面详细阐述了硬件产品经理的实操细节，并给出了立项任务书、产品需求文档、产品体验报告、GTM（Go To Market，上市）文档、评审报告等的详细撰写方法。

本书适合硬件行业各层级产品经理、项目经理、各类设计师与工程师、市场营销人员、销售人员、电子商务从业者学习和参考，也适合企业管理人员、人力资源从业者和硬件产品爱好者阅读和参考。

◆ 著　　　汪正贤

责任编辑　杨绣国

责任印制　王　郁　焦志炜

◆ 人民邮电出版社出版发行　　北京市丰台区成寿寺路 11 号

邮编　100164　　电子邮件　315@ptpress.com.cn

网址　https://www.ptpress.com.cn

北京捷迅佳彩印刷有限公司印刷

◆ 开本：720×960　1/16

印张：20　　2025 年 5 月第 1 版

字数：328 千字　　2025 年 7 月北京第 3 次印刷

定价：109.80 元

读者服务热线：(010)81055410　印装质量热线：(010)81055316

反盗版热线：(010)81055315

推荐序一
以初心为舟，以技术为桨

20 世纪 70 年代初期，我们那批孩子经常要去农村、工厂接受锻炼和再教育，这占用了我们大部分的学习时间。在那段时间里，我待过时间最长的三个工厂是海口罐头厂（椰树集团的前身）、海口市机械厂和海南汽车修配厂。从小在农村长大的我，进入城市上学后有机会接触到工厂的生产线和机器，这些生产线和机器激发了我极大的好奇心和兴趣。于是我的梦想逐渐变成了上大学，学一门技术，当一名工程师，要是能做汽车工程师就最好了！

虽然长大后我意识到年少时的梦想可能有些稚嫩，但也正是那时的梦想赋予了我面对生活中苦难和磨砺的勇气，让我不屈服于生活不公和恶劣环境。考上大学后，四年的大学时光不仅拓宽了我的视野、丰富了我的知识，更为我提供了一个可以尽情驰骋想象的空间。毕业时，我重新确定了自己的人生梦想：有朝一日要创造一个中国的“索尼”，这是我第一次将自己的梦想和国家的命运紧密相连，并为之奋斗了几乎一生。

1982 年，我大学毕业后满怀激情地加入中电华南进出口公司，但随着时间的流逝，我发现现实与梦想有一定的差距，于是我不再沉迷于自己名校“优秀毕业生”的光环，开始埋头从底层做起。1988 年我移居香港，自己创业。1989 年我在香港注册成立遥控器厂，取名“创维”。那时候，改革开放的浪潮催生了一大批杰出的企业家，他们在商海中浮沉，最终脱颖而出，成为无数创业者的楷模，而我本人也深受这个时代的影响。我曾经在美国街头看到标着“中国制造”的电子产品被当作劣等商品摆在地摊上，那一刻，我的爱国之情油然而生，拳拳赤子之心不断激荡。

20 世纪 90 年代，我迎来了创业的成长阶段。在这一时期，创维与中国电子器件工业总公司合资成立了深圳创维 -RGB 电子有限公司，当时，我们刚刚挤进国内彩电市场，尚无兼并扩张的实力。直到 2000 年，创维成功在香港主板上市，募集资金 10 亿元，我们才开始发力，逐渐做大做强。2001 年，创维彩电销售额成功突破 70 亿元大关，跻身中国彩电业前三名，并在此之后持续保持增长态势。自2010年起，创维正式开启了“走出去”的国际化战略。在这一过程中，我们先后接盘厦华南非公司，并购德国高端电视机制造商美兹（Metz），收购印尼东芝TJP工厂。随着时代的变迁与发展，众多民族品牌在中国经济的振兴中崭露头角。而创维，正是这些品牌中的佼佼者，见证了中国制造业的崛起和繁荣。仅仅33年，创维的机顶盒销量就已跃居全球第一，创维的智能电视机销量排名全球前四。此外，我们还涉足冰箱、空调、洗衣机等多个领域，每年向全球供应8000万台智能家电。

2010年，我在南京创立开沃汽车公司，并主导完成对南京金龙客车制造有限公司的收购与重组。2011年，开沃汽车正式进入新能源汽车赛道。面对行业质疑，开沃汽车深耕新能源汽车领域长达10年。这10年间，开沃汽车不仅建成了以南京商用车和徐州乘用车为核心的全国七大生产基地，更逐步积淀了深厚的技术底蕴；在完成战略转型后，公司正式更名为创维汽车。创维汽车项目启动初期，在电动汽车线控底盘技术上遭遇了国外车企的技术封锁，仅谈判门槛就高达一亿美元。后来，创维汽车组建了一支尖端研发团队，实现了一次次突破，攻克了核心技术难关。如今，创维汽车的技术已与国际接轨，能够敏锐把握市场变化，紧跟世界技术发展的步伐。除掌握核心“三电”技术外，创维汽车还研发了Sky系列技术家族，包括Sky PILOT自动驾驶系统、Sky LINK智能网联系统、Sky DRIVE智驱解决方案、Sky POWER智电解决方案和Sky SAFETY智安解决方案。我们致力于通过硬件和软件的结合，实现车辆的多维链接，为消费者创造多元化的智能生活场景。正是基于这样的美好愿景，结合我们在智能家居行业多年的积累，创维汽车成为智能家居业务和数据闭环中的关键一环。2021年6月，创维汽车凭借卓越的产品技术和品质，通过了欧盟整车认证，并在德国、以色列、约旦等42个海外市场实现了中国新能源汽车销售的突破。秉持“进攻即防守”的战略理念，创维汽车积极拓展更广阔的全球市场，让更多消费者认可中国品牌。

创业33年来，创维品牌之所以能在中国家电业崛起，是因为我们长期致力于促进家庭的健康生活。20多年前，创维彩电推出了“不闪的才是健康的”产品理念，关注用眼健康，这个理念至今仍广为人知。现今的创维汽车则致力于研发与驾乘者深度睡眠、健康养生相关的技术与生态，助力人类实现“百岁人生”的梦想。

回想过往，我怀揣着产业报国的初心，一生中攀登了两座高峰，第一座是创维智能家电的崛起，而第二座则是新能源汽车领域的开拓。这一切，皆源于我心中一直涌动的中国梦。对创维来说，无论是制造家电还是研发汽车，我们始终坚持以技术为核心，靠实力打下市场。

拥抱智能化是未来硬件产品发力的基石，智能硬件的制造依旧是未来的大方向。在追求软件的稳定和差异化的同时，硬件产品经理的角色及其能力要求也必将受到前所未有的重视。我亲身经历了彩电和汽车两大产业的发展和变革，深知智能硬件实现路径的艰辛。正贤于 2004 年加入创维，他见证了创维的年销售额从 70 亿元到 400 亿元的大跨越，同时他个人也经历了从工程师、产品规划者、设计管理者到研发管理者的成长和蜕变。他写的这本书对硬件产品经理进行了深入研究，对其知识结构和思维模式进行了梳理和剖析，详细阐述了硬件产品经理的工作流程。本书内容从概念到理论，再到实践环节和应用工具的介绍，非常实用。对正在从事硬件产品工作的产品经理、工程师、设计师、产品企划人员、经营人员和管理人员而言，本书具有重要的指导意义和参考价值，非常值得一读。

没有永远身处蓝海的行业，但有永远与时代共成长的企业。在这伟大的时代，让我们以初心为舟，以技术为桨，破浪前行，在国际舞台唱响中国的品牌之歌!

黄宏生

开沃新能源汽车集团董事长

创维集团、创维汽车创始人

推荐序二
产品规划、管理是企业竞争力的基石

众所周知，产品（或服务）是企业生存和发展的基石。正是通过产品（或服务），企业才能与客户（或用户）建立联系、促成交易，进而实现经营过程并达成经营目标。只有当企业的产品（或服务）质量过硬，能够为客户（或用户）提供实际价值时，客户（或用户）才会给予认可，愿意为之付费，从而促成交易。

但是，怎样的产品才是好产品？如何准确定义产品的功能和卖点？怎样才能把产品做好？如何为产品立项并快速做出样品？如何保障产品的试产和顺利实现量产？怎样的产品组合和结构才能支撑企业的经营规模和效益？如何才能实现产品的单品效益和规模效益？怎样确保产品顺利退市？所有这些都是企业经营人员和管理者必须深入思考和解决的问题。为了应对这些与产品有关的挑战，企业必须设立相应的组织（部门）或配置专业人员。

在企业的经营、管理实践中，我们常常看到企业产品规划、管理相关职能的落实或执行被忽视或没有引起足够的重视。不少企业，尤其是初创期企业，常常由企业负责人（即第一责任人）来担任产品规划和管理角色，但这种做法往往存在很大的弊端。比如，可能在产品定义阶段仅凭感觉和经验就确定了产品的功能、外观等，导致产品上市后定义不准，消费者不喜欢、不接受。当企业发展到一定规模时，不少企业会调整组织结构，以便更好地考量产品相关功能。比如，将产品定义职责放在市场部，将产品的项目立项、管理职责放在研发部。由不同组织部门来分担产品规划、管理的相关功能，相比初创期企业的非专业性做法，无疑是一种进步，这强化了产品规划、管理功能，但仍存在不够系统等问题。成熟期企业一般会专门基于产品规划、管理职能的需要来设立产品部或产品中心，由产品部或产品中心专门负责产品规划、管理工作，这是一种更系统且合理的组织方式。虽然在企业不同阶段产品规划、管理职能的专业度和受重视的程度不尽相同，但随着企业的发展，这一职能的专业性和重要性一定会逐渐增强。

不管采用哪种形式，有关产品的定位、定义、规划、组合、策略、管理的功能是不能缺失的，任何功能（或职能）的实现，都必须基于组织、人才、方法（或工具）来执行和保障。其实，我们观察一个企业能不能成功，首先看的就是它的产品。如果从组织或职能层面来观察，就是看企业的一把手是否关心产品。如果企业一把手对产品没兴趣，不关心，不深入研究，或者对产品的售后反馈漠然视之、不作为，我们基本上可以断定这个企业的产品竞争力不强，进而推断出这个企业未来的发展一定不会很顺畅。我们通过观察一个企业内部是否设有产品中心或产品部这样的产品规划与管理组织，是否有与产品规划、管理相匹配的组织部门（比如市场部、销售部或研发部）和执行人员，以及产品规划与管理这个功能在各部门能否得以贯彻执行，基本上可以判断这个企业的产品竞争力如何。

大概是 2006 年年中，我在创维彩电专门组建了横跨研发、生产、供应、销售等多部门的产品委员会，该委员会负责彩电事业部的产品规划和产品管理工作。试运行大半年后，于 2007 年 4 月，产品委员会正式升级为常设机构——产品部。当时产品部的负责人是清华大学毕业的叶文鑫先生，创维产品部的定位和组建正是由他推动的。经过多任负责人的努力，产品部最终比同行更早建立完整的产品规划和管理体系，且取得了显著的成效。也正是因为产品部的努力，当年创维彩电的产品始终领先于同行，研发速度快、卖点突出、结构合理、周转效率高且市场节奏好。产品部为创维的高速发展立下了汗马功劳。而且，创维彩电产品的整个流程——立项、研发、试产、量产、交付、上市和退市——也变得更加顺畅高效。这一顺畅高效的流程也是当年创维彩电产品在市场上表现优秀的一个重要因素。

建立了产品职能部门之后，接下来的关键在于明确硬件产品经理的岗位职责、提升硬件产品经理的能力，以及科学评价产品部门的工作成效。

记得本书作者汪正贤先生当年从产品部调任创维工业设计研究院院长兼创新中心的总监时，他主要承担产品的外观、结构、工艺等设计重担以及负责全公司的 ACP（Advanced Concept Projects，预研项目）。创新中心在产品研发过程中是一个非常重要的部门。汪正贤先生亲自参与产品的规划与管理，因此他对产品的理解和感悟非常深刻，尤其对硬件产品经理的岗位职责有着深切的体会。为了让更多从事产品管理的人能够学到优秀的方法和经验，他基于自己的亲身经历，以及多年来对于产品管理持之以恒的关注、思考和经验积累，撰写了本书。

我在收到汪正贤先生的大作时，忍不住一口气读完，细细回味后，深感欣慰，终于有人全面总结了硬件产品经理这一既关键又特殊的岗位及其职能。

本书开篇对硬件产品经理的定义、定位、职业规划及知识体系进行了全面梳理。随后，深入探讨了硬件产品经理的能力模型，详细阐述了硬件产品经理的业务板块和实践指南；最后，基于实例介绍了硬件产品经理必备的文档及其写法。

这是一本对硬件产品工作进行系统、全面分析和研究的著作，也是迄今为止我在该领域见到的从理论到实践进行系统性论述的著作。对于从事硬件产品工作的人来说，本书具有重要的现实指导意义，同时对企业的产品规划人员和经营管理者都有重要的参考价值。

杨东文

维科技术股份有限公司副董事长、总经理

创维数码控股有限公司前执行董事、CEO、总裁

推荐序三
让理想与理性的光芒交相辉映

37 岁的井深大在成立索尼公司前身“东京通信研究所”时，写下了这样的创业宗旨：我们的工程师是为理想而工作的，不是为盈利而工作的，我们的公司要成为“工程师的乐园”。

在井深大的感召下，盛田昭夫加入东京通信研究所，不仅带来了 19 万日元的天使投资，还与井深大结成了终身的默契合作伙伴关系。井深大将他强烈的好奇心、卓越的洞察力和永远高昂的热情奉献给了自己的理想，而盛田昭夫则以其以人为本的智慧、魅力和强大执行力将这些理想落地。

Walkman 就是理想与理性完美结合的代表作之一。在 20 世纪 70 年代末，井深大敏锐地意识到，打造一款既受年轻人喜欢又价格亲民的随身音乐播放产品，必将拥有巨大的市场需求。盛田昭夫很认同井深大的观点，于是要求索尼公司的营销部门开展一次大范围的消费者调查，以了解他们的需求。然而，市场调研的结果却令人大失所望，没有人对这种东西感兴趣。而且，那个时期的各种电子器件都非常笨重，要在短时间内研发出高品质、时尚、便携的产品，异常艰难。但是盛田昭夫没有放弃，他将高篠等工程师召集到会议室，满怀激情地发表演讲，激励工程师团队在半年内攻克难关；他还决定在产品中去掉此前常规配置的录音功能，仅保留听音乐的功能。1979 年 7 月 1 日，第一代 Walkman TPS-L2 在日本问世，重量只有 400 克。虽然推出的第一个月仅售出了 3000 台，但索尼的工程师对自己的产品深爱有加，他们倾巢而出，带着 Walkman 走上步行街、登上新干线进行展示，从而推动了 Walkman 的迅速走红。Walkman 最终成为影响几十亿年轻人的跨时代文化符号。

索尼的产品理念也深深影响了乔布斯。在让苹果实现翻身的 iPod 系列产品中，能够看到很多 Walkman 的影子。经历过人生低谷的乔布斯，也仿佛淬火重生，蜕变为一位以理性为内核的理想主义者。他兼容并蓄地汲取了井深大和盛田昭夫两位大师的智慧，并随着苹果手机的成功而登上神坛，成为新一代产品经理的偶像。

产品经理，从字面意义上看，是对产品负责的人；但从内涵来讲，产品经理是赋予产品灵魂和生命的人。“通过发挥想象，为社会提供新的便利和喜悦”，盛田昭夫的这一教导至今仍有分量。做产品，绝不仅是实现功能、形成量产，更重要的是全心全意地投入、用智慧与汗水为社会创造新价值。可以说，产品研发的过程，就是一段理想主义与理性主义相互交融的历程。

作为一名充满追求和抱负的硬件产品经理，正贤始终孜孜不倦、勤勉努力。他的新作结构工整、内容全面，系统总结并提炼了硬件产品打造过程中的各种方法和流程。

互联网领域有句名言：尽可能移动比特，而非原子。由此可见，相较于只需移动比特的互联网软件产品，需要移动原子的硬件产品其难度必然要大上至少一个数量级。正如马斯克所说，不断地低成本快速试错、持续从反馈中学习，是解决困难问题的关键所在。终身学习，持续改进，坚持理想，理性迭代，让我们一起共勉！

李怀宇

上海联育集创创业孵化器管理有限公司董事长

微鲸科技有限公司创始人、前 CEO

推荐序四
硬件行业需要深耕者

我国不仅是电子信息产品的主要制造国，还拥有世界上最大的互联网用户群体。智能硬件的需求空间非常广阔，具备带动万亿级市场的潜力。智能硬件是继智能手机之后的一个重要科技概念。通过软硬件的结合，我们可以改造传统硬件，使其智能化。智能化后，硬件具备了连接的能力，加载了互联网服务，形成了典型的“云＋端”架构，并带来了大数据等附加价值。但是，我国关键技术和高端产品供给不足，创新支撑体系不完善，产业与用户的互动不密切，生态碎片化现象也比较严重。前些年互联网的快速发展吸引了大批人才进入软件行业，然而，尽管制造业面临的挑战日益加剧，真正专注于硬件产品开发的人才却并不多。可喜的是，近年来有一大批有志之士通过学习、转型等方式，开始积极投身到硬件行业中来。智能硬件是软硬件的重要结合点，软件是灵魂，硬件是肢体，而硬件因涉及研发、制造、销售、供应链和售后服务等诸多环节，显得比软件“重”得多。在这个过程中，硬件产品经理扮演着重要的角色。

华为是最早引入和推行 IPD（Integrated Product Development，集成产品开发）流程的企业。有了 IPD 流程，企业就如同有了正确的理论指导，行动有了具体的方向。IPD 流程起到了统一思想的作用，能够加速企业的成功。IPD 流程之所以能让华为在 IT 领域脱颖而出，其出色的产品和技术起到了至关重要的作用。华为内部非常重视 Charter（立项任务书）和 GTM（Go-To-Market）策略，并形成了与一般企业不一样的考核方式，即营销对销量负责、产品对利润负责。华为在做手机方面属于后来者。但当年荣耀手机迅速崛起，成为少有的可以与小米直面抗衡的互联网手机产品，销售额在一年之内从 1 亿美元增至 30 亿美元，这一成功离不开营销团队的不懈努力，离不开软硬件研发工程师夜以继日的付出，也离不开硬件产品经理孜孜不倦的贡献。

创立优点科技后，在从智能锁单品拓展至全屋智能的过程中，我一直与正贤共事。

他的新作全面总结了硬件产品打造过程中的各个流程和环节，以及硬件产品经理所需的知识储备和核心能力。本书介绍了很多方法和模板，有的可以缩短学习曲线，有的可以直接应用于实践，还有的能够激发思考、促进探讨。本书非常适合有意进入（智能）硬件行业或者已在该领域从业的读者阅读。期待有更多的专业人士持续为硬件产品领域贡献智慧和力量。

刘江峰

深圳市优点科技有限公司创始人

前华为荣耀总裁

推荐序五
硬件产品的避坑指南

俗话说：“师傅领进门，修行在个人。”大部分人说这句话的时候往往强调后半句的个人修行，但其实“师傅领进门”才是关键。一个好的师傅，会给徒弟建立系统框架思维，并提供一份修行路线图，让徒弟在日后遇到困惑和迷茫时，总有一束阳光穿透迷雾，指明前进的方向。很有意思的是，产品经理这个岗位的大多数从业者是靠自己摸索方法的，并没有好的启蒙师傅。原因在于产品经理这一岗位在我国兴起得相对较晚，主要是在互联网时代。更复杂的是硬件产品经理和软件产品经理之间又存在着巨大的差异，这就使得产品经理人才的培养面临诸多挑战，难以体系化地培养出符合行业要求的高素质产品经理人才。

本书恰恰就是一个引领硬件产品经理入门的好“师傅”。本书融合了硬件产品经理的工作流程、产品创新方法论和生存技能等内容。汪总基于自己多年的智能电视研发经验，以智能电视的工作场景为背景生动讲解了硬件产品经理需具备的相关知识和技巧。本书为硬件产品经理提供了一份实战地图，能够让他们按图索骥，迅速掌握岗位核心技能。

在公众舆论的引导下，许多毕业生对产品经理这个岗位产生了浓厚的兴趣。但其实产品经理是一个淘汰率很高的岗位，硬件产品经理更是面临重重挑战，原因在于一个产品的成功涉及的要素实在太多了。正如本书所提到的，软件产品经理更像一个设计师，而硬件产品经理更像一个商人。硬件产品经理要考虑的诸多要素——从市场机会到客户需求、从研发设计到可制造性、从供应链管理到产品盈利能力，无一不是需要多年经验支撑的。用我个人总结的一句话来说就是“一千个坑，一千种死法”。本书用一种举重若轻的手法指出了硬件产品管理过程中的诸多难点，但并没有贩卖焦虑，而是从硬件产品经理的不同段位要培养哪些技能的视角做了阐述。如果你是硬件产品经理新手，你不会因为它过于深奥而停止阅读，而当你历经百战后再次翻阅此书时，它又会给你一种别样的感悟。为不同段位的硬件产品经理提供技能发展的指引，是本书的一大亮点。

对于一本图书来说，兼顾理论高度和实用性永远都是个难点。汪总凭借其丰富的实战经验，在本书中从实战角度出发，对硬件产品经理的工作流程进行了详尽的拆解，每个环节的操作都附有详细说明，使得读者能够轻松理解并应用于实践中。对于硬件产品经理来说，不管项目处于哪个阶段，遇到困难时，只需翻到相应章节，就会发现它能为你提供指引，让你知道问题出在哪里，还能给你一个参考模板。本书能够为硬件产品经理工作流程中的不同任务提供清晰的模板和操作指南，因此也是硬件产品经理缓解焦虑的必备法宝。

限于篇幅，汪总在本书中无法深入介绍每个知识点，这使我读完本书后感到意犹未尽。期待汪总的续篇，为硬件产品经理传授更多宝贵的经验和知识！

罗佳

猫融工厂董事长

技术创新专家 TRIZ 4 级大师

序
与硬件为伍

提到产品经理，我们很容易有一些说不清、道不明的想象。雷军先生的一段话似乎说到了产品经理的情怀："相比追逐利润，我相信追求产品体验更有前途。相比渠道的层层加价，我相信真材实料、价格厚道终究会更得人心。"这注定是一条布满荆棘的荣誉之路，只有经得起磨难，受得了委屈，我们才能奔向梦想的星辰大海。环顾四周，我发现产品经理似乎什么都（能）干，也好像处处都有其打杂的身影。他们既是设计、研发的桥梁，又忙于制造与营销，同时还要综合布局供应链，他们不仅要忙于产品方案，甚至还要投身项目管理。实际上，产品经理是一个热度不减、备受瞩目的岗位。这背后的原因在于，它是在国内互联网行业快速发展的大环境下应运而生的。我们知道，互联网软件产品获客成本和试错成本都相对较低，但稍有不慎，用户也极易流失。这种环境催生了一大批以用户为中心的软件产品经理，他们习惯对着电脑屏幕进行产品策划和创作，这种工作方式看似轻松有趣，因此很容易让初入行的新人产生误解。其实软件产品经理的工作不只是待在办公室对着电脑，他们还需要做大量的用户研究、交互研究和体验测试。事实上，软件产品经理只是产品经理这个"大家庭"中的一员，这个"大家庭"还包括工业消费品领域的硬件产品经理等。

对于硬件产品经理，可能有不少读者会有疑问：硬件产品经理是干什么的？硬件产品经理跟项目经理有什么区别？他们之间的界限在哪里？硬件产品经理与设计和研发人员是如何合作的？等等。其实，硬件产品经理是制造型公司中专门负责产品管理的职位，不仅负责调查、研究并根据用户的需求来定义产品功能，还要协调技术选择，推动研发部门进行相应的研发工作。此外，他们还要根据产品的生命周期规划上市/退市活动。简单来说，硬件产品经理的职能就是整合公司各部门资源，凝聚焦点并确保策略的一致性和完整性，在充分掌握市场需求的背景下协调产品上市的过程，使产品的价值达到最大；组织设计、研发、销售、品牌、运营、售后等人员或者部门按照公司既定的产品策略，进行一系列产品相关的管理活动。鉴于此，深入了解硬件产品经理的属性和职能对读者来说至关重要，只有对自己所从事的工作有清晰的认识，才能谋求进步。

我们经常能够在招聘需求中看到类似如下的关于硬件产品经理的招聘岗位说明。

1. 岗位职责

（1）基于市场分析、技术动态和用户研究，发现市场机会并负责产品规划和产品定义。

（2）跟踪竞争对手的动态和相关产品的用户反馈，负责让自己公司的产品保持持续的竞争力。

（3）跟进包括ID、研发、供应链在内的产品实现过程，关注项目关键节点，把控产品实现质量，确保产品实现符合产品定义，对商业结果和用户口碑负责。

（4）挖掘产品核心卖点，参与产品上市（GTM）过程，协助制订产品定价、营销和渠道等策略。

（5）对产品全生命周期进行跟踪和管理，将市场和用户数据反馈给公司，协助制订产品升级方案，保证产品组合的持续竞争力。

2. 技能要求

（1）具备优秀的产品理解能力、优良的产品策划能力，具备产品思维、设计思维、数据思维、逻辑思维、成本思维和相应的决策能力。

（2）具备专业的市场 / 行业分析、消费者研究、产品规划和产品管理能力。

（3）具备软件和电子、结构、ID、供应链等硬件产品相关的基础知识储备。

（4）熟悉硬件产品的实现流程，包括产品规划、定义、设计、研发、生产、品控、交付等环节，以及各环节需要把控的要点。

（5）有强烈的自我驱动力、责任心以及沟通协调、系统化思考和解决实际问题的能力和意识。

从上述招聘岗位说明中我们可以看出，硬件产品经理的职责包括以下几个方面：市场分析、用户研究、产品定义、产品实现（ID、研发、供应链等），甚至还包括产品营销、产品渠道管理、产品定价、产品改型 / 升级 / 迭代，涉及产品从 0 到 1 的全生命周期。对硬件产品经理的技能要求包括具备产品策划能力、设计思维、数据思维、逻辑思维、成本思维和决策能力等。

可见，招聘单位对硬件产品经理提出了较高的要求。在对产品进行定义时，硬件产品经理需要具备系统化的思维。我们所能观察到的是产品的形态和操作界面，其背后是设计师和工程师的辛勤工作；我们难以直接洞悉的是产品的理念和精神，而理念和精神却是塑造品牌力量的核心要素，也是硬件产品经理匠心独运的体现。由此可见，硬件产品经理对于产品和品牌的成功具有很大的作用。

前言

为什么要写这本书

据我观察，有很多人在职业选择或转型方面存在困扰，有时他们可能并非主动选择进入硬件产品经理这一领域，而是被引导或被迫进入的，因此感到迷茫，不知道从哪里开始学习，也不清楚未来的发展前景，甚至不知道跳槽时如何与人事谈论薪酬问题。

2004 年毕业后，我进入创维公司工作。在工程师岗位上工作久了，我开始厌倦对着电脑干活的状态。那时，我特别羡慕跟人和跟钱打交道的同事（比如财务、项目经理和销售人员等）。在了解了一些与产品相关的知识后，我萌生了自己来定义产品的念头，于是我开始慢慢地学习和积累相关知识。2008 年前后，最早引入 IBM 流程管理且长期优化该流程的华为涌现出了一大波 IPD 专家，其中部分专家后来离职开设了产品管理培训课程。我参与了相关培训，在此过程中，我接触了很多新鲜的观点和工具，同时也发现国内能和华为一样彻底推行 IPD 管理的公司不多，国内的很多行业和公司更重视的还是个人或小团队的能力。于是，我心里种下了写本书的第一颗种子：要开创一条适合培养本土硬件产品经理的路径。也是在那个时期，我在创维产品部与领导和同事一起摸索，共同奠定了创维彩电产品管理的基础。

2010 年以后，随着互联网的快速发展，传统制造型企业坐不住了，因为互联网企业玩法不一样：商业模式不一样，销售渠道不一样，人才结构也不一样。那个时候的市场群雄混战，制造型企业和互联网企业想互相渗透，但是没有合适的契机和模式。2012 年前后，乐视电视横空出世，紧接着小米电视入局，以音视频内容、广告运营为核心的互联网电视大战正式打响。2015 年初，我北上去了上海，那时被誉为“中国的默多克”的黎瑞刚先生也开启了微鲸互联网电视的创业之路，华人文化、阿里巴巴和腾讯纷纷入股微鲸。的确，互联网企业的文化、思路、观点和管理等都与制造型企业不一样，那个时候，电视猫的运营思路已经非常超前。很难想象一个做智能电视的公司，系统软件工程师团队规模能达到 150 人，而应用软件工程师和运营团队规模更是高达 500 人。正是这样的人才基础，为微鲸电视带来了很好的用户体验。直到今天，微鲸的电视和投影仪依旧是视频显示行业的学习标杆。基于此，我心里种下了写本书的第二颗种子：要让产品经理学习软硬件甚至运营的知识，并具备相应的能力。

2018 年前后，智能家居的概念再次被炒热，智能硬件行业迎来了大发展。同年 7 月，我进入智能厨电行业，随后在 10 月，我所在的厨电公司被优点科技收购。2019 年初，我再次回到被誉为智能硬件“中国硅谷”的深圳，并全身心投入智能家居领域。我开始围绕家庭和生活起居对各类智能硬件（比如智能锁、开关面板、灯、空气净化器、净水机、扫地机、窗帘机等）进行定义、研发和销售。同年 9 月，我成立了自己的智能硬件公司——八坤科技，加入了浩浩荡荡的创业大军。同时，我也观察到，互联网时代培养的大量软件产品经理、传统企业培养的项目经理、高校培养的工业设计师和电子商务人员，都在涌入智能硬件这个大行业。在这个大背景下，产品经理需要找准自己的定位，塑造自己的个性，提升自己的能力。因此，我心里种下了写本书的第三颗种子：要帮助产品经理找到定位、塑造个性、提升能力。

积点成线，汇线成面，三颗写书的种子和积累的经验最终汇聚成了本书。在本书中，我结合个人的理解和经历对硬件产品经理这个角色进行了深入的剖析和评价。我详细介绍了硬件产品经理所需的能力、知识体系以及工作中的流程节点，并推荐了一些方法和工具，同时，我也总结了一些实战模板，并分享了一些简单的心得，希望对想从事这个行业的读者有所帮助。

读者对象

- 硬件产品经理；
- 项目经理；
- 工业设计师、产品设计师；
- 结构工程师、硬件工程师、软件工程师、物控工程师、采购工程师和拓品工程师；
- 市场营销、销售人员和电子商务从业者；
- 企业管理人员和人力资源从业者；
- 硬件产品爱好者。

如何阅读本书

本书可分为四篇，其中第三篇会基于实战流程来讲解具体操作。如果你是一名经验丰富的产品经理，能够理解全流程的基础知识和技巧，那么你可以直接阅读这部分内容。但如果你是一名初学者，请一定要从第 1 章的基础知识开始了解。

第一篇为基础篇（第 1 章），系统地介绍产品经理的相关概念、职业发展和素质评价。

第二篇为统筹篇（第 2 ～ 3 章），着重讲解硬件产品经理的知识结构和思维模式以及业务板块。

第三篇为实战篇（第 4 ～ 7 章），这篇将流程分为四大部分，详细讲解硬件产品经理在流程中各个环节的重点工作、关注点及所需的资源。

第四篇为文档篇（第 8 章），梳理了硬件产品经理工作中常用的多类文档，并提供了参考模板，让从业者可以结合行业的实际情况来快速应用这些文档和模板。

勘误和支持

由于笔者的水平有限，写作的时间也比较仓促，书中难免会出现一些错误或者不准确的地方，恳请你批评指正。你可以将书中描述不准确的地方或者错误通过微信（Rechie001 或 Monitorsinw）告诉我，以便再次印刷或者再版时更正。你也可以将宝贵的意见发到我的邮箱（59511648@qq.com）。我很期待收到你的真挚反馈。

致谢

感谢黄宏生先生、杨东文先生、李怀宇先生、刘江峰先生、罗佳先生于百忙之中作序，以及在过往的工作和学习中对我亦师亦友的帮助和爱护。

感谢叶文鑫先生在我从事产品管理后给予的指导和持续的帮助，他一直是我学习的榜样。

感谢邓瑗女士、强胜轩先生、陶锦丽女士、赵臣龙先生、Adam 先生的试读和建议。

感谢自从我工作以来一路相随的伙伴、领导和老师们。无论是雪中送炭还是锦上添花，无论是并肩前行还是欣赏提携，这些都让我在成长路上收获颇丰。

谨以此书献给一直默默支持我、关心我的太太和孩子们，他们一直是我最坚强的后盾。

汪正贤

2025 年 4 月

资源与支持

资源获取

本书提供如下资源：

- 本书思维导图
- 异步社区 7 天 VIP 会员

要获得以上资源，扫描右侧二维码，根据指引领取。

提交勘误

作者和编辑尽最大努力来确保书中内容的准确性，但难免会存在疏漏。欢迎您将发现的问题反馈给我们，帮助我们提升图书的质量。

当您发现错误时，请登录异步社区（https://www.epubit.com），按书名搜索，进入本书页面，点击“发表勘误”，输入勘误信息，点击“提交勘误”按钮即可（见下页图）。本书的作者和编辑会对您提交的勘误信息进行审核，确认并接受后，您将获赠异步社区的 100 积分。积分可用于在异步社区兑换优惠券、样书或奖品。

与我们联系

我们的联系邮箱是 contact@epubit.com.cn。

如果您对本书有任何疑问或建议，请您发邮件给我们，并请在邮件标题中注明本书书名，以便我们更高效地做出反馈。

如果您有兴趣出版图书、录制教学视频，或者参与图书翻译、技术审校等工作，可以发邮件给我们。

如果您所在的学校、培训机构或企业，想批量购买本书或异步社区出版的其他图书，也可以发邮件给我们。

如果您在网上发现有针对异步社区出品图书的各种形式的盗版行为，包括对图书全部或部分内容的非授权传播，请您将怀疑有侵权行为的链接通过邮件发送给我们。您的这一举动是对作者权益的保护，也是我们持续为您提供有价值的内容的动力之源。

关于异步社区和异步图书

“异步社区”(www.epubit.com) 是由人民邮电出版社创办的 IT 专业图书社区，于 2015 年 8 月上线运营，致力于优质内容的出版和分享，为读者提供高品质的学习内容，为作译者提供专业的出版服务，实现作者与读者在线交流互动，以及传统出版与数字出版的融合发展。

“异步图书”是异步社区策划出版的精品 IT 图书的品牌，依托于人民邮电出版社在计算机图书领域 30 余年的发展与积淀。异步图书面向 IT 行业以及各行业使用 IT 技术的用户。

目录

基础篇

统筹篇

实战篇

基础篇

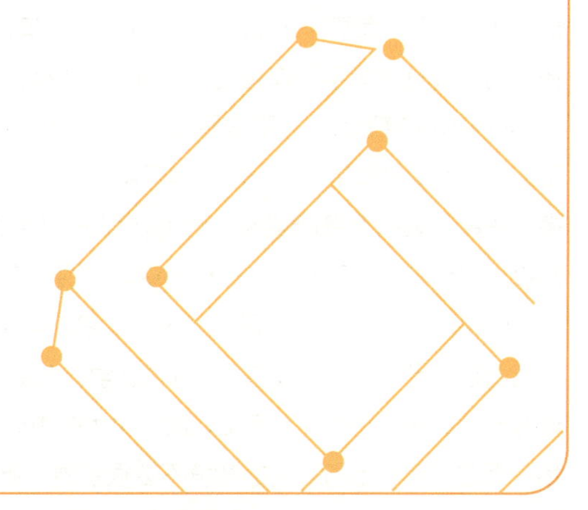

第 1 章

硬件产品经理

1.1 关于产品经理

1.1.1 产品经理的诞生

“人人都是产品经理”这句话广为流传，但我并不怎么认同它。每个人都可以根据自己的成长背景和体验来给既有产品提意见，但不是每个人都具有定义产品的能力。更好的说法应该是“人人皆是产品思考者”。好的产品经理是产品的 CEO（首席执行官）。产品经理的叫法现在已经很流行了，但关于产品经理这一角色的诞生，并没有一个确切的说法。现在广为人知的产品经理岗位流行于互联网和软件行业。据说产品经理的叫法最早来自 Neil McElroy（尼尔·麦克尔罗伊）的产品管理备忘录，Neil McElroy 是快消品行业巨头 P&G（宝洁公司）的总裁。

1925 年，Neil McElroy 从哈佛大学毕业后进入快消品巨头 P&G，并被分配到广告部工作。该部门负责 Camay（佳美）香皂品牌的推广。年轻的 Neil McElroy 很快就发现他们的品牌竞争对手不仅包括 Lever Brothers 和 Palmolive 等外部公司的品牌，还包括 Ivory（P&G 旗下的一个肥皂品牌，在过去的几十年里，它深受消费者的喜爱），而自己负责的 Camay 品牌是一个新的香皂品牌。当时，P&G 在 Ivory 上的投入比 Camay 要多得多。毕竟，Ivory 的销售结果已经摆在那里，而 Camay 的一切都还是未知数。新、旧业务的投入比例怎样去平衡？从理论上讲，在同一个市场上投入多个品牌会导致内耗，浪费资源。P&G 已经有了 Ivory 品牌，为什么它还需要 Camay 呢？显然，用市场规模去解释这个情况是不足以让人信服的。研究经济学的 Neil McElroy 经过分析意识到不同的消费者群体有不同的购买动机，实际上，同一个大的市场可以分成许多包含不同消费群体的细分市场，而这些细分市场之间的竞争不会很激烈，所以即使 P&G 公司有几个不同的品牌，也不会造成资源的浪费。因此，他建议 P&G 针对大市场中不同的消费群体，推出不同的品牌来分别满足不同的消费者需求。这意味着每个品牌细分市场的专业团队都应该有相应的人员来跟进市场需求，他们的内部资源和预算应该是独立的，而不是相互竞争的。

品牌最终应该是服务于消费者的，它本身只是一种潜在的符号。品牌具有认知成本，好的品牌认知成本低，反之，差的品牌认知成本高。品牌是通过产品来被感知的，产品是满足细分群体需求的核心要素。Neil McElroy 把以上总结为一个人负责一个品牌，这个概念被称为 McElroy Memo。其中负责产品营销、关注消费者的需求、改进产品的人，被称为产品经理（Product Manager，PM）。Neil McElroy 也就成为现代商业历史上的第一位产品经理。值得庆幸的是，Neil McElroy 提出的理论得到了当时 P&G 总裁的大力支持，这一理论很快引发了变革，并使 P&G 在随后的几十年里取得了巨大的成功。由于 P&G 的成功，业界也开始纷纷效仿设立产品经理。

后来，Neil McElroy 成为国防部长，并帮助创建了美国国家航空航天局（NASA）。在斯坦福大学担任顾问期间，他影响了两位年轻的企业家，他们就是 HP（惠普）公司的创始人 Bill Hewlett（比尔・休利特）和 David Packard（戴维・帕卡德）。这两位企业家为产品经理这一职业的发展奠定了基础。众所周知，HP 是一家美国跨国信息技术公司，为消费者、企业（小型和大型）甚至政府提供硬件和软件解决方案。HP 的做法有什么特别之处？特别之处在于 Bill Hewlett 和 David Packard 总是让决策尽可能地贴近客户。现代产品经理的职责之一就是必须倾听客户的声音。HP 公司引入了一种独特的结构，即每个产品组都必须成为一个独立的组织，负责相应产品的研发、制造和销售，一旦组织规模超过 500 人，就会被拆分成更易于管理的小型组织，这也是现在产品线的前身。

时间回到 20 世纪 50 年代战后的日本，现金流紧张问题迫使各公司采取准时研发或准时生产的方式。准时研发或准时生产方式是由丰田公司发展起来的，因此也常被称为丰田生产方式（Toyota Production System，TPS）。使用 TPS 是为了缩短日本公司，尤其是丰田公司供应商对客户的反应时间。TPS 的幕后推手是大野耐一和丰田英二，后者是丰田创始人的侄子，后来成为丰田汽车公司的 CEO 兼董事长。TPS 注重两个基本原则：改善和“现地现物”。改善在日本企业中既被视为一种行动计划，也被视为一种哲学。实践改善的主要目的是创造一种持续改进的文化，让所有员工都积极参与到改善公司的活动中来。典型的改善活动包括这些步骤：计划（提出假设）、实施（进行实验）、检查（评估结果）、行动（改进实验）。这些步骤构成了现在常见的 PDCA（计划、实施、检查、行动）循环。“现地现物”就是回到源头，找到事实并做出正确的决定。

值得注意的是，TPS 一传到西方，就在 HP 公司得到了应用。随后，产品经理遍布硬件和软件公司，成为全球公认的职位。

事实上，作为产品经理角色的起源地，最开始 P&G 的产品经理更多地被叫作“品牌经理”，顾名思义，他们的主要职责是管理品牌。其实，现在很多公司仍然在使用这种叫法，这个职位设置在市场部或者品牌部。后来经过传承和发展，产品经理的工作职责慢慢转向全面的产品管理。国内随着 IT 和互联网（尤其是移动互联网）的兴起，产品经理职位迅速普及，几乎所有互联网公司的产品线都有产品经理。而国内硬件产品经理是伴随工业品从工厂代工全面转向产品品牌时兴起的，这一角色出现的时间并不长，很多从业者是从研发等职位转岗而来的，他们通过摸爬滚打积累了丰富的实践经验和资源。

1.1.2 产品经理的定义与硬件产品经理的工作内容

在许多公司中，产品经理是一个重要而关键的职位，但它的职责往往没有得到很好的界定。虽然不同行业和企业的产品经理职责各不相同，但所有产品经理都负责推动产品的研发，并对这些产品的成功负有最终责任。关于产品经理角色的困惑，很可能是由这个角色的工作类型导致的。我们可以按专业来划分设计师、工程师等，但对于产品经理这个角色的定义仍然不够清晰。

Product Tank 的创始人马丁·埃里克森（Martin Eriksson）最初是这样描述产品经理的：产品经理处于业务、技术和用户体验的交叉点，他们需要平衡这三种需求，做出艰难的决定。而 Opsware 的 CEO 本·霍洛维茨（Ben Horowitz）把产品经理比作“产品的 CEO”，看上去产品经理有某种特殊的权力，但实际上他们并没有。然而，产品经理却要像 CEO 一样，设定目标，定义成功，帮助激励团队，并对结果负责。

对于产品经理的定义，百度百科的描述是这样的：“产品经理也称产品企划经理，是指在公司中针对某一项或某一类产品进行规划和管理的人员，主要负责产品的研发、制造、营销、渠道等工作。产品经理是很难定义的一个角色，如果非要用一句话定义，那么产品经理是为终端用户服务、负责产品整个生命周期的人。”

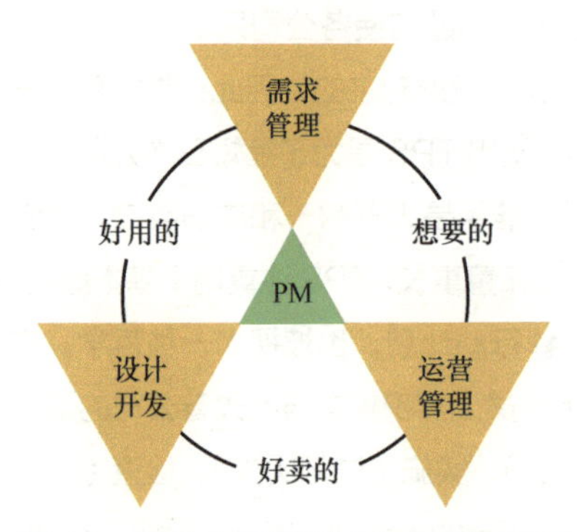

图 1.1 硬件产品经理工作内容概述图

了解了产品经理的定义，我们再来看看硬件产品经理的工作内容。硬件产品经理三个方面的工作内容如图 1.1 所示，具体阐述如下。

1）需求管理：了解各种需求，确认产品规划、定义和经营模式。

2）设计开发：推动产品研发落地涉及设计、研发、生产和交付等步骤。

3）运营管理：协调产品运营和管理整个产品生命周期。

上面只是概要说明了硬件产品经理的工作内容。为了让新手能够找到学习的切入点，后面会详细介绍硬件产品经理的工作内容。

1.1.3 国内硬件行业开始关注产品经理的原因

近些年来，国内的硬件产品经理职位得到了关注和重视。据了解，这背后的核心驱动力是整体产业环境的变化。将传统硬件产业与移动互联网产业进行比较，我们可以发现它们之间的显著差异。传统硬件行业的发展基本上是从 OEM（Original Equipment Manufacturer，原始设备生产商）和 ODM（Original Design Manufacturer，原始设计制造商）开始的，公司核心人员以业务型人才为主，客户输入需求后，工厂开始生产，团队很少能接触到客户所在行业的市场信息，导致他们习惯性地进入接收输入信息的工作模式。然而，移动互联网行业几乎没有 ODM 模式，产品设计、研发、运营全部由团队自主完成。因此，公司高层管理人员和产品团队必须直接面对用户，了解用户的需求，而这也就要求开发者不仅要具备出色的技术能力，还要具备理解用户需求和进行竞品分析的工作思路。这种工作模式的转变也就决定了公司人员结构的变化。

传统硬件行业（尤其是工厂、制造型公司）在完成资本积累后，逐步踏上了品牌转型之路。品牌是可以溢价的，品牌溢价可以贡献更多的利润，于是 OBM（Own Branding & Manufacturer，自有品牌生产或原创品牌设计）模式逐渐开始流行起来。产业变化如图 1.2 所示。然而，在这种转变过程中，工程和制造环节也经常会出现问题，比如未能进行完全的沟通、文件记录出现问题、没有让供应商参与产品研发过程、太晚将设计研发工作移交给制造环节（或部门）、试图加快研发过程而选择了错误的供应商等。这些问题中的每一个都可能导致高昂的代价，或者未达成成本目标，甚至导致项目彻底失败。产生这些问题的一个重要因素是原来的业务型人才缺乏与消费者的直接接触和经验，不知道该如何从消费者入手，没有人告诉他们该做什么产品、应该怎么做产品。产业转型带来了对产品人才的渴求。2013 年前后，物联网的发展和智能硬件的兴起为传统硬件产业注入了新的活力，很多公司希望在智能硬件行业实现弯道超车。这时，硬件产品经理开始承担重要职责：提升公司的协同力，激励员工提高业绩和增强创新能力，认真分析影响成本和业绩的数据，采用快速、敏捷的战略制订过程，等等。移动互联网从业者纷纷投身于硬件产品领域，他们与传统硬件行业合作，并将移动互联网行业的产品经理模式带入传统硬件行业。这种融合不仅为产品经理在传统硬件行业中的诞生和普及提供了充分的参考和借鉴，还为行业引入了大量产品经理人才。毕竟，要对传统行业进行赋能，硬件产品经理必须拥有相应的视野和知识，并据此采取明智的行动。

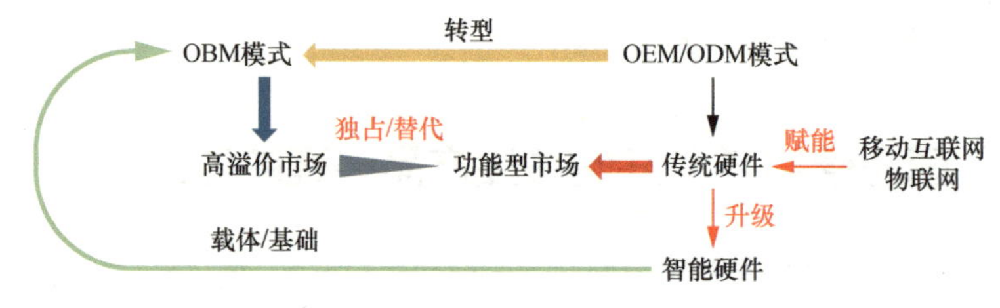

图 1.2　产业变化图

我认为，硬件产品经理的兴起和发展还将持续，原因如下。

1. 市场和客户需求不断变化

只要人类存在，技术就会发展，用户的需求也会不断变化。如果公司不能随着时间的推移更新产品愿景或产品战略，就有可能遇到重大问题。特别是在硬件行业，灵活应对非常重要。产品团队要确保产品目标的实现和产品路线图的更新。可见，硬件产品经理承担着非常重要的责任。

2. 人机协作必不可少

虽然有人说 AI（人工智能）会取代人类工作，但我并不这样认为。机器让我们更接近完美，但人类更喜欢真诚和充满感情的人际交往。我们当然会与技术、AI 密切合作，但这并不意味着硬件产品经理职位会消失，以人为本的技能依然重要。

3. 数字化转型尚未完成

绝大部分行业的数字化转型都尚未完成，在这一过程中，出色的硬件产品经理就像“方向盘”一样，引领着公司稳步前行。

4. 产品管理领域衍生出其他职业路径

可能有人认为硬件产品经理的职业发展路径相对单一，仅限于级别的晋升。然而事实上，硬件产品经理的职业发展道路远比这丰富和多元，产品管理领域还可以衍生出许多其他职业路径，具体如下。

- 个人贡献者：专注于产品的专业化工作，帮助大众或产品从业者提升专业知识和专业度。
- 人员管理者：领导产品团队，将更多时间用于实现共同目标和愿景，旨在发展产品人员。
- 企业家 / 创始人：领导自己的公司，专注于经营业务和打造产品。

5. 高管层中的产品导向转变

根据 Product School 的报告，16% 的公司由具有产品背景的首席执行官（CEO）领导，31% 的公司的高管团队中有正式的首席产品官（CPO），55% 的公司计划加大投入并围绕产品团队进行组织更新，包括招聘更多的 CPO、为产品团队分配更多的预算，以及给予产品负责人更多的话语权。这一趋势反映出，随着硬件产品经理的重要性不断提升，企业高层正逐步向以产品为中心的管理模式转变。

1.1.4 硬件产品经理与软件产品经理的本质区别

虽然任何新产品都是从解决痛点的愿望开始的，但通向最终产品的道路可能会根据产品（硬件产品或软件产品）的不同而有很大的区别。如表 1.1 所示，硬件产品经理是做实物产品的，与偏向于梳理流程和需求逻辑的软件产品经理在本质上有很大的区别。

表 1.1 硬件产品经理和软件产品经理的区别

类别	软件产品经理	硬件产品经理
角色比喻	像设计师	像商人
知识面	关注市场、用户调研和分析、产品设计、用户体验、UI（User Interface，用户界面）设计、技术研发、数据分析、运营维护、拉新促活、商业变现、推荐推送和迭代等方面的知识	关注市场、用户调研和分析、数据分析、方案设计、ID（Industrial Design，工业设计）开模、电子电路、用户体验、成本控制、包装设计、质量把控、营销渠道、定价促销、售后服务和召回等方面的知识
战略路线	短	长
开发模式	敏捷开发、迭代、小步快跑和循序渐进	重决策、重规划、一次完成产品所有功能，涉及软硬件研发及联合调试等
关注点	数据、产品体验	成本、价格和投入产出比
供应链复杂度	很低	很高
后勤保障	主要是人、计算机	除了人、计算机，还有物料、设备等重资产
成本意识	边际成本接近于零，成本意识很弱	对于成本和配置斤斤计较
产品周期	短期，迭代	长期，规划
产品质量管理	若有 Bug，则打补丁	若有问题，则退换货或召回

续表

类别	软件产品经理	硬件产品经理
合作成员	需求分析师、交互设计师、用户研究员、UI 设计人员、研发人员、测试人员、运营人员、市场人员	外观设计师、平面设计师、结构工程师、电子工程师、软件工程师、采购人员、品控人员、销售人员、售后人员、技术支持人员、仓管人员、供应商、代工厂、模具厂、SMT（Surface Mounted Technology，表面贴装技术）厂、包装厂等，以及其他外部合作伙伴

1.2 硬件产品经理的定位

虽然不同公司里硬件产品经理的具体职责可能有所差异，但他们的核心定位却大同小异。在我看来，硬件产品经理是洞察需求、整合方案、管理资源和评估收益的关键角色。

1.2.1 需求洞察

在产品规划和市场营销中，“需求洞察”这个术语经常被使用。它听起来很重要，因为企业肯定想了解自己的客户。为了深入探究客户需求，硬件产品经理需要认识到缺乏需求洞察可能带来的后果。通常，当公司缺乏对客户需求的洞察时，其营销活动的效果往往不尽如人意，难以吸引潜在客户的关注。同时，社交媒体上客户的参与度也会较低，这使得公司难以促成新的交易。由于缺乏对客户需求的洞察，公司与客户的沟通难以有效展开。相反，如果公司具备良好的客户需求洞察力，情况则会大不相同。凭借良好的客户需求洞察力，公司与客户能建立高效的沟通，获得更高的响应率、更多的互动，同时需求也能快速落地，从而促成更多的成交。

通过产品策划来满足用户的需求，是公司对硬件产品经理的核心期望。无论设计理念有多好，如果不能准确洞察需求，后面的一切都将是徒劳的。能够洞察用户的需求，甚至能挖掘用户行为背后的隐性需求，是硬件产品经理最大的价值所在。我们需要培养一种价值“敏感性”，也就是说，对待价值要像对待危险一样敏感。硬件产品经理的首要任务是通过收集、组织和分析需求来解决用户的痛点和痒点。为此，需要建立多种需求采集渠道，倾听不同用户的心声。尽管主动理解用户的用意是值得提倡的，但有时用户无法准确描述他们的需求，这时硬件产品经理应具备以结构化的方式组织和整合用户需求的能力。硬件产品经理的目标是从多个来源收集信息，并根据产品结构、用户问题或系统流程对问题进行分类。分析问题是一个由表及里、由浅入深的过程，硬件产品经理应尝试从多个角度审视问题，从表面现象深入到根本原因，追根溯源，确保精准把握用户的真实需求。当硬件产品经理能从市场情况、业务运作、流程效率和用户体验等方面识别问题时，其定义产品的能力就会提高。对于合格的硬件产品经理来说，培养理解需求的习惯是必要的。尤其是在做客户访谈时，能从客户提出的需求中识别出潜在的需求非常重要。比如，当用户提到困扰他的一些痛点问题或用户自定义功能时，硬件产品经理不仅要捕捉表面需求，还需要挖掘更深层次的需求，因为更深层次的需求可能会导致需求变化。此外，在实际研发过程中，为了方便用户，硬件产品经理要能根据用户的工作场景整合或增加额外的功能特性。更进一步，硬件产品经理要能在对用户痛点问题深入理解的基础上，通过选择适当的技术解决方案来满足深层次的需求。

关于需求洞察，有以下 6 个提示。

1. 采用高质量的信息

高质量的信息是洞察客户需求的基石。制作客户信息表时，应摒弃旧的和过时的信息，确保现有信息及时被更新。对于不完整的信息，应该添加必要的说明，并在合适的时候补充有用的新信息。另外，还要从多个来源和渠道核实信息的真实性。

2. 深入分析信息表

有了客户信息表以后，硬件产品经理便可以开始深入分析，从而获得宝贵的洞察力。首先，分析用户画像，了解客户的特征。其次，挖掘高回报客户的重要特征，同时分析积极响应营销活动的客户以及即将或已经流失客户的特征。通过分析，将客户根据特征划分为不同的群体。

3. 深入了解客户群

有了定义明确的客户群，硬件产品经理还需要更深入地了解不同细分市场的客户需求，以及为了满足这些需求而需要投入的资源。达成上述目标的方法之一是进行案例研究，首先，审查不同细分市场的客户资料；然后，采用调查和访谈的方式与客户联系并交流。许多客户乐于参与此类活动，还会感谢硬件产品经理的倾听。

4. 及时寻求帮助

了解客户需求不是一件容易的事，这要求硬件产品经理在正确的时间以正确的方式向正确的人提出正确的问题。对此，有很多方法可以使用，如果以前没有经验，可以寻求帮助。寻求帮助时，应该找一个真正了解你需求的合作伙伴。一个理想的合作伙伴不应该只是确认你已经知道的事情，而应提供新的建议。

5. 别让障碍阻止你

深入挖掘客户需求时，可能会遇到很多障碍。但是，不要让这些障碍阻止你启动这个过程。即使只是整理客户信息表，你都会受益。在深入分析客户信息的过程中，你往往会发现关于用户需求的线索，那么接下来将这些需求转化为产品定义的执行步骤就变得清晰明了了。当然，具体的实施可能还需要一些时间。硬件产品经理的洞察力来源于大量的实践，在流程改进过程中也有很多训练洞察力的机会，比如由于存在“部门墙”现象，跨部门合作可能难以推动。产品需求在转化和流转过程中可能会受到影响，所以硬件产品经理平时可以多关注一些从市场到客服的跨部门流程改进事宜。

6. 多做一些贡献

为了充分发挥需求洞察的价值，公司应全面推广并将其作为指导工作的核心。在需求洞察过程中，硬件产品经理可以从一两个方向入手，有了成果后再逐步扩展至其他方向。采用这种方法，硬件产品经理能持续获得并维持对客户的深刻洞察，为实现良好的客户关系和获得商业成功做出更多贡献。

1.2.2 整合方案

硬件产品经理不仅需要基于现有产品来满足用户当前需求，还应通过对过往问题、当前的发展状况和未来趋势的综合分析，来挖掘用户新的需求。在实际工作中，没有那么多的从 0 到 1，产品的生命周期往往更多处于升级和迭代阶段。大多数硬件产品经理面临的核心任务是充分了解产品的现状，确保现有产品能够满足用户的需求。硬件产品经理应该理顺产品的起源和发展历程，熟悉产品的各个组成部分，并灵活应对用户需求的变化。

整合方案确实充满挑战，但硬件产品经理在这个过程中并非孤军奋战，因为团队始终在提供支持。硬件产品经理需要与不同角色合作，其中包括提供硬件方案的工业设计师、ME（Mechanical Engineer，机械工程师）、EE（Electronic Engineer，电子工程师）、PD（Package Design）工程师、软件工程师、提供交互解决方案的 UX/UI 设计师以及质量管理人员。协调不同角色，推动项目顺利进行，是硬件产品经理的重要职责。整合方案也是一项创新活动，在此过程中，涉及将不同且多元化的产业产品 / 服务、专业知识、技术手法、经验、文化、新 / 旧元素等进行关联与整合等环节。因此硬件产品经理需要充分了解用户需求，掌握设计师的理念，理解工程师的思路，并与质量人员一起做好产品验收工作。

硬件产品经理应该对新技术和理念保持敏感，积极接触并学习。过去很难解决的问题可能会随着新技术的出现迎刃而解。掌握新技术、多角度审视问题以及整合资源是硬件产品经理走向未来的关键。

成功的整合方案涉及以下 5 个要素。

1. 在整合前组建 A 级团队

由于整合方案需要与许多不同的团队合作，而这些团队可能各自有与此项目相冲突的优先任务，因此 PAC（Product Approval Committee，产品审批委员会）会指定一名专门负责整合的硬件产品经理，并赋予其决策权，以协助确定资源的优先级。A 级团队无须规模庞大，但必须由核心人员组成。那么，由哪些人员来组成 A 级团队呢？一般来说，A 级团队的人员包括硬件产品经理、设计研发核心人员、PjM（Project Manager，项目经理）、高管和其他与项目有关的核心成员。

2. 让所有的利益相关者和研发团队都参加项目启动会

项目的成功离不开每个利益相关者的早期参与。高效的执行者深知与项目支持者建立联系的重要性，所以在项目初期就会召集 A 级团队成员参加项目启动会议，这样可以确保硬件产品经理对项目的时间表和实施步骤有清晰的预期，这也为后续的沟通节省了成本。启动会议可能涉及很多信息，因此，整理会议纪要至关重要。

3. 利用好启动会后的时间

项目启动会后，工作的推进可能会加快。一般来说，此时硬件产品经理会立即发送立项通知或者立项书等，让团队知道和消化这些信息，并要求解决方案提供者（如设计团队、研发团队、制造团队等）提供可选方案，并深入沟通以锁定方向。根据我的经验，利用好这个时间段，方案整合和项目推进会很快。

4. 创造一种沟通的文化

超过 90% 的美国 500 强企业的高管表示，要想在新世纪获得成功，必须提升沟通能力。由此可见，沟通是商业成功的基石。因此，硬件产品经理必须致力于营造一种沟通文化。每个利益相关者都有权利向硬件产品经理反馈问题。反过来，硬件产品经理也有权利直接与方案交付者沟通。公司应采用多种开放的沟通渠道，比如定期的线下会议、电话会议、主题电子邮件等，也可以通过评审会议让公司的 PAC 指导整合工作。

5. 庆祝成功解决问题并提醒需要改进的地方

一旦整合好方案，务必邀请现有利益相关者参与，并感谢团队为成功解决问题所付出的努力。这不仅可以促进沟通，也可以提升团队士气，还可以得到利益相关者的认可。在一个项目中，硬件产品经理可能需要进行多次资源整合，因此要注意过程中出现的低效问题，并在未来加以避免。此外，硬件产品经理可以开展内部调查，评估团队哪些地方做得好，哪些地方有待改进，内部调查的结果可能对未来的资源整合工作有帮助。

1.2.3 管理资源

严格来说，硬件产品经理并不需要成为某个领域的专家，而是需要管理多个专业领域。实际上，这种管理的核心在于获取资源、团队建设、管理团队和控制资源。获取资源包括获取团队资源、材料、试验设备以及其他物理资源。团队建设涉及提升成员的能力，促进成员之间的合作及提高团队整体绩效，其中，人是核心要素。管理团队包括跟踪和反馈成员的工作表现，解决团队中的冲突以及提出必要的变更请求，这体现了硬件产品经理的沟通协调能力和评估考核能力。控制资源其实就是对物理资源的分配和使用进行监督和控制，并根据需要提出必要的变更要求，以确保在正确的时间、正确的地点使用正确的资源，从而提高资源使用的效率和效果，项目完成后，还要及时释放资源。

一旦公司确定了战略方向，并且硬件产品经理了解了每个产品对该战略的贡献，便可以进行资源管理和调度了。在这一过程中，硬件产品经理需要格外留意可能出现的冲突，通常有以下 6 种方法可以用来解决冲突。

- 促进冲突双方合作，整合双方优势，寻求双赢解决方案。
- 在面对冲突时，通过讨论共同做出决策。
- 让冲突双方都做出让步，但需注意这种方法有可能导致双方都不完全满意。
- 缓解问题，强调一致性而非差异化，以促成双赢。
- 回避问题，这有可能是一种双输的方法，应谨慎使用。
- 强迫一方接受另一方的方案，这需要有足够的掌控力。

在管理资源和团队协调过程中，以下关键点需要硬件产品经理特别关注。

1. 个人服从团队

团队成员应从团队角度出发定位自己，并自愿成为团队一员。尽管团队在合作过程中难免会出现分歧，但我们始终要认识到，项目的成功比任何个人的想法都更为重要。

2. 从策略开始

团队应围绕产品进行深入讨论，探讨所要推出的产品在哪些方面可以提供最大的价值，确保每个成员都站在同一起跑线上。这并非要求我们对公司战略进行详尽的探讨，但重申既定策略对于启动关于战略优先级的讨论是必不可少的。

3. 给所有工作评分

硬件产品经理需要掌握一个客观的评价标准，使用与战略相匹配的指标对产品的阶段性目标进行评分。这样就可以确保评价是基于相同的标准，并与团队所要完成的工作密切相关。同时，这也能减少冲突中的情绪化因素，因为它允许我们基于战略本身做出“是”或“否”的决策，而不是针对个人进行评判。

4. 尊重平衡的结果

在项目进行过程中，肯定涉及取舍和平衡。比如，对产品最有利的决策可能并不符合公司的长期目标。这时，硬件产品经理的工作是接受这些平衡，并专注于为项目和公司带来整体利益。在如何支持业务目标方面，硬件产品经理应该始终保持透明度，如果公司调整策略，把资源投入到其他团队或其他项目，硬件产品经理也应该持开放态度。硬件产品经理可能会产生这样的困惑：为什么自己的项目比其他项目需要更多的设计和研发支持？这时，硬件产品经理应该问自己两个关键问题：现在获得这些资源支持是否真的有助于实现项目的长期愿景？相较于其他团队，我们的项目是否能为业务做出更大贡献？毕竟，当公司蓬勃发展的时候，所有人都会受益。

1.2.4 评估收益

在一般的公司，尤其是大公司中，因为职能分工比较全面，我们习惯于让其他部门给一个 ROI（Return on Investment，投资回报率）或任务优先级。对于公司目标来说，产品的核心价值就是帮助公司解决某些业务问题。作为服务于特定业务线的产品，其收益体现在多个方面，包括收入规模增长、成本降低、效率提升、质量保证及风险控制。规模、成本、效率、质量是公司运营管理的核心关注点，而风险控制则属于业务监管范畴。一般来说，任何项目的目标都会聚焦于上述 5 点中的一点或几点。如果一个项目看上去有多重收益，比如成本降低和质量保证，那么就要注意项目的范围是否过大，工作是否需要进一步拆解，以确保其可行性。

明确了企业项目的价值和收益类型后，下一步进行收益评估就会顺利很多。无论是规模、成本、效率还是质量，都应该在业务线运营中建立明确的一级指标，并且应将其作为公司业务部门的核心考核指标。比如，对于销售部门，收入规模的考核指标可以是“签约成交量”；对于制造部门，成本的考核指标可以是“每千名工人的平均人工成本”；对于储运部门，效率的考核指标可以是“交货及时率”；而对于品控部门，质量的考核指标可以是“产品直通率”。

每个业务部门都有一个用来指导工作的核心考核指标，但是仅通过这一个指标很难全面衡量产品对业务的改进和提升程度。因此，还需要通过对考核指标进行深入分析来评估，这依赖于业务部门对自身业务的进一步拆解和目标设定。合格的硬件产品经理应该能够利用自己所掌握的信息，比如营销推广计划、当前产品成熟度、研发团队能力等对产品价值做出基本判断，从而确定工作的优先级。毕竟，对于硬件产品经理来说，产品是商业模式中盈利的重要媒介。这里给硬件产品经理提出两个关键考量点，即成本意识和价值排序。

1. 成本意识

成本意识是衡量硬件产品经理能力成熟度的一个重要标志。因为所有成本最终都要通过产品价格来覆盖，所以产品的长期定价策略必须考虑所有成本。成本意识涉及成本节约和成本控制理念。有效的成本意识可以将成本控制在合理范围内，从而使企业的利益最大化。我们可以大致将成本意识分为效率成本意识、失误成本意识、资产成本意识、费用成本意识和采购成本意识。通常，我们会特别关注采购成本，而忽略了其他成本。比如，在决定开发 A 功能还是开发 B 功能时，我们可能首先考虑的是这两个功能的采购成本，并将其作为成本评估的主要依据。然而，与此同时，我们可能忽视了沉没成本（失误成本或者费用成本的一种）等。这种情况时有发生，我们可能会因为不愿意浪费之前的投入，而在原有错误上持续投入，却忽略了这种做法可能带来的额外成本累积。要知道，在错误的地方不断投入精力，不如直面问题的根本，解决源头的痛点。优秀的硬件产品经理能够对投入大、收益慢的任务提前做好规划；对见效快、成本低的事情快速响应，以此高效地管理自己的工作。

2. 价值排序

我们借用比较流行的 MoSCoW（Must or Should，Could or Would not）优先级排序法（如图 1.3 所示）来讲解价值排序。这种方法也可以用在硬件产品的需求决策判断中。

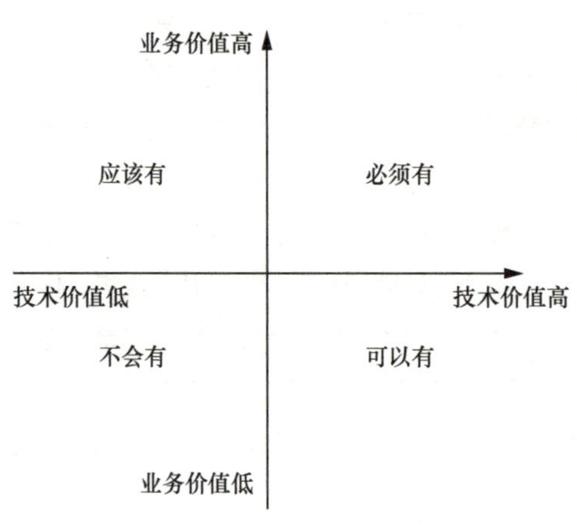

图 1.3 MoSCoW 优先级排序法

整体上，我们可将需求分为必须有、应该有、可以有和不会有 4 种情况。这里重点说一下不会有，能够对一个需求说“不”是非常不容易的，这体现了一个硬件产品经理的深厚功底，同时意味着硬件产品经理在背后进行了大量判断：从目标用户分析到产品定位；从技术方案选择到成本评估再到效率提升。总之，硬件产品经理对收益要有自己的判断，并且要不断与团队成员分享这些判断标准，不断更新改型 / 升级 / 迭代的判断标准和依据。

下面用表 1.2 来说明 MoSCoW 优先级排序法中的四象限。

表 1.2 MoSCoW 优先级排序法四象限说明

名称	说明	举例
必须有	即人有我有。如果没有这些基本功能，则意味着产品未能达到基本功能要求。基本功能可以类比为软件开发中 MVP（最小可行产品）所涵盖的功能	智能电视的良好画质和音质
应该有	这些功能很重要，但不是必需的	智能电视的 OTT（Over The TOP，这里指互联网视频服务）已经在中高端电视上普及，然而，许多低端电视仍不支持
可以有	这部分功能是客户期望的，不过不是必需的	比如智能电视成为客厅的控制中心，它可以连接智能门锁摄像头
不会有	这些功能不重要，回报率也低，或者在当下是不合适的功能，也不会被纳入当前的交付计划中	Pad 通过与智能电视近距离接触，实现了对电视正在播放的音视频信号的无缝传输

MoSCoW 优先级排序法在软件行业中已经广泛应用，也是项目管理、产品研发中常用的优先化方法，硬件产品经理可以借鉴这种方法，以便与设计研发人员、营销人员甚至客户就每个需求的重要性达成共识。通常的做法是：“不会有”的需求在项目讨论初级阶段就会直接被排除。如果研发时间短、交付时间紧、稳定性要求高，“可以有”的需求将被首先考虑删除，“应该有”的需求紧随其后。硬件产品经理应该把这些基本原则铭记于心。

1.3 硬件产品经理的职业规划和知识体系

1.3.1 硬件产品经理的职业规划

在硬件产品经理的职业道路上，我们需要不断学习，搭建自己的知识体系。当然，在搭建知识体系之前，如果能明确自己的职业规划，那么搭建时就会更加有针对性。下面先来了解一下业内软件产品经理成长的 4 个方向，如表 1.3 所示。

表 1.3 软件产品经理的成长方向

方向	拟定岗位	软件产品经理的侧重点
技术线	产品专家	侧重于搭建产品侧的知识体系，包括深入洞察用户的本质诉求、深刻理解人性、具备高度的创新能力且能预见行业趋势

续表

方向	拟定岗位	软件产品经理的侧重点
管理线	产品管理	侧重于产品及团队的综合管理，涵盖产品矩阵的规划、产品边界的界定、迭代周期的管理、研发流程的监控、上线过程的把控，以及团队成员的配置、岗位职责的明确、能力发展的促进和绩效考核的实施
运营线	创业 / 合伙人	侧重于公司管理及运营
投资线	VC（Venture Capital，风险投资）、PE（Private Equity，私募股权）	侧重于深入理解互联网行业，掌握经济规律，洞悉前沿技术动态，熟悉国内外一、二级资本市场的运作，以及精通投资逻辑与分析

那么，作为硬件产品经理，如何规划个人的晋升和职业生涯呢？鉴于不同层级和不同阶段需要具备不同的能力，硬件产品经理需要明确在工作和学习中如何提升自己的能力。一方面，硬件产品经理需要对自我能力有清晰的认识，另一方面，需要为在公司建立一个完整的产品团队做好准备。硬件产品经理职业生涯的三要素是：范围、自主性和影响力。范围通常指职责的规模和复杂度，包括产品经理负责的产品范围、管理的团队规模、项目复杂度和潜在影响力等。范围是决定硬件产品经理能产生多大影响力的主要因素。自主性是硬件产品经理被赋予并展现出来的独立性。其在项目中获得的自主性程度对项目推进有显著影响。影响力是硬件产品经理带来的积极成果，通常依据其设定的目标及实现和超越目标的表现来评判。

按照一般公司的晋升方式，我们把硬件产品经理也分为 4 个级别：助理级、初级、中级和高级（如图 1.4 所示）。这 4 个级别在公司内部呈现的是纺锤形结构，级别越高，相应的硬件产品经理人数也就越少。公司中的初级硬件产品经理和中级硬件产品经理是中坚力量，数量较多。我们有时会把助理级和初级硬件产品经理合并，这要视不同公司人力资源配置情况而定。硬件产品经理在不同阶段的核心工作内容也各不相同。

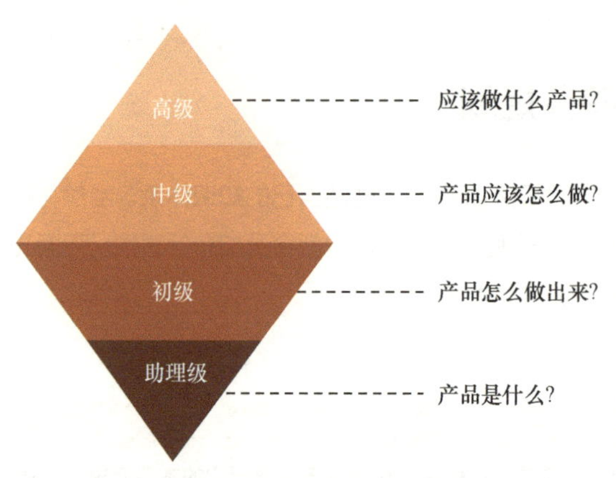

图 1.4 硬件产品经理的级别

下面用表 1.4 来具体说明一下不同级别硬件产品经理的核心工作内容。

表1.4　不同级别硬件产品经理的核心工作内容

级别	关注重点	行动
助理级硬件产品经理	产品是什么	配合初级硬件产品经理或者项目经理跟踪计划的实施，熟悉流程的推进
初级硬件产品经理	产品怎么做出来	在高层或营销团队的指导下，配合项目经理推进经评估能够为公司带来利润的产品，然后与生产团队和营销团队合作，将产品生产落地，实现既定的利润目标
中级硬件产品经理	产品应该怎么做	在熟悉公司产品和产品线的基础上关注市场，关注现有和潜在的竞争对手。另外，中级硬件产品经理对品牌建设和渠道推广也要有一定的了解。可以结合公司的产品优势，在不可预测的竞争市场中规划出一条最合适的产品升级路径
高级硬件产品经理	应该做什么产品	有很强的整合资源、了解趋势、建立和管理团队的能力，能理解和掌握消费者需求的变化，在需求潜伏期就能提前布局和规划

要说明的是，高级别的硬件产品经理并非仅掌握上层知识体系，事实上，他们的知识体系涵盖了低层级的知识体系，这是一种包含关系。图1.5为硬件产品经理的知识体系示意图。

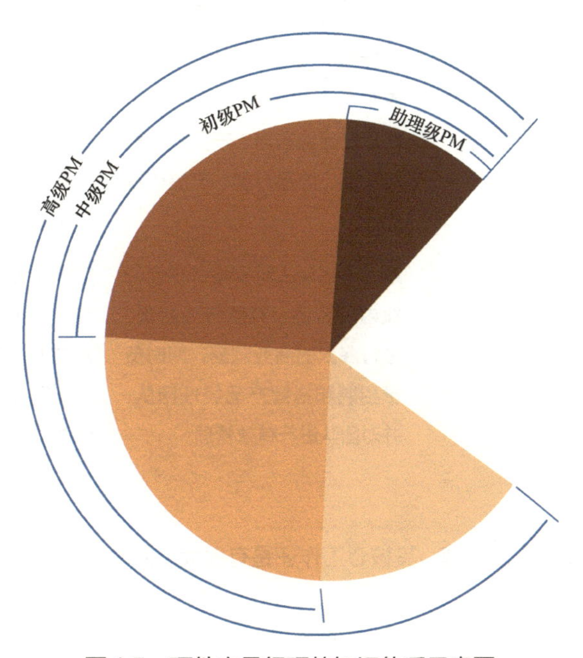

图1.5　硬件产品经理的知识体系示意图

1.3.2 硬件产品经理的核心工作和知识技能

本节将介绍不同级别的硬件产品经理的核心工作，以及他们需要掌握的知识技能。

1. 任职资格和定位

如果一个人在正常的公司体系中经常接受实操训练，并且他的接受能力正常，那么他的工作年限通常能够代表他在公司中所处的不同阶段。表1.5给出了不同级别硬件产品经理的任职资格和定位。

表1.5 不同级别硬件产品经理的任职资格和定位

级别	工作年限	工作内容	定位
助理级硬件产品经理	刚毕业或刚转岗	以了解并熟悉流程为主，在一定程度上与助理级项目经理的工作类似	了解产品，了解各项工作流程，担任助手
初级硬件产品经理	工作或转岗1～4年	了解并熟悉产品的设计研发和制造过程。主要以项目跟进和熟悉流程为主，在一定程度上与项目经理的工作重合	能够有效跟进一个既定的项目，关注产品怎么做出来，注意力主要放在产品上
中级硬件产品经理	工作3～8年	琢磨用户需求、竞争对手、品牌推广、渠道布局、价格策略、产品线布局、产品的差异化功能、产品分类、产品优缺点等	寻找符合公司定位的产品路径。能够带领团队从0到1做出产品，关注产品做成什么样，关注用户、竞争对手和公司发展
高级硬件产品经理	工作5年以上	致力于搭建人脉网络、整合行业内外资源、判断行业趋势、进行深入的商业洞察，同时负责招聘和搭建产品经理团队，并对团队进行有效管理	能够领导一条甚至多条产品线；关注产品线的未来发展方向及策略；关注宏观情况，具有行业格局和业务洞察力

2. 核心工作

不同级别的硬件产品经理，其核心工作还是有很大不同的。我们先来看一下核心工作纲要，如表1.6所示。

表 1.6 不同级别硬件产品经理的核心工作纲要

级别	核心工作
助理级硬件产品经理	**主要参与研发和生产阶段的协调工作，了解产品及其生产流程**
初级硬件产品经理	**重点关注产品的研发和生产，能够协助整理关键项目文档**
中级硬件产品经理	**重点关注产品规划，关注产品从概念阶段到上市阶段的进展**
高级硬件产品经理	**重点关注行业格局，深入洞察商业趋势，关注创新和商业模式**

助理级硬件产品经理的主要任务是协助硬件产品经理或者项目经理，跟进研发和生产阶段的各项任务进展和计划落实情况，重点在于熟悉公司流程，并在实际工作中了解产品细节，这里不一一列举。初级硬件产品经理则侧重于关注产品研发和生产阶段。

通常，一款硬件产品从立项到上市至少需要 6 个月，初级硬件产品经理至少需要参与两款产品的完整研发与生产阶段。

（1）研发阶段

硬件产品的研发阶段涉及设计与工程验证等内容。设计主要分为外观设计、结构设计（Mechanical Design，MD）、电子设计（Electronic Design，ED）、包装设计（Package Design，PD）、软件设计（Software Design，SD）。工程验证指的是功能样机的工程验证（Engineering Verification Test，EVT）。初级硬件产品经理要了解不同产品类型（指的是全新产品项目和改型 / 升级 / 迭代产品项目）的配合研发方式，紧跟项目的每一个里程碑（Milestone）节点，并且在项目节点出现问题的时候找出解决办法；在研发过程中了解不同部门的工作流程，以便掌握项目推进情况；同时还要在该阶段负责专利申请工作。如果研发阶段涉及业务外包合作，硬件产品经理还需要把控第三方设计研发团队的工作进度。

（2）生产阶段

生产阶段包括 DVT（Design Verification Test，设计验证与测试）阶段、PVT/SVT（Process/System Verification Test，小批量过程 / 系统验证）阶段、pMP（pre MP，预批量生产）和 MP（Mass Production）（量产）阶段。设计完成之后，产品进入工程样机、小批量试产和量产阶段，在这一阶段，硬件产品经理的主要工作是跟踪与确认，即跟踪产品的生产进度，并确认产品在不同阶段的表现。硬件产品经理需要了解产品生产过程中的采购周期、模具设计与研发、小批量试产、产品执行标准与认证等信息。硬件产品经理在这一阶段会花费大量时间在工厂，经常参加量产会议以确认产品进度，必要时需要常驻工厂办公，确保产品按时保质保量完成生产。经历过至少两款产品的设计与生产流程之后，初级硬件产品经理基本上就熟悉整个产品流程了。

初级硬件产品经理要能够讲清楚开发一款产品的原因和目标；能够协助编写PRD（Product Requirement Document，产品需求文档），描述产品定义；熟练使用流程图，形象展示用户使用产品的全过程；配合相关App制作页面流程图，详细展示各页面的关键要素；能够制作原型图，在页面流程图的 基础上丰富各页面的关键要素。有关文档撰写的更多内容将在后文详细介绍。

从前面的描述可知，助理级和初级硬件产品经理的工作重心主要集中在对项目的了解和学习上，重点关注公司内部信息的整合与项目推进。作为中级硬件产品经理，其视野需向外延伸，面对错综复杂的信息环境，能否从中理出头绪，是对其能力的考验。中级硬件产品经理的能力主要在于是否能够看清现状，以及是否有办法或资源突破困境。其具体表现如下。

（1）重点关注产品规划

产品规划包含产品线路图（Roadmap）规划和单一产品策划，在某些公司中可能还包括物量规划。单一产品策划主要围绕用户需求、竞品分析和公司内部资源整合来定义产品的实现方式。Roadmap规划主要是确定不同的产品组合和推出次序。比如，高端旗舰型产品主要以展示技术和提升品牌形象为目的；中高端利润型产品为公司赚取主要利润；中低端流量型产品则以销售量为目标，主要是追求盈亏平衡，维持公司基本运营支出。另外，硬件产品经理需能通过数据分析反向指导改型/升级/迭代规划，即用数据来指导产品的研发和生产，保证稳定产出，并为改型/升级/迭代提供依据。

数据分析涉及以下内容。

- 问题分析，即通过数据识别并还原用户使用产品的路径，从而发现问题，解决问题。
- 用户分析，即对用户进行分类，进而精准地解决特定用户群体的问题，便于细分市场和制订相应的运营策略。
- 需求排序，即通过数据确定需求优先级。

需要注意的是，对于不联网的传统硬件，并没有数据可以采集。而对于需要连接互联网的智能硬件，应适度地采集用户的非隐私数据。数据采集为信息的收集和处理提供了依据，是数据分析的重要组成部分。

（2）关注产品的概念/创意和上市推广

初级硬件产品经理主要关注研发和生产阶段，中级硬件产品经理则需要向上下游扩展，要关注概念（Concept）阶段和上市阶段。

中级硬件产品经理开始关注产品规划层面的事务，而高级硬件产品经理的关注范围更广。与中级硬件产品经理不同，高级硬件产品经理不仅需要丰富的工作经验，还需要有敏锐的时机把握能力。行业中许多硬件产品经理在达到这个级别后会选择创业来实现职业蜕变。在从初级到高级的成长过程中，硬件产品经理所接触和处理的信息逐渐从具体细节向更高层次的抽象概念转变。为了做出准确判断，高级硬件产品经理不仅需要对行业格局有深刻的把控能力，还需具备敏锐的商业洞察力。

（1）行业格局

在理解了公司与资源之间的关系之后，我们应认识到，产业模式主要聚焦于以下两大方面：一是同行业生产同类产品的上下游公司之间的竞合关系；二是不同产业之间商业模式的差异。硬件产品经理需要确保公司所有职能部门都以市场为导向，紧密围绕最终消费者的需求来运作。为了从行业格局中洞察产品的表现，硬件产品经理需要关注的重要市场指标如表 1.7 所示。

表 1.7　硬件产品经理关注的市场指标

类目	解释	具体说明
TAM	总有效市场或市场规模	衡量行业空间上限的关键指标，常被视为“蛋糕的最大尺寸”。尽管这一数据庞大，但用处不大，不过，它对于划定范围（比如电视机的全球市场规模为 2 亿台）具有参考价值
SAM	可服务市场	指在考虑公司内部和外部资源的情况下，客观条件允许公司服务的市场范围。尽管这个数字比较小，但比 TAM 更具实用价值，比如中国电视机的市场规模为 4600 万台
SOM	可获得市场	在能覆盖的市场范围内能够获得的市场规模。可作为业务目标使用，比如本公司在中国电视机市场上的规模为 700 万台
MS	市场占有率	关注该产品在 TAM 中的占比，比如全球占比 10%，中国大陆占比 20%
MG	市场成长性	关注整个行业 TAM 的增长或下降趋势，比如受房地产发展和投影设备等产品的影响，电视机的 TAM 呈下降趋势
MNI	公司实际收入	基于 SOM 所推算出来的公司实际收入，比如做到 220 亿元。这里的 220 亿元是主营业务收入，不是流水金额（在财务层面，流水金额不一定是实际的主营收入）

在对整体行业格局进行梳理之后，便可以针对以下问题得出结论。

- 能不能干？考虑行业空间有多大（包括 TAM、SAM、SOM、MS），增速多快，区域市场空间多大，机会点在哪里。
- 怎么干？通过竞争格局、产业链格局找到关键突破点，确定是采用品牌突围、产品突围还是商业模式突围。

- 给谁干？洞察典型用户模型，解决目标用户的特定需求，比如以年轻人为主要消费对象。

（2）商业洞察力

洞察力是一种深入观察和理解事物的能力，它使得个体能够洞悉事物的本质和内在联系。在心理学领域，洞察力分为智力洞察力、情感洞察力和结构洞察力三种类型。除了心理学领域，洞察力一词在商业领域中也极为常见，特别是在营销、传播、品牌管理、市场研究和商业情报等方面。

在商业领域中，洞察力的核心依然根植于知识，但这里的知识特指那些能创造价值、促进创新或改善现状的知识。如果一个公司掌握了有价值的信息，这些信息能助其洞察当前事态、理解背后的原因，并知道如何应对、扭转或改善某些状况时，我们便说这家公司具备了洞察力。这种能力不仅限于看到表面现象，更重要的是能透视系统内部各要素间的复杂联系。遇到问题时，往往不是简单改变单个要素，而是需要调整它们之间的相互作用关系。

高级硬件产品经理需要具有洞悉本质并构建抽象模型的能力。当高级硬件产品经理能够发掘出有助于解决商业难题的关键知识时，就体现了其深刻的洞察力。当然，高级硬件产品经理的洞察力来源于分析，尤其是对数据的深入分析。数据本身并不直接等同于洞察力。洞察力是通过细致分析数据并将其置于具体背景中解读而获得的。只有将数据转化为洞察力，公司才能完成数据到价值的完整转化过程。需要强调的是，要使数据转化为洞察力，它至少应满足以下条件：提供对商业活动有益且适用的情报；在决策过程中提供支持；推动战略或行动的实施；帮助解决问题、预防问题或改善业务的某些方面。

在商业领域，当涉及定义战略和推动旨在通过数据促进业务的行动时，洞察力是必不可少的。在市场营销中，洞察力主要源自对客户数据的深入分析，它被用来创建活动、内容和优化客户体验，以更好地满足消费者的需求并提供价值。洞察力也是内容个性化的基石，它被用于与客户共同创建活动（如确定目标客户群体和细分市场）或实施以客户为中心的战略。事实上，洞察力对于所有业务领域都是有用的，它甚至可以帮助优化公司自身的业务运营、工作流程、战略以及行动计划。

3. 知识和能力储备

硬件产品经理的知识和能力储备如表 1.8 所示。助理级和初级硬件产品经理的主要任务是学习和了解流程标准，他们需要长时间的沟通锻炼和践行，这里不具体展开。中级硬件产品经理处于信息交汇的关键位置，有着丰富的信息来源，所以既有能力也有义务进行高效的信息处理，并能快速地透过表象洞察事物的本质，做出合理决策。这里再重点说一下高级硬件产品经理在构建产品架构方面的能力。通常，这一能力主要指将可视化的具体产品功能抽象为信息化、模块化、清晰化的体系结构，通过不同层次功能模块的组合，传递产品的业务流程、业务模型、设计思想、交互关系和数据信息流。在这个过程中，硬件产品经理可以通过画架构图来梳理产品方向。通过架构图，可以明确整体需求是如何分阶段实现的，以及未来产品的可扩展性和改型/升级/迭代方向。此外，架构图还能为技术和运营提供支持，帮助他们根据架构图的结构和路径来清晰地分解项目里程碑。在此基础上，高级硬件产品经理可以提出对产品方向有强烈依赖性的技术架构方案、产品运作计划等，让别人直观地了解产品的需求、产品思路，明确产品边界及产品方向。这样的架构图既可以用于前期的产品规划，也可以用于项目结束后的整体复盘。

表1.8 不同级别硬件产品经理的知识和能力储备

级别	知识储备	能力储备
助理级硬件产品经理	了解大致的流程和节点，了解各种术语	倾听能力、沟通能力
初级硬件产品经理	了解设计研发的各个子流程，如ID/结构/电子/包装设计流程等；了解生产测试等标准，如研发测试/生产测试/产品验收标准、产品执行国家标准、专利等；了解产品计划，如生产排期等；了解生产流程，如试产或大批量交付流程等；给市场部的市场人员做产品培训	执行力
中级硬件产品经理	储备工业设计、品质管理的知识，具有“源于理念、始于颜值、终于品质”的核心产品观。另外，能掌握一些软件产品的思维和方法论，便于软硬件的协同	判断信息价值、处理信息的能力
高级硬件产品经理	行业实践累积	构建产品架构的能力、销售思维、领导能力

4. 能力要求

一般来说，硬件产品经理需要具备如下五大核心能力。

- 产品能力：能够进行用户研究、数据分析、创意原型设计、产品文档撰写，并能理解各种硬件技术，推动更好的产品决策。
- 执行能力：能够借助项目管理、设计研发、流程协作及良好的时间管理，妥善地管理团队，快速、顺利、有效地交付项目。
- 策略能力：能够为团队指明方向，并通过愿景、战略、路线图和团队目标优化长期业务影响。

- 领导能力：通过发展和提升个人的协作能力、沟通技巧以及启发和指导技巧，更有效地履行领导职责。
- 人事管理能力：掌握人事管理技能，包括招聘、面试、培训、指导和建立组织结构等。

上面的5种能力，每一种都涵盖以下3个关键要素。

- 职责：公司对你的期望和要求。
- 成长实践：随着时间的推移逐步提高能力。
- 框架：包括心智模型、工具与参考资料等。

不同级别硬件产品经理的能力要求如表1.9所示。助理级硬件产品经理处于刚入门阶段，需要培养工作信心和兴趣，所以倾听和学习尤为重要。这个阶段往往非常考验自我管理能力，比如必须遵守纪律，记忆和理解枯燥的数据及内容，同时积极与企业内部或外部相关机构的人员建立联系，并主动寻求指导和帮助。

表1.9　不同级别硬件产品经理的能力要求

级别	能力要求
助理级硬件产品经理	**倾听和沟通能力、自我管理和学习能力**
初级硬件产品经理	**协调沟通能力、产品宣讲能力**
中级硬件产品经理	**分析能力（掌握科学合理的分析方法是关键，可以从数据中看到竞争机会）、审美能力、产品线规划能力和策略能力**
高级硬件产品经理	**资源整合能力、趋势判断能力、团队建设与管理能力**

初级硬件产品经理的工作大多为事务性工作，但是这一阶段对锻炼其协调和沟通能力极为重要。在设计和生产的过程中，时常会出现延迟情况，这时就需要硬件产品经理协调和争取各方资源来推动产品进度。初级硬件产品经理还需要有产品宣讲能力，以便向公司内部的市场、品牌、营销部门进行产品推荐和培训。通过与市场部的沟通，初级硬件产品经理可以逐步学习市场销售知识，为职业晋升打下基础。

中级硬件产品经理的工作重心仍然集中在公司内部信息的整合与项目推进上，同时他们开始学习与外部建立联系，展望未来，增强影响力，结合自身经历说服合作者实现变革，并开始学习成为领导者。最重要的是，他们需要结合自己的工作尝试做一些创新。中级硬件产品经理的视野开始向外扩展，他们需要重点关注3个基本元素：用户、竞争对手与自身情况。

（1）用户

在以用户为中心的产品研发时代，理解和满足用户需求是硬件产品经理的必修课。对于用户需求，业界常用的研究方法是定量研究和定性研究，但在实际工作中，公司往往在定量研究方法上花费大量时间，且研究过程不科学，导致调查结果缺乏说服力；如果采用外包的方式，公司又将承担较大成本，调查时间也会较长。因此一般采用快速原型法，在原型快速制作出来后进行 Focus（焦点）小组访谈。当向用户展示产品的原型时，用户可以直观地看到产品，并能清楚地表达对产品的看法。产品原型是一种很好的沟通媒介，它可以统一产品的研发方向和用户对产品的认知。遗憾的是，仍有许多中级硬件产品经理在这个阶段花费大量时间进行无效的数据研究，面对这些复杂的数据感到无所适从。随着市场竞争的加剧，硬件产品经理所掌握的方法必须能够快速、有效地实施。所以学习和掌握一些需求研究的方式、方法是中级硬件产品经理必须重视的事情。

（2）竞争对手

中级硬件产品经理在研究产品时不再局限于研究自己的品牌产品，而是根据竞争环境来综合考虑，分析竞争对手是中级硬件产品经理的一个重要课题。对竞争对手的分析一般分为 3 个部分：品牌优劣势、产品优劣势和销售渠道。SWOT（Strengths Weaknesses Opportunities Threats，优势、劣势、机会、威胁）分析和象限分析可直观地展示分析结果。要注意的是，应避免陷入只分析和比较产品层面优劣势的误区。要清醒地认识到，竞争环境是全方位的，单纯的产品优势并不能保证市场成功。产品优劣势分析相对容易，购买大量竞品进行分析即可。品牌优劣势分析，可以从品牌原先的知名度和品牌在用户群中的认知度两个方面进行分析。销售渠道一般比较多，信息也比较庞杂，但可以借助销售部或者市场部提供的信息进行进一步整理和提取。中级硬件产品经理需要与市场部、品牌部和设计研发部合作，收集大量信息并进行综合分析、比较，然后根据自身品牌情况和销售渠道制订出合理的产品规划。

（3）自身情况

硬件产品经理应该充分了解公司的优劣势。动机性推理和自利性偏差往往是左右我们思维方式的两种认知偏差。人们在形成确认性思维时往往投入巨大，且容易在不知不觉中陷入这些偏见的陷阱。我们非常反对新硬件产品经理在不甚了解公司的情况下草率制订产品战略，因为这很有可能不适合公司。我们不能要求每个硬件公司都按照美国苹果公司的运作方式来规划产品，而应该看到自己公司的强项和弱项，以在竞争中寻找机会。想要了解自己公司的情况，可以从品牌、产品、渠道 3 个方面入手，与各部门负责人进行沟通，并将其纳入竞争对手分析的范围。一般来说，新硬件产品经理不需要立即制订产品计划，因为这样的计划有风险。

以上主要介绍中级硬件产品经理如何形成分析能力。除了这些能力，对于电子消费品，我们还需要掌握审美能力和产品线规划能力。在这个注重外观的时代，硬件产品经理应向设计师团队提出明确的审美要求，以便在评审方案时选择自己想要的产品设计方案。而产品线规划能力则能够检验硬件产品经理对竞争关系的理解。有时品牌竞争并非单一产品的竞争，而是包括旗舰产品、盈利产品和流量产品在内的全方位竞争。了解不同产品在市场竞争中的不同功能是十分必要的。

高级硬件产品经理的工作内容并不比助理级、初级和中级硬件产品经理多，但是每一项能力的培养都需要长时间的实践累积。以下是一些必备的能力。

（1）资源整合能力

这是高级硬件产品经理必备的能力。高级硬件产品经理拥有一定的资源，并且能够将其整合。这些资源可能包括财务资源（可供投资的资金）、有形资产（工厂或营业地点）、技术资源（专利）、品牌资产（品牌权益）以及人力资源（技能组合）。这些资源涵盖了设计研发、供应链和渠道客户等多个方面。产品的竞争实际上反映了资源的竞争力。如果公司在行业中不具备优势，那么在市场竞争中就会处于劣势。因此，资源的整合与对接可以帮助公司快速打通产品脉络，及时赢得市场先机。积累资源是硬件产品经理的长期任务，也是其工作拓展的基础，资源的丰富程度影响产品战略的方向。

（2）趋势判断能力

把握趋势是高级硬件产品经理的核心技能，但要获得这种能力并不容易。过去常说，要了解大趋势，只需看新闻、听广播即可。然而，如今要准确把握行业趋势，至少需要在这个行业工作多年，并不断地跟踪和观察行业动态。回顾硬件行业的发展历程，可以发现我国硬件行业还处于商业模式模仿阶段，因此我们要关注欧美及日韩公司的成长或衰退历程，以此为借鉴。错误的趋势判断可能导致严重后果，甚至危及公司的生存。硬件行业从OEM 到 ODM 再到 OBM 的转型是一个循序渐进的过程，模式的选择也需充分考虑自身的转型成本。此外，高级硬件产品经理一定要关注公司的现金流，在实际的经营中，影响现金流的因素有很多，比如行业结算方式的变化；公司发展阶段的变化；公司营销策略的调整；异常收付行为的发生以及关联方的人为操纵等。

（3）团队建设与管理能力

除了为公司发展方向提出建议，高级硬件产品经理（产品副总裁或产品总监）还需要在内部建立并管理产品团队，让团队成为发挥员工才能的一种有效途径。产品副总裁或产品总监要对低级别硬件产品经理职位有深刻的了解和认识，能够清楚地把握该职位所需要的人才架构和能力要求，并具备识别人才的能力；管理能力应在后续的工作配合中培养。毕竟，为公司建立一支完整且执行力强的产品团队，是公司开展产品工作的基石。

通过对 4 个级别硬件产品经理职位的分析，我们可以看出，对入门级别的硬件产品经理要求相对较低，但随着级别的提升，他们需要掌握的信息量会越来越大，级别越高，其所做出的决策对公司的影响也越大。硬件产品经理必须深入某一特定领域，才能不断总结并提出自己的方法论。

5. 对人力资源的招聘建议

相比于工程师，硬件产品经理的招聘略有难度。我们从招聘目标和考察方向两个方面来细说，招聘不同级别硬件产品经理的建议如表 1.10 所示。

表 1.10　招聘不同级别硬件产品经理的建议

级别	招聘目标	考察方向
助理级硬件产品经理	学习机械设计、工业设计或者工业工程的应届毕业生	这一岗位事情繁杂且工资待遇不高，一般来说，培养应届毕业生是不错的方向，重点考察应聘者的学习能力、沟通能力、自我管理能力
初级硬件产品经理	有几年工作经验的设计师、工程师或项目管理人员，或者参与项目的业务员	这一岗位要求会高一些。一般来说，不建议培养应届毕业生，建议找有一些工作经历的转岗人员，重点考察应聘者的沟通能力、执行能力
中级硬件产品经理	在同行业从业者中找，最好招聘过来就能发挥直接作用，通常需要有至少做过 1～2 款成功硬件产品的经验。此岗位的应聘者应注重对用户需求的理解和对竞争对手的分析	掌握行业早期信息可以有效缩短硬件产品经理的适应期。中级硬件产品经理的视野不应局限于产品本身，还应对品牌、市场和渠道有一定的了解，这样才能策划出好的产品
高级硬件产品经理	最好是同行业的同层次人才（人才层次越高，对匹配度要求越高）	对于可遇不可求的人才，初创公司可以优先考虑将其吸纳为合伙人

这里，我们提供在硬件产品经理应聘面试中常见的 22 个问题，供应聘者和招聘人力资源（HR）经理参考。

1）硬件产品经理负责什么？哪些技能对产品经理来说至关重要？

应聘者应该知道，硬件产品经理负责集思广益，研究新产品创意，思考如何改进公司产品，设计并生产新产品，以及分析数据以确定产品方向等。团队建设和谈判是硬件产品经理的两项关键技能：团队建设有助于组建成功的团队，而谈判技能则有助于在产品交付成果（如价格和时间表）上达成一致。应聘者应该能够解释并举例说明他们在当前岗位上是如何运用这些技能的。HR 可以在面试前评估应聘者的谈判技能。

2）作为硬件产品经理，你认为自己有什么技能需要提升吗？

对于应聘者而言，即使已经是高级硬件产品经理，也有提升空间。比如，项目管理技能可能不如团队建设技能强（应聘者可能需要通过课程学习或阅读相关书籍来增强项目管理能力）。HR 可以在面试之前使用项目管理技能测试来筛选出候选人。

3）你如何在工作中使用数据？你的团队如何评价你的数据分析能力？

从分析投资回报率是否提高，到根据参数指标对产品进行调整，硬件产品经理可以利用数据实现许多目标。HR 可以考察应聘者是否了解不同的指标，如客户评价、产品评论。数据分析是硬件产品经理的一项关键技能，应聘者仅仅声称自己拥有出色的数据分析技能是不够的，还应该通过相关的知识和经验来证明。比如，应聘者可以在推出产品前对整理的数据指标进行反思，或者在更改产品功能时对事实和统计数据进行评估，以证明自己的观点。

4）你认为哪些因素可以判断一个产品的设计是否出色？

应聘者应该明白，客户将最终评判产品的优劣，成功的产品是那些能满足客户需求的产品，优秀的硬件产品经理应该确保产品达到这一标准。

5）你是否协调过产品的重新设计？你是如何操作的？

硬件产品经理应通过研究市场、分析数据来确定重新设计产品的目标。了解数据后，硬件产品经理可以专注于必要的行动，并在团队成员之间分享信息、分配关键任务。产品的重新设计涉及与利益相关者的沟通，因此 HR 可以询问应聘者是否有与合作伙伴沟通的经验，并请其举例说明。

6）硬件产品经理在推出产品时应优先考虑速度还是效率？

在推出产品时，平衡速度和效率很重要。因此，应聘者应了解如何为团队创建产品发布路线图、倒推上市日期，以及制订客户试用计划，这些方法有助于硬件产品经理实现高效和准时的产品发布。

7）作为一名硬件产品经理，你喜欢哪些工作？

应聘者可以谈谈自己喜欢硬件产品经理工作中的哪些方面。HR 可以要求其寻找能够表现其激情的答案，描述成功的项目，并展现与产品团队合作的热情。

8）硬件产品经理的主要职责是什么？

应聘者应了解产品管理的挑战性，并具备解决问题的能力。比如，面对项目进度延迟，他们应该尝试制定实际的产品预测方法。关键在于应聘者要能够传达他们是如何将产品管理的风险降到最低并解决问题的。HR 也可以向应聘者询问应聘者曾面临的挑战，以及他们采取的措施。

9）你会如何处理对产品关键功能的负面反馈？

在收到对产品关键功能的负面反馈后，硬件产品经理应利用数据来决定后续行动，某些指标可以确保团队在处理负面反馈时保持客观，减少意见分歧。

10）你会采用哪种方法与设计师和工程师合作？

应聘者应阐述后退一步、避免过度细节管理、赋予团队成员权力可以带来出色的产品设计过程和产品发布。同时，应聘者还应该知道以适合双方团队的方式进行沟通是促进团队合作更高效的关键。

11）你如何监督绩效和产品成功率？

分析关键绩效指标（KPI）是硬件产品经理监督绩效和产品成功率的最佳方法。应聘者应了解主要的KPI，如客户留存率、流失率、满意度、任务执行时长和团队效率等。

12）你会如何向客户描述产品？

除了了解客户痛点并解释产品如何满足客户的需求，应聘者还应该知道如何向客户介绍产品的主要特点。让客户完全了解产品至关重要，因此硬件产品经理必须充分了解产品的优势。

13）说出你在产品管理方面的一次失败经历，解释为什么批判性思维对硬件产品经理至关重要。

通过这个问题，HR可以测试应聘者的批判性思维能力，以及判断应聘者是否从失败中吸取教训。应聘者可能会举出产品发布不力或因团队意见分歧导致产品延期的例子。只要他们从失败中吸取了教训，并实施了改进方法，失败本身可能并非严重的问题。HR真正考察的是应聘者如何解决这个问题，以及他从中学到了什么。批判性思维是履行产品管理职责的基本技能，有助于评估现有事实、指标和证据，从而制订与产品相关的创新方案。

14）你会使用哪种方法来交流或分享产品战略？

使用数据支持产品战略是最基本的方法，可以让沟通和产品战略分享变得更容易。数据可以帮助硬件产品经理根据客户需求调整产品战略，并客观了解每位客户的偏好。硬件产品经理还可以使用Roadmap与团队成员和利益相关者分享计划。

15）硬件产品经理和项目经理的区别是什么？

在前面有过对比，这里不再详述。

16）请说出你策划过的最成功的产品，并描述该产品的成功之处。

在回答这个问题时，应聘者不仅应说出一个成功的产品，还应提供定量和定性的指标来证明产品的成功。这些指标包括营收、用户数量和运维价值等。

17）请分享你在产品管理职业生涯中不得不做出的一个艰难决定。

有硬件产品管理经验的应聘者应该知道复杂决策的重要性。无论是试图说服团队改变产品方向，还是选择分配给产品的理想资源数量，硬件产品经理都需要具备高级决策技能。HR应观察应聘者的回答，判断其决策是基于充分的信息还是依据衡量标准在困难的情况下做出的。

18）产品管理团队如何促进销售？

优秀的硬件产品经理会在推出产品的过程中积极创造机会，加强与销售和营销部门的协同工作。他们会投入时间支持销售活动，通过发布清晰的产品说明文件和营销材料来加强与客户的互动，且会协助团队识别并锁定高价值的潜在客户，从而提高产品的市场接受度和销售业绩。

19）作为一名硬件产品经理，你如何评价自己解决问题的能力？

开发帮助用户解决问题的产品是硬件产品经理的核心职责，但这不仅限于创造新产品或功能。硬件产品经理还需解决内部问题，并通过解决各种产品问题来持续完善既有流程。解决问题在产品生命周期的各个阶段都很重要，因此应聘者应具备解决问题的能力。

20）为什么时间管理对硬件产品经理至关重要？

从产品设计到产品发布，硬件产品经理必须对各种工作进行优先级排序，并在有限的时间内管理这些任务以满足截止日期，因此时间管理是硬件产品经理的一项关键技能。

21）作为一名硬件产品经理，你如何评价自己的沟通技巧？

硬件产品经理必须能够与团队、利益相关者和外部团队进行有效沟通，出色的沟通技巧有助于传达公司愿景和产品设计流程。HR 应考察应聘者是否拥有与不同个人和团队沟通的经验，并成功推出产品。

22）为什么领导技能对产品经理很重要？

产品管理需要团队合作，所以领导技能对硬件产品经理至关重要。优秀的硬件产品经理具备领导团队的经验和技能，能够促进项目授权，保持团队积极性，并确保与利益相关者的合作流程顺利进行。HR 需留意应聘者是否有领导经验，并要求他们提供具体的例子说明。

1.4 硬件产品经理的能力和素质评价

1.4.1 硬件产品经理计分卡

硬件产品经理要承担公司分配的各项职责，但是对其在达成目标的过程中可能合作的相关部门并不具备直接的管理权限。表 1.11 为产品经理计分卡。我们可以参考此表来观察行业或公司中优秀的产品经理是否具备相应的能力和行为特征，同时也可以对照该表进行自我评估，判断自己具备或者欠缺的部分。表中的权重分配可以根据行业或者公司的特点来灵活调整。

表1.11　产品经理计分卡

大类	小类	权重	标准及分值			
			欠缺1	称职2	熟练3	精通4
推动业务发展的技能	策略性评价					
	营销和事业规划					
	财务知识和技术					
	销售知识和技术					
通过他人产生绩效	沟通					
	影响力和政治技巧					
	和销售团队互动					
	培养其他人					
确保市场导向的方向	成为消费者的拥护者					
	市场研究技术					
	市场竞争情报					
	领导跨职能的团队					
引导产品适配及功能运作	对技术的了解					
	品质控制及运营知识					
	产品组合分析					
	新产品研发					
管理不同优先级的事务	项目管理					
	权衡分析					
	游说争取充足的资源					
	确认并争取合适的项目参与人员					
	激励团队成员					
	克服障碍					
	项目控制和审核					
	定义问题					
	规划和排程					
	管理项目团队					
	控制和审核					
	时间管理					
	效率					
	结果					

1.4.2 硬件产品经理自我认知评估表

硬件产品经理不仅需要解决问题，还需要创造需求。这就要求他们不仅需要通过强化培训来获得的专业能力，还需要了解并突破自我认知的局限。如果说能力决定了硬件产品经理的专业深度，那么自我认知则决定了其视野的广度。我们对自我的认知不仅影响自身的行为和状态，还会影响对周围人的看法。实际上，如果我们还没有真正思考应如何看待自己及如何看待他人，我们就无法理解他人是如何看待他们自己及其所处的世界的。总之，硬件产品经理成长的障碍主要源自自我认知的局限性。硬件产品经理自我认知评估表如表 1.12 所示。

表 1.12　硬件产品经理自我认知评估表

能力	说明	分值介绍	自评
倾听	超强的倾听能力，能够听到问题、解决方案和抱怨，并接纳所有信息	−1：我只能听到我感兴趣的或者厌恶的 0：我能够倾听，能获得部分信息，但持续时间很短 1：我能够倾听很长时间，并能感受到对方的情绪 2：我享受倾听的过程，并有能力营造一个精神场域 3：我能够倾听，并能仅通过倾听即可让对方平静	
学习	在理解晦涩的概念、学习新技能方面，能迅速掌握复杂问题的脉络并基于此提出解决方案	−1：我只能为应急而学习（在需要的时候） 0：我没有固定的学习习惯，学不学都没关系 1：我没有固定的学习习惯，但不学习我就觉得心慌 2：我有固定的阅读和探索习惯，比如有阅读计划书单 3：我经常性地扩大学习领域	
领导	具有沟通能力、具有个人魅力、重承诺和内省，可靠并勇于承担责任	−1：我很难留意到别人的需要，也很难独立做决定，需要外部因素才能做决定 0：我觉得自己表达清楚了，但发现别人好像没懂 1：我能够区分别人表达的事实和观点，并能清楚地复述 2：我能领导团队，做出承诺并完成 3：我能够观察到别人的长处，并能够帮助别人成长	
分析	在现状与目标之间设计一条或者多条通路，去粗存精，让目标变为现实	−1：我无法看清范围和逻辑 0：我能看清小规模的逻辑，并能描述清楚 1：我能够看清中等范围、多变量的逻辑，且能描述清楚并纵向切分 2：我能够看清大范围、多变量的逻辑，且能描述清楚并设计出路径 3：我有一套思路和方法论，能够适应多种情况	

续表

能力	说明	分值介绍	自评
预判	预判产品上线后的各种情况，以此确立研发的可能性；有强大的趋势预判能力	-1：在他人的提醒下，我能觉察到一些规律 0：我模糊地觉察到一些规律，但只是直觉驱动 1：我能有意识地观察到小规模系统的运行规律并做出准确预判 2：我能够观察到大规模系统的运行规律并做出预判 3：我有充分的生活积累，观察规律并做出预判已成习惯	
复盘	具有同理心和移情能力，将用户所在的场景画面化，把握用户心理层面的需求	-1：我从未复盘过 0：我有想过，但复盘时大部分细节都丢失了 1：我能够对已经发生的与我有关的事进行复盘，有些细节不太清楚 2：我能够对客观存在、与我无关的事情进行复盘，并且清楚细节 3：我能基于客观规律进行情节想象复盘，细节生动	

想进入硬件产品经理行业的从业者，可以试着根据上述评估表进行自我评估。我们将硬件产品经理的自我评估分为 6 个部分：倾听、学习、领导、分析、预判和复盘。表 1.12 清楚地界定了这些核心能力，并给出了相应的分值。通过该表，硬件产品经理、相关从业者，以及有意向进入这个行业的人员都明确自己学习和提升的方向。最终，我们发现自我认知评估超越了单纯的外部业绩评价指标，为硬件产品经理打造充满人文关怀的产品提供了内在动力。确保产品体现出人文关怀是一名硬件产品经理奋斗的终极目标。

1.4.3　硬件产品经理技能评估雷达

硬件产品经理技能评估雷达是一个评估其如何在公司里成功胜任职位的框架，能全面反映硬件产品经理的总体情况。该评估雷达通常涵盖四大关键领域：挖掘、交付、利益相关者的管理和参与、愿景和战略，如图 1.6 所示。这四大领域被进一步细化为多个层次，具体来说，挖掘细分为定性分析、客户和市场意识、定量分析和产品设想；交付细分为产品研发、技术意识、产品交付和从偏见到行动；利益相关者的管理和参与细分为产品参与度、领导力和利益相关者管理；愿景和战略细分为愿景、制订路标和战略。在每个层级中，都设定了一套能力、技能或行为标准，以表示不同的水平。硬件产品经理在某一领域的能力越强，其展现出来的技能水平就越高。

评估时，我们采用打分制。从层级 1 到层级 4，每个层级有 5 个评分等级，比如，定量分析的层级 1 包括两项能力：一是使用定量数据为决策提供依据，二是使用现有的指标来衡量趋势和影响。技能评估雷达的细化表如图 1.7 所示。对于觉得自己一直在做的事情，就给自己打 5 分，并进入下一层级；如果认为自己并非一直在做某些事情，就在 1 ～ 4 分之间选择。

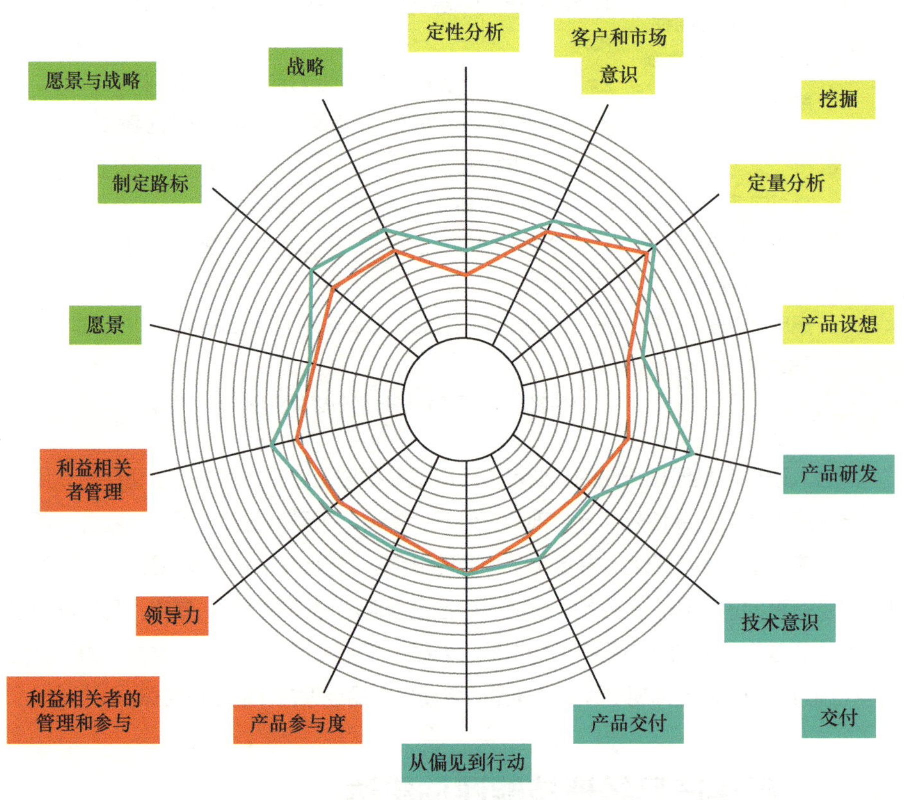

图 1.6 技能评估雷达

硬件产品经理在完成所有领域和层级的评估并记录下分数后，就会对自己的优势和劣势有一个非常直观的评判，也会给自己提供下一步的重点发展方向。建议每 3 个月就自我评估一下，不用刻意，只需要自然地填写表格即可。随着时间的推移，分数可能会有升有降。这是因为随着个人成长，硬件产品经理会更加了解自己的优势和劣势，这反映了硬件产品经理的个人进步。自我评估会让硬件产品经理更懂得自我反省，意识到自己曾拥有的优势可能并不像最初认为的那样强大。通常而言，当我们在一个领域投入更多精力时，可能在另一个领域投入的精力就会少一些，这就需要我们适时调整，确保各领域的分数不会下降太多。

		层级1	层级2	层级3	层级4	分数区
挖掘	定性分析 从质量上了解客户需求和产品成功率	你通过初步分析客户反馈来了解客户的行为和结果	你通过深入分析客户反馈来了解客户的行为和结果	你反复使用复杂的技术来详细了解客户的行为和需求	你能够制订新的定性方法，并在企业内负责相关研究工作，倡导将产生的定性数据纳入企业战略	6
	客户和市场意识 对最终用户的认知	你的市场意识源自他人的指导，你对市场有一定的了解	你可以使用和创建资产（如人物角色）来代表你的市场	你能自如地与你的客户交流，并能区分他们的需求和愿望	你经常与你的客户联系，并利用他们来引导你的产品方向	7
	定量分析 从数量上了解客户需求和产品成功率	你利用定量数据为决策提供信息支持 你可以使用现有的指标来衡量影响	你能为他人设计分析任务 你能够提取关键的洞察力进行分析	你能够在没有帮助的情况下进行复杂的分析 能够界定新的成功标准的具体范围 你了解KPI如何影响你的产品	你能够为他人提供复杂的客户分析 能够提供新的成功衡量标准 你在组织内积极推广你的数据，让大家明白用户的行为动向	12
	产品设想 将洞察力转化为功能	你了解产品和功能之间的区别 你可以采用现有的适合你的产品的想法	你的想法迅速得到验证 新功能能够解决复杂的客户问题 能够构建利用商业机会的机制	你的想法具有独创性和创新性 能够构思复杂的生态体系 新的功能和产品能带来重大价值	你的想法具有变革性，颠覆了你的行业 掌握了产品设计引领商业战略的方法	7
交付	产品研发 （设备）交付团队	你对敏捷原则有基本了解 能够记录需求，供交付团队使用	你基于敏捷方法与交付团队合作 能够构建用户故事和验收标准 了解不同类型的敏捷	你能够为交付团队使用的敏捷方法提供支持 编写高质量的用户故事和详细的验收标准 理解主题、史诗和用户故事之间的关系	你的产品团队积极构建自己的高质量的用户故事 能够在最合适的情况下进行敏捷实践	12
	技术意识 对软、硬件工作方式的认识	你对系统连接和技术生态系统的工作	你有能力在高层次上理解软、硬件架构	你能够对技术决策和技术战略作出贡献并提出质疑	你能够弥补技术方面的知识空白，并解决技术问题	11
	产品交付 有效支持交付团队	你能够为团队创建一个工作积压列表	你为一个团队维护一个工作积压列表 并对项目优先级进行排序	你让积压的工作得到有序处理 在梳理积压的工作时考虑到速度问题	你负责的项目中积压的工作都是近期的 在梳理积压的工作时会考虑要达成的目标和主题	12
	从偏见到行动 把事情做好	如果被要求，你能够完成职权范围之外的工作(例如，进行拾取分析、线框设计)	在没有提示的情况下，你会填补你所看到的空白，并确保产品团队不受阻碍	你能够提前发现技能差距并努力提升，这将增强你对交付的认识	你和你的团队很少受阻，因为在问题发生之前就有预见并采取了措施	11
利益相关者管理 和 产品参与度	产品参与度 整个团队和组织内部的合作和参与	你能与交付团队建立合作关系 理解与交付团队保持密切关系的重要性	你了解如何激励和驱动一个交付团队 能够在团队之外建立合作关系 能够就复杂的想法进行沟通	你能够与组织各层面的利益相关者沟通复杂的想法 你是在“向上”沟通	不用介绍，别人就会对你的产品产生兴趣 能够优化整个企业的沟通水平 利用各种方法，如展示、讲述以及演示来赢得组织内的认可	12
	领导力 担任产品负责人	你了解管理和领导之间的细微差别	你能够在不使用管理技术的情况下领导一个产品团队	你能够有效地领导一群人完成转变 你能够以协作的方式让你的同事发挥最大的作用	你是一个强大的产品领导者，积极促进并激励他人成长和发展 你明白产品成功是团队的责任 如果产品失败了，就是你的责任	7
	利益相关者管理 管理整个组织的关键利益相关者和客户	你了解你的客户和利益相关者是谁 你能够理解客户和利益相关者的要求	你让利益相关者了解团队能够提供什么 小组负责人随时了解最新进展情况 你能与交付团队建立合作关系	你能够反馈利益相关者的要求，并使他们加入到你的战略中来	你让利益相关者对产品未来的可能性感到兴奋 利益相关者拥有管理优先权	7
愿景与战略	愿景 形成更长远的产品愿景	你理解产品的愿景	你能够为塑造产品的愿景做出贡献	你能够规划产品的发展愿景	你提出的产品愿景具有变革性，可推动企业的战略发展	16
	制订路线图 将愿景转化为计划	你理解产品的路线图	你可以帮助制订路线图	你能够为团队制订路线图 路线图将保持更新	你制订的路线图是最新的，反映了企业当下的问题、机会和要求路线图清楚地展示了产品的发展方向	13
	战略 能够定义和建立整个企业的战略	你了解企业的战略以及你的产品如何帮助实现这一战略	你能够调整你的产品战略，以配合更广泛的业务目标和目的	你能够构建战略文件，以申请资金和支持来推动产品发展 你了解产品的利润和损失	你的产品战略影响着组织战略 你能够制定战略并打造产品，引领行业创新	7

图1.7 技能评估雷达细化表

作为硬件产品经理，没有一种完美的成长路径，因为每个人都有不同的成长背景和工作经历，没有一种通用的最佳工作方法。因此，硬件产品经理需要根据自己的成长和发展需求量身定制成长计划。要做到这一点，硬件产品经理需要识别在目前的公司或产品中阻碍自己发展、得分最低的领域，并思考哪些领域最契合当前的发展。等下次填写评估表时，自己的努力就会通过分数的变化体现出来。如果硬件产品经理把历史分数记录下来，就很容易看到自己各个领域的变化趋势。历史分数示例如图 1.8 所示。

日期	挖掘				交付				利益相关者管理和产品参与度			愿景与战略		
	定性分析	客户和市场意识	定量分析	产品设想	产品研发	技术意识	产品交付	从偏见到行动	产品参与度	领导力	利益相关者管理	愿景	制订路线图	战略
08-9-22	6	7	12	7	12	11	12	11	12	7	7	16	13	7

图 1.8　历史分数示例

建议硬件产品经理邀请自己的领导或同事填写评估表，以了解自己在他们心目中的位置。将他人的评估结果与个人填写的进行比较，这将帮助硬件产品经理全面了解他人对自己优势和劣势的看法。

1.4.4　硬件产品经理的素质评价

许多优秀的硬件产品经理实际上具有共同的素质。这些素质推动硬件产品经理在其岗位上表现出色，甚至脱颖而出。表 1.13 是硬件产品经理素质分类，包括基础、良好和优秀三类，其中主人翁精神和责任感、主动积极和热情属于基础素质；自信乐观和思维缜密、有紧迫感和以结果为导向、自我驱动属于良好素质；谈判能力和号召力、个人品位属于优秀素质。下面将对这些素质进行逐一讲解。

表 1.13　硬件产品经理素质分类

分类	描述
基础	主人翁精神和责任感、主动积极和热情
良好	自信乐观和思维缜密、有紧迫感和以结果为导向、有积极主动的态度
优秀	谈判能力和号召力、个人品位

1. 主人翁精神和责任感

硬件产品经理通常会负责一个或多个产品的全生命周期管理（注意，只有那些基于长期机会的产品才需要进行生命周期管理，而对于那些基于短期销量或者竞争策略的产品，则不需要进行严格的生命周期管理），其工作既有深度也有广度。硬件产品经理应该真正从内心将产品视为己出，全面管理好产品的各个方面。这就要求他们具备高度的主人翁精神和责任感，缺乏这种意识的人很难胜任硬件产品经理职位。

2. 主动积极和热情

硬件产品经理不应等待上级或其他部门给自己分配任务或监督自己的工作，而应拥有强大的内驱力。鉴于市场的快速变化，硬件产品经理需要主动出击，深入研究市场、产品和竞争对手，拜访客户，挖掘客户的痛点及未被满足的需求，进而提出解决方案并主动有效地实施，及时、灵活地调整产品战略，推动产品业务持续增长。被动等待的硬件产品经理可能不太适合这个行业。优秀的硬件产品经理总是对工作充满热情，他们热爱产品，常讨论产品的卖点和差异性。即便产品的市场竞争非常激烈，市场推广和营销活动开展起来也非常困难，他们仍然会承担起责任人的角色，管理好一切事务。热情意味着热爱硬件产品经理这份工作，对市场、价格、竞争和数字保持敏感，热爱所负责的产品或产品线。

3. 自信乐观和思维缜密

如同行军打仗一样，若硬件产品经理情绪低落，则整个团队缺乏明确的方向和战略。因此，硬件产品经理应保持热情、沉着、乐观、积极、自信。面对工作中的挑战，保持乐观自信是硬件产品经理成长和发展的必要条件。如果因困难而丧失信心，沮丧不已，不仅会影响个人工作状态，还会损害产品品牌形象和理念，形成恶性循环。作为一名硬件产品经理，在做决策前虽已深思熟虑，但仍需警惕小疏忽导致错误被放大。思维缜密也是区分初级和优秀硬件产品经理的关键。从新产品功能设计到发布、宣传文案、销售政策、意见领袖沟通等，都考验着硬件产品经理的思维严谨性。

推荐硬件产品经理运用 MECE（Mutually Exclusive and Collectively Exhaustive，相互独立，完全穷尽）法则来锻炼自己的缜密思维。MECE 法则是指对于一个重大的议题，能够做到不重叠、不遗漏地分类，而且能够借此有效地把握问题的核心并解决问题。所谓不重叠，是指各个功能模块无交集；所谓不遗漏，是指所有功能模块的并集应为全集。图 1.9 为 MECE 示意图。下面是一个基于 MECE 法则的示例分析：首先，问题是雨天汽车玻璃为何看不清。结论是玻璃上有雾气。分析可知，玻璃上有雾气的原因 A 是有雾气形成（A）和雾气积累不散（B），AB 符合 MECE。紧接着分析为何有雾气形成，原因是水汽饱和（a-1）和微尘（a-2）。再分析雾气为何积累不散？原因是表面吸附（b-1）和缺乏清洁机制（b-2），ab 也符合 MECE，以此类推，可逐层往下分析。这种方法能够全方位、多角度思考问题，最大限度减少细节遗漏。它能帮助硬件产品经理全面、清晰地分析问题和情况，有效预测执行过程中的突发事件，从而避免意外。

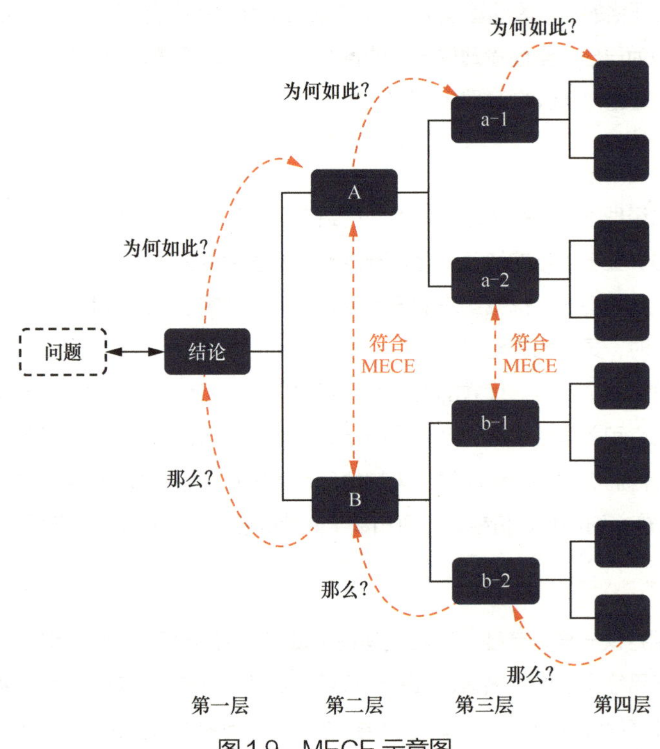

图 1.9 MECE 示意图

4. 紧迫感和以结果为导向

每个公司一般都有多个硬件产品经理，这些硬件产品经理隶属于不同的产品线和业务团队。大多数硬件产品经理需要协调各种内部和外部资源来解决问题并推动项目。公司内部资源有限，不会无限期等待，优秀的硬件产品经理总是会在第一时间主动联系相关部门寻求资源。外部资源同样有限，行动迅速的硬件产品经理能抢占先机。从市场竞争的角度看，几乎所有产品都有竞争对手。有紧迫感的硬件产品经理会居安思危，提前布局，保持产品领先。他们会对年度销售目标负责，关注结果实现。任何不承担产品销售目标的硬件产品经理都算不上真正的硬件产品经理。如果一个硬件产品经理只关注过程而不关注目标的实现，那最终的结果不一定好。从公司的收入目标来看，公司高层、营销总经理、销售总监等群体属于利益共同体，每个人都应对这一结果负责。硬件产品经理主导制订的 GTM（Go To Market，上市）策略是否可行、实施是否到位、对销售团队的支持是否及时，这些因素共同决定了最终结果的优劣。结果导向是优秀硬件产品经理必须坚守的原则，因为在评价硬件产品经理优劣的绝对指标中，结果的好与坏占据相当大的比重。

5. 有积极主动的态度

从上级管理者的角度来看，如果硬件产品经理在接到任务时，总是找各种借口强调困难，表示自己做不到，那么从长远来看，该管理者内心肯定会不舒服，并对其产生怀疑。不管上级交代了什么工作，不管有多困难，硬件产品经理都要有“我可以立即实施”的态度。作为自信的硬件产品经理，方法一定比困难多。优秀的硬件产品经理总是能够迅速理解并落实高层的想法，即使初次方案不尽如人意，但这种积极主动的态度是非常值得肯定的。这样的硬件产品经理更容易被重用，并在上级管理者的持续指导下，不断提升自己。

6. 谈判能力和号召力

优秀的硬件产品经理必须具备出色的谈判能力，因为在他们的日常工作中，谈判无处不在，比如与总部、供应商、合作伙伴甚至高层谈判，而谈判的结果往往决定了硬件产品经理能否获得足够的优质资源。每个硬件产品经理都需要在每年的特定时间制订下一年的产品规划，在制订产品规划时，预算是一个非常重要的考虑因素。除了产品规划是否详细、准确，谈判能力也是决定最终能获得多少预算的一个重要因素。通常，硬件产品经理提出的预算需要经历各层负责人的严格审核。如果谈判能力弱，硬件产品经理可能会在几轮谈判中败下阵来，导致预算被大幅削减。如果没有足够的预算，硬件产品经理推进项目会变得困难重重。而号召力是指硬件产品经理能够调动各部门的积极性，特别是销售团队积极性的能力。在公司经营中，决策部门好比是“中央处理器”，人事、财务部门相当于“控制器”，统计、审计部门就像“反向回路”，这些部门共同协作，确保公司朝既定目标前进。硬件产品经理不仅要善于描绘蓝图，还要善于使梦想变为现实。硬件产品经理要善于向业务团队充分、完美地展示产品的 GTM 方案，并号召业务团队积极销售产品，以取得更好的业绩。

7. 个人品位

硬件产品经理的个人品位反映在他们的日常工作中。无论是 PPT 的美感、产品设计、文案内涵、GTM 方案的视觉呈现，还是在同事或客户面前展现出的个人形象，都体现了硬件产品经理的人文艺术修养和审美能力（图 1.10 为硬件产品经理艺术电视的美学展示）。这些因素反过来将影响硬件产品经理能否展现出高质量的产品。如果一个硬件产品经理个人品位不好，怎么会有人相信他有能力为产品打造出引人瞩目的品牌形象呢？良好的个人品位将渗透到产品的所有元素中，使产品更具人性化，产生独特的魅力。

如果硬件产品经理具备以上素质，他更有可能获得比其他同行更多的职业发展机会，并且这些素质会伴随他们一生，使其始终保持领先地位。

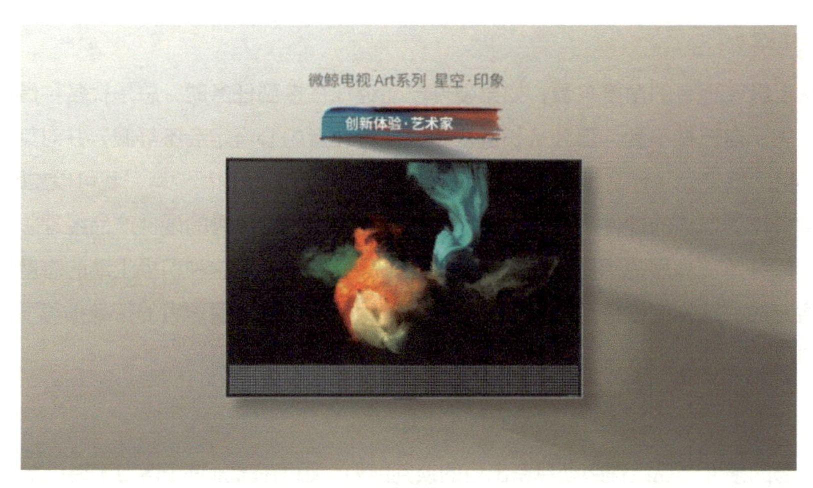

图 1.10 艺术电视的美学展示

这一章主要介绍了硬件产品经理的相关背景知识、定义、能力需求及评价体系，旨在为大家提供一个全面的框架，以便大家能够从整体上对硬件产品经理有一个清晰的认识。

统筹篇

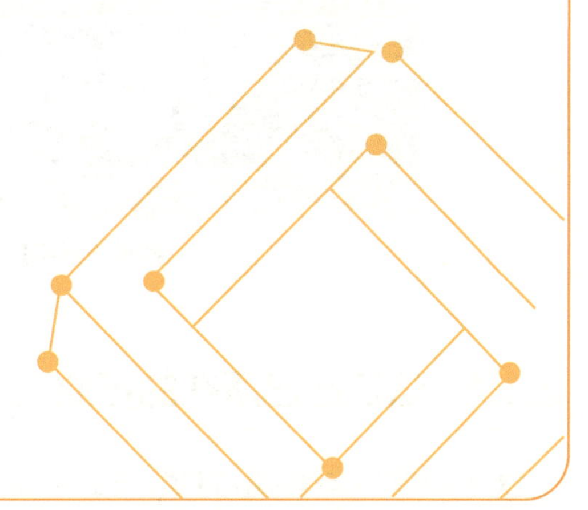

第 2 章

硬件产品经理的知识结构和思维模式

本章主要分享成熟的硬件产品经理应具备怎样的基础素质，需构建哪些能力模型。对于硬件产品经理来说，知识结构和思维模式是极其重要的两个维度。下面先来谈谈硬件产品经理的基础知识结构，然后介绍 6 种思维模式。

2.1 九大知识结构

总体上看，硬件产品经理的知识结构应该包含 9 个主要方面，如图 2.1 所示。

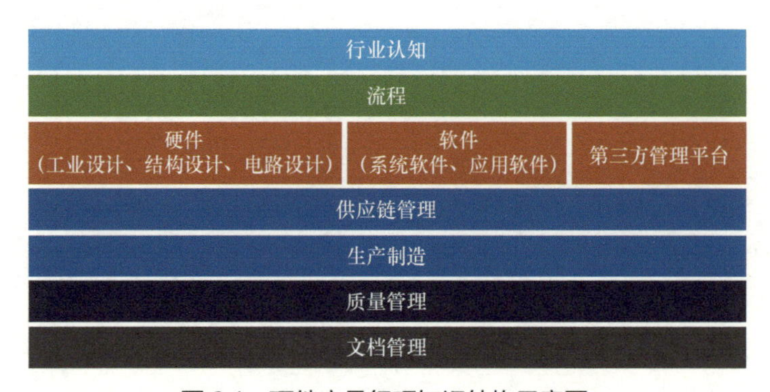

图 2.1　硬件产品经理知识结构示意图

2.1.1 认识自己所在的行业

对于从事商业运作的公司来说，行业认知的重要性再怎么强调都不为过。因此，及时了解行业动态至关重要。如果无法获得行业的最新信息，公司就很容易陷入困境。不关注行业的最新信息会导致公司无法抓住机遇，从而使机遇被竞争对手抢占，同时也无法很好地满足客户的需求。

行业是根基，若硬件产品经理不清楚自己行业和公司的业务范围，以及所面对的用户是什么样的，则很难做出优质产品。行业的大类很多，比如 IT 通信、家居家电、汽车工业、商业贸易等；再进一步细分，家居家电又分为黑电、白电、厨电、小家电、定制家居等十多个细分行业。每个硬件产品经理必然身处某个行业，掌握这部分知识可以明确应该做什么样的产品。

为了帮助大家快速跨越行业认知门槛，提出以下几点建议。

1. 从公司稳定的业务和过往的问题中总结学习

硬件产品经理进入公司后，首先要做的是了解公司的业务开展情况。这个过程也能加深硬件产品经理对所处行业的认知。了解公司业务的最快方式是浏览公司的官方网站，查看公司提供的产品和服务、解决方案和应用程序相关资料。除垄断公司以外，任何行业在市场上都会有竞争对手，以产品名称为关键字进行搜索，很容易进一步了解产品的受众和行业。此外，如果该公司要在该行业生存下来，它必然会向客户提供产品详情页、彩页或产品手册。推荐的做法如下：仔细阅读这些资料，记录自己不理解的任何术语；对于不理解的术语，从网上搜索专业解释，并将其记录下来；向公司老员工请教，虚心地学习；学完一个产品后，再学另外一个，循环练习。在此过程中，可能会遇到新的不理解术语，那么就重复上述过程。储存在头脑中的知识，若反复操练和运用，就不容易遗忘，在日常工作中可以随时调取。在稍大型公司中，一般都会有不同的行业和领域的多种解决方案。硬件产品经理在学习过程中可以侧重于一个或者几个领域，在这些领域中找相关的产品手册学习。产品在本质上是相互关联的，当自己熟悉一本手册后，再去查看其他手册，逐步补充新的内容，可让自己的未知领域慢慢缩小。

同时，寻找行业相关的过往经验来加强对行业的了解也是非常重要的。当处在迷茫和不确定的环境中时，如果努力工作且方法得当，通常会事半功倍。我们应该积极了解过去的问题，并向业内过来人请教，在解决问题的同时，往往还可以了解到行业或公司其他层面的信息。

2. 多阅读行业出版物和行业分析报告

前述是行业入门的第一步。硬件产品经理踏踏实实去做了，就会对行业知识有一定的了解。此时，硬件产品经理的知识可能还是一个个零散的点，而且比较片面，需要系统整合这些知识。阅读专业图书就是一个很好的整理碎片化知识的过程。至于具体需要阅读哪些图书，可以向行业人员或者公司老员工咨询。我们鼓励业内人士订阅相关的行业出版物，不管工作有多繁忙，也要留出时间阅读。行业出版物信息量大，其中的信息对特定行业和专业人士大有裨益，它们可以提供以消费者为重点的出版物所没有的详细资料。广泛阅读相关行业的刊物是一种性价比很高的延伸知识面的做法，因为它能打开你思路，并能发现潜藏在背后的机遇。

另外，咨询公司的行业分析和金融投资机构的行业报告可以提供非常详细的行业信息。通常，专业咨询公司会有详细的行业分析报告和数据解读，这些报告和解读是非常可信的。此外，投资机构在投资企业时，通常会进行详细的可行性分析，可以通过阅读相关资料来了解一个行业的相应内容或知识。

3. 建立社交联系，多参加行业专业领域的活动

人际网络技能包括与其他行业利益相关者进行面对面或在线的互动。这是分享和获取行业知识的一个可靠途径。一些行业趋势信息在病毒式传播或被公共媒体关注之前，就已经有小道消息在业内流传。拥有良好信息获取渠道的参与者可以更早地获取这些信息，并在这些信息公之于众之前抢占先机。

建立专业社交网络通常是通过参加商业活动来实现的，如研讨会、贸易会展和分析师简报会。加入专业会员协会并参加其活动也是获取行业知识的另一个好方法。在轻松的环境中进行专业讨论，对培养社交技能非常重要。此外，社交网络还可以通过在社交媒体平台上互动来拓展，建议积极关注感兴趣的行业话题并参与相关讨论。硬件产品经理进入这个行业并与公司的前辈进行沟通就是融入专业领域的表现。硬件产品经理平时应多注意公司内市场部、产品部、项目部、研发部等的相关人员都在关注什么、策划什么、在寻找哪些素材等，从中获得灵感和启发。当然，除此之外，还可以经常参加各种展会，了解上下游供应商的产品，参加产品交流活动，并与专业人员深入交流。平时多多关注一些行业大V的网站或知乎页面、业内知名网站，以及相关的优质微信公众号，也可以从中了解行业优秀从业者正在关注的人和事。

4. 利用导师制

导师制是指由业内专业人士提供指导的一种制度。很多大公司都会有一帮一或者一帮多的导师制安排。这可以看作人际网络的延伸，被指导者接受行业知识和技能的传授，并在导师的安排下获得参与项目的机会（原则上，这会适度减轻导师项目团队的人力压力）。导师可以提供第一手的行业知识，这对被指导者来说非常宝贵。这样的安排可以取得双赢的结果。

5. 进行在线研究

通过日常的在线研究来了解当前的行业动态和热点非常重要。互联网上有大量的研究工具，可帮助我们深入研究所需的具体信息。硬件产品经理可以将相关网站、博客、论坛

或数据库的网址收藏起来，供今后使用或参考。也可以通过百度、谷歌、微软必应等搜索引擎，以及知乎等平台上的相关功能来关注对感兴趣的主题。企业和个人还可以在这些平台上创建个人档案，与其他专业人士互动。随着在线活动的蓬勃发展，硬件产品经理可以通过在线研究掌握最新的行业知识。

6. 进修课程

让硬件产品经理前往相关院校参加相应的进修课程，或在公司内部聘请专家讲授这些课程，是让其了解行业最佳实践的绝佳方式。有些硬件产品经理可能早已离开学校，因此定期参加进修课程是很有必要的。

7. 寻找细分市场

专注于行业的某一细分领域，并深入学习该领域的知识，有助于硬件产品经理从普通员工成长为行业专家。根据细分市场对行业的战略重要性，掌握细分市场的技能和知识能够为公司提供高质量的建议和决策支持。

2.1.2 理解流程的重要性

无论公司规模大小，都有流程。对于公司管理层来说，期待员工能高效地完成工作。可对此设置 KPI（Key Performance Indicator，关键绩效指标），向公司中层进行宣贯。但在此之前，我们需要确保关注的是正确的流程。流程实质上是将不同维度、不同种类的管理体系整合在一起的基础和核心。工作流程是工作项的活动流程序列，包括实际工作过程中的各个环节、步骤和实施程序。并非所有的流程都是重要的，但具有以下特点的流程很关键：

- 经常被执行；
- 直接决定产品的成本或客户满意度；
- 是公司业务增长的基础。

一旦硬件产品经理明确了最重要的思路，就可以着手确定要关注的具体流程了。在每一个流程中，都存在一些关键的杠杆点，这些杠杆点往往决定了项目的成败。在大多数公司中，成功的关键在于使项目组能够集中资源，最大限度地提升流程效率，但这点往往没有得到充分的重视。比如，各类规划（如战略规划、营销规划、业务规划）成功的关键在于对信息（内部和外部）的深入理解、对参与规划和实施规划的人的充分理解，以及建立一个系统。这个系统旨在帮助硬件产品经理将相应理解付诸实施，以有效制订战略和战术，从而成为完成有效规划的标准。因为我们会重复执行很多流程，所以对流程进行小改进可以逐步累积，最终形成巨大的效益。我曾经参与电视的降成本流程设计，当时有一位高层领导在一年内将全部精力投入到这个流程中，这引出了许多创新想法，从而取得了相当惊人的成果。在接下来的一年里，由于这一努力，公司的市场份额几乎翻了一番。关注流程的改进不仅让成本大幅降低，而且促进了产品创新和营销创新，并在市场上产生了巨大的影响。

流程有具体的输入和特定的输出，并伴随有若干活动。在项目实施过程中，设计研发、材料采购、生产、信息处理、管理等都属于工作流程的一部分。流程是基于某种次序来完成一系列任务的，而与这些任务相关联的既有内部客户也有外部客户，最终的目的是为客户创造价值。

为什么流程很重要？是因为它们描述了事情是如何完成的，并提供了改进的要点。事情的完成方式决定了结果将是怎样的。如果硬件产品经理以正确的方式关注正确的流程，就可以设计出许多成功的方法。充分理解工作流程非常重要，正确认识流程能让硬件产品经理做事有章法、有条理，能将各个环节中涉及的人、机、料、法、环几大因素紧密联系在一起，让所有相关方都朝着同一个目标努力，推动产品更快落地及上市盈利。如果价值增加多于成本，公司营运将有盈余；反之，公司将会亏损。硬件产品经理具体的业务流程我们也会在后续详述。

2.1.3 硬件基础知识

本节内容将告诉硬件产品经理应该怎么把产品做出来。根据我们的经验，硬件基础知识包含工业设计（Industrial Design，ID）、结构设计和电路设计。后面我们还会提及相关的生产知识和质量管理。

1. 工业设计知识框架

工业设计包含但不仅限于产品造型。在“颜值当道”的时代，ID 主要是从外观的角度实现视觉美学，帮助产品塑造品牌外在形象。目前，工业设计领域的发展还衍生出了 CMF（颜色、材料和表面处理）专业方向。表 2.1 所示为工业设计领域的知识框架。

表 2.1 工业设计知识框架

类目	基础知识	简述
知识点	造型	关注造型、建模
	材料	关注各种材料
	工艺	关注材料的成型、处理工艺

续表

类目	基础知识	简述
知识点	CMF	关注颜色、材料和表面处理
	结构	关注结构设计
	模具	关注模具设计和加工
工具和文档	工具	Pro/E、UG、SOLIDWORKS、3ds Max、Rhino、PS、AI、KeyShot 等建模和渲染软件
	文档	设计研究文档、2D 模型图、3D 模型图、产品渲染图、场景渲染图等

硬件产品经理不是工程师，不需要掌握草绘、作图软件、渲图软件等，但需要了解硬件相关的材料、工艺、结构和模具等。美学修养不是一朝一夕就可以培养出来的，硬件产品经理平时需要注意提升自己的审美水平，让自己对美变得更加敏感。可以多观察竞品的整体设计，多研究各类产品的配色和风格，多关注设计周（如 Milan Design Agenda、London Design Festival 等），多参加展会（如 AWE、CES、IFA、CEATEC 等），还要多看设计类杂志（如《艺术与设计》《包装与设计》）等。在生活中发现美的地方要及时记录下来，并细心琢磨。硬件产品经理还可以多浏览与设计相关的网站，或者下载一些手机 App 进行设计训练。

2. 结构设计知识框架

结构设计（Mechanical Design，MD）主要是从空间、力学、材料、工艺和表面处理、模具、装配等角度出发，设计和构建产品外观，以实现其预定功能。结构设计领域的知识框架如表 2.2 所示。

表 2.2　结构设计知识框架

类目	基础知识	简述及举例说明
空间	电子元器件堆叠空间	摆放和堆叠空间、散热和防尘空间
	连接器件和线材空间	线材的长度、走线空间、连接器件的空间
力学	结构静力学分析	受力、静载荷、位移、刚度、弹性势能
	结构动力学分析	结构应力、位移、振动、缓冲和减振、有限元分析
材料工艺	塑料	材料种类：ABS、HIPS、PC、PP、硅胶、橡胶
		成型工艺：注塑、吸塑、挤塑、双色注塑、IML、IMD、模内注塑、3D 打印
	金属	材料种类：铝合金、不锈钢、铁、铜、其他合金
		成型工艺：CNC、挤压、冲压、压铸、锻造

续表

类目	基础知识	简述及举例说明
表面处理	塑料	喷漆、涂装、丝印、水转印、模内装饰、激光雕刻
	金属	氧化、电镀、电泳、喷涂、喷砂、腐蚀
模具	常识	模具常用钢材、模具结构（公模与母模）、模具分类（注塑模具、冲压模具等）
	零部件	丝筒、滑块、行位等
工具和文档	工具	Pro/E、UG、SOLIDWORKS、AutoCAD
	文档	2D 图、3D 图、IGS 或者 STP 文件

（1）材料特性及其成型工艺

一般的硬件产品，其材料分为塑料及金属两大类。硬件产品经理必须通过持续的学习和实物比对来了解和累积这方面的知识。

塑料材料包括 PE、PP、PVC、PS、ABS、PMMA、PA、POM、PC、PSU、PPO、HIPS、尼龙等，其主要特性是密度各异、塑形性很好、造价低廉等。

金属材料主要指铝合金等合金类、不锈钢、黄铜等，其主要特性是密度很大、强度较高，部分材料润滑性良好等。

（2）堆叠和干涉

结构设计的两个要点是零件的堆叠和干涉。堆叠和干涉决定了产品的空间特性，进而影响产品的功能。在设计产品时，除了要考虑必要的功能组件（如 PCBA（Printed Circuit Board Assembly，印制电路板组装）、电源、传感器等），还要考虑线材的走线位置，并为电线、扎带、卡线贴等辅料预留一定的空间。堆叠指的是所有零部件的相对空间位置要按照一定的方式组合起来，干涉指的是零部件之间是否可以重叠或需要预留足够的空间等。

很多时候要考虑空间位置对功能的影响，常见的有电磁干扰、散热、防尘防水等。电磁干扰指的是电磁骚扰现象（任何可能引起器件、设备或系统性能降低的电磁现象）所造成的后果，统称为 EMI，它可分为传导与辐射两种干扰形式。为避免传导干扰，要将系统内的强电区域与弱电区域隔开；为避免辐射干扰，可在高频信号区域添加金属屏蔽罩。而 PCBA 上的 CPU、FPGA、DSP 等芯片发热量比较大，可能会影响系统的正常工作，所以必须快速散热。非专业领域产品一般使用自然散热的方式进行处理，只需考虑自然散热的空间和产品表面的温升等情况即可。而如果空间过于狭小，则需要考虑采用主动散热的方式所增加的空间占用，如加装散热块、风扇强制换风、热管导热等会占用额外的空间，这些在设计之初就要考虑到。

（3）实操产品的 3D（三维）建模

3D 建模是利用工程软件将设计者的理念形成数字化实体，以方便设计者验证的过程。市面上通用的软件有 Pro/E、UG、SOLIDWORKS，AutoCAD 也比较常用。硬件产品经理不一定需要完整地绘制 3D 图，但需要了解其制作方法和过程，并能够通过工程软件查看。如果需要深入了解 3D 建模，硬件产品经理也可以花时间初步学习软件的基本命令和操作，尝试在工作中承担部分简单制图工作，加深对建模和产品设计的了解。

（4）实际跟进产品的落地

在 3D 模型设计并评审合格后，设计工程师会提供给工厂 2D 或 3D 图纸，工厂根据材料及加工工艺，以一定的周期生产出来。没有哪家公司具备一套完整的产业链，尤其是目前的品牌公司，所以多数加工会以外发的方式进行。跟进产品落地的过程，实际上也是加深对产品学习和了解的过程。

塑料件涉及模具和成型（如注塑）两个方面。模具有注塑模、吸塑模、压铸模、冲压模、失蜡模等，开模的周期可能会持续 1 个月甚至更久，而成本则少则数万，多则几百万甚至上千万。所以，如果不是特别的零件，可以尽量考虑市场上现成的通用零件，以降低成本。简单来说，注塑是利用已开发好的注塑模具，通过注塑机进行零件生产的过程，不复杂的小零件一天的产能就是成千上万个。冲压就是通过模具把金属板材冲压成设计的样式的一种加工工艺。对于机加工件，不复杂的铝制零件经过备料、上机、加工、检验整个过程，一般几天就可以做完。很多零件还需要进行表面处理，比如抛光、拉丝、阳极氧化、电泳、发黑等，使其更加精致、美观。

3. 电路设计知识框架

硬件产品经理在日常工作中会在以下几个方面接触电路知识：技术方面主要是协议中涉及技术的相关内容；元器件方面主要是各种传感器、接口、电池或者电源、存储器（内存硬盘等）及主 / 辅处理器等；PCB（印制电路板）方面主要是 PCB 卡的设计、PCB 的生产（包括贴片生产）等，涉及 FPGA 相关知识。电路设计的知识框架如表 2.3 所示。

表 2.3　电路设计知识框架

类目	基础知识	简述及举例说明
协议	协议相关内容	Wi-Fi、BT/BLE、ZigBee、GSM、GPRS
元器件	处理器	主 IC 芯片、微处理器 MCU
	显示器	CRT、LCD、PDP、AMOLED、MicroLED、墨水屏、柔性屏、异形屏
	传感器	温度、湿度、水浸、红外、微波、毫米波、超声波、重力、陀螺仪、光敏、压力、霍尔开关、机械开关、触控、空气质量检测

续表

类目	基础知识	简述及举例说明
元器件	电池	干电池、纽扣电池、锂电池、聚合物电池
	存储器	ROM、RAM、Flash
	I/O 接口	USB、MicroUSB、Type-C、Lightning、HDMI、AV、RJ45
	基本参数	电压、电流、额定功率
	质量标准	性能，可靠性（老化、盐雾、冲击、ESD、存储）
PCB	PCB 设计工具	Protel
	PCB 生产	钻孔、沉铜、图形转移、图形电镀、退膜、蚀刻、绿油、字符、镀金、成型、检测
	SMT	贴片流程：丝印、点胶、贴装、固化回流焊接、清洗、检测
FPGA	概念	可编程门阵列、硬件软件化、I/O 支持标准、并行运算
	工具	VHDL、Verilog
文档	PCB 设计	电路原理图、框图、PCB Layout 图
	PCB 生产	PCB 电路图、阻焊图 结构图：整体尺寸、公差要求、孔位、限位标示 PCB 生产制程说明：层数、油墨颜色、字符颜色、表面处理要求、数量、交期
	SMT	PCB 电路图、BOM（Bill Of Material，物料清单）表、制程说明（坐标文件、钢网文件）

（1）学习元器件方面的知识

在工作中要学习积累元器件方面的知识。项目开展时，硬件产品经理可向电子硬件工程师了解各种元器件的特性；也可找采购人员，或向元器件的供应商或代理商索取元器件的规格说明书，详细了解元器件的规格和性能。硬件产品经理可以不会安装和制作 Layout 板，但需要大致了解各元器件尤其是核心器件的功能及使用方法。

（2）协助电子硬件工程师研发并落地

PCBA 是硬件产品经理制订后续产品规格书的重要依据。如果硬件产品经理能协调并配合电子硬件工程师一起制作总体设计方案，确认整个系统的硬件架构，并按照功能来划分各个模块，会有利于产品的开发和生产。PCB 绘制完成后会进行交叉评审，评审通过后硬件工程师会生成生产所必需的文件（有时候这部分是由 SMT 工厂来执行的）。当硬件产品经理经历过数轮完整的 PCB 设计到生产的过程后，就会对其中的要点有很深刻的了解。PCB 设计完成后，硬件产品经理可以配合电子硬件工程师进行 PCBA 打样。PCBA 生产所需文件一般包括顶部信号层文件、底部信号层文件、丝印层文件、阻焊层文件、锡膏层文件等，还有开孔文件、贴片坐标文件及BOM（物料清单）。最后，将这些分类好的文件提供给PCB供应商、钢网供应商和SMT贴片供应商。PCB上除那些能够上机贴片的元器件以外，还有一些需要手动焊接上去的插件。电子硬件工程师要做好插件的配料，并将这些物料的位号标注好，以方便焊工工作。

2.1.4 软件基础知识

硬件产品经理平日里经常接触的软件主要有两大类：一类是硬件产品内的嵌入式系统软件（即常说的固件）；另一类是应用软件。还是那句话，硬件产品经理可以不会编程，但需要了解一些软件知识，这样当他提出一个需求时，可以表述准确，不会造成误解，更不会被软件工程师带着偏离主题。

一款硬件产品一定会有相配套的嵌入式软件，这些软件通常包括硬件中的操作系统和开发工具软件。硬件好比是执行的手脚，软件好比是大脑和神经。从系统层面来说，嵌入式软件的作用就是让硬件能够动起来。当前将产品与手机App连接的做法很流行，但不管其App功能做得多抓人眼球，还是需要有固件上接口的配合。固件在功能设计上要考虑应用端的配合需求，保持高效，并且能提供基本功能。高级的功能尽量放到APK（Android应用程序包）中去实现。一个易于操控的APK将成为智能硬件的标配。另外，硬件产品经理对于界面布局、UI设计、交互设计都要有基本的了解。如果硬件产品经理深度参与相应环节，就有机会改造那些非常难用、只是一味地堆砌功能的软件。像智能电视这类产品，涉及软件的迭代更新，一定要注意用户升级的便利性，包括更新APK、更新固件，这样才能使产品快速迭代起来。以智能电视现在的运营系统为例，它不仅管理内容后台（包括用户管理系统、设备管理系统、BI分析系统、大数据系统等核心系统）、数据等，还可以借助硬件的数据回传构建电商系统，从而直接将商品卖给用户。如果硬件产品经理在这些方面都有所涉猎，则对工作非常有益。

如果硬件产品经理能看懂基本技术文件，就能更合理地提出符合产品规格和规划进度的需求。以下是一些建议硬件产品经理学习的内容。

1. HTML/CSS/JavaScript

HTML、CSS和JavaScript是构建网页和Web应用的三大核心技术，也是程序设计和网页开发入门的基础，硬件产品经理应对其有所了解。硬件产品经理从学习最基础的前端开发技术切入，可以快速了解什么是程序开发，加深对技术和软件研发思维的理解，这样他就会与软件工程师拥有共同的语言，有助于双方更顺畅、有效地进行沟通。

2. 搜集用户信息做数据分析

软件和运营部门一般掌握大量用户信息，硬件产品经理也需要搜集使用者行为和市场相关数据。若硬件产品经理懂一点 SQL（Structured Query Language，结构化查询语言），则会对数据处理工作很有帮助。当硬件产品经理面对大量庞杂的数据并想要做数据分析时，可以使用 SQL 自己动手操作，而不是求助于软件工程师。

3. 网络运作原理与 API

理解网络运作原理需要了解客户端/服务器架构，并学习 API（Application Programming Interface，应用程序编程接口）的基础知识。通过了解 API，硬件产品经理能够清楚各个系统间的数据是如何流通交互的，这样在进行需求设计时才能考虑得更全面。通过阅读 API 文件，硬件产品经理可准确评价研发所需的工作量，而不是在毫无依据的情况下不切实际地设定工作期限和预期，同时还能对产品研发的时限与成本效益做出更靠谱的评价。

当然，我们不要求硬件产品经理去深入地学习相关软件，一方面没有精力与时间，另一方面也没有那个必要。学习软件的目的不是让硬件产品经理转行成为一名软件工程师，而是让他能够高效地与软件研发工程师进行交流。硬件产品经理不需要关心具体是如何实现产品功能的，而是要关心做出来的产品所遵循的逻辑结构是否正确，所呈现的效果是否能够满足设计需求。软件知识框架如图 2.2 所示。

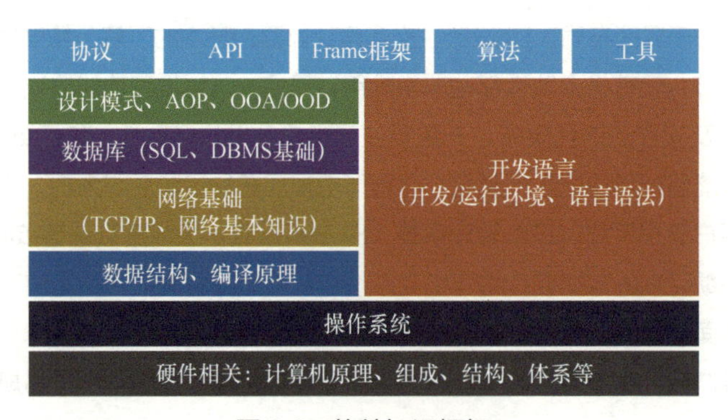

图 2.2 软件知识框架

2.1.5 第三方管理平台基础知识

说到 IoT（物联网），其实指的是由电子产品构成的互联网络，这些产品嵌入网络中，以便相互之间或与外部环境进行通信和感知互动。在未来几年，基于 IoT 的技术将提供先进的服务模式，并切实改变人们的日常生活方式，其重点应用领域有医学、电力、农业、智慧城市和智能家居等。截至目前，已经有超过 90 亿个“物”连接到了互联网上。预计在不久的将来，这个数字将上升到 200 亿。IoT 的主要组件如下。

- 低功耗的嵌入式系统：更少的电能消耗、更高的性能是在电子系统设计过程中需要考虑的重要因素。
- 传感器：传感器是任何 IoT 应用的主要部分。它是一种物理设备，可以测量和检测某些物理量，并将其转换为信号，提供给 CPU 或控制单元做分析。不同类型的传感器包括温度传感器、图像传感器、陀螺仪、障碍物传感器、射频传感器、红外传感器、气体传感器、LDR 传感器、超声波距离传感器等。
- 控制单元：它是单个集成电路上的小型计算机单元，其中包含 MCU（Microcontroller Unit，微控制单元）或处理核心、存储器和可编程的输入 / 输出设备 / 外设。它负责 IoT 设备的主要处理工作，所有逻辑操作都在其中进行。
- 云计算：通过 IoT 设备收集起来的数据是巨大的。这些数据必须存储在一个可靠的服务器上，这就是云计算发挥作用的地方。数据被处理和研究，为我们发现系统内的电气故障或错误等提供了依据。
- 大数据：IoT 在很大程度上依赖传感器，特别是在实时方面。随着这些电子设备遍布每个领域，它们的使用将引发大数据的大量涌现。
- 网络连接：为了进行通信，网络互连是必不可少的，其中每个物理对象都用一个 IP 地址来代表。然而，根据 IP 的命名，可用的地址数量有限。由于设备的数量不断增加，这种命名系统将不再可行。因此，研究人员正在寻找另一种替代的命名系统来代表每个物理对象。

IoT 设备工作时，主要有以下 3 个重点内容。

- 收集和传输数据：传感器根据不同应用领域的要求被全面使用。如果某些条件得到满足，或根据用户的要求，某些触发器被激活，那么执行的行动将显示在执行器设备上。
- 接收信息：用户或设备可以从网络设备中接收某些信息，并将其用于分析和处理。
- 通信协助：通信协助是指两个网络之间的通信，以及相同或不同网络中的两个或多个 IoT 设备之间的通信现象。这可以通过不同的通信协议来实现，如 MQTT、限制性应用协议、ZigBee、FTP、HTTP 等。

若产品涉及管理平台（能与其他智能硬件产品相互通信），就会用到管理平台软件，因此，对这部分的知识也要有所了解。这其实算是应用软件，由于它与系统软件不太一样，所以要单独介绍一下。硬件产品经理要通读 HomeKit、HiLink、飞燕、米家、京东智能云、涂鸦等国内外主流的硬件平台的对接文档，详细了解它们能够提供些什么。虽然这方面的整个体系还不是很完善，还未得到业内的认可，但进行了解是有必要的。第三方账号登录体系与支付平台，比如支付宝、微信、微博，以及微信朋友圈、QQ 空间、Meta 等，这些几乎是现在组成智能硬件的重要组成部分，也是比较重要的。如果自己没能力搭建云服务平台，则要去了解 AWS、阿里云、腾讯云等第三方云服务及其他第三方智能硬件云平台，了解它们的功能和用途，还要能做进一步的对比分析。如果自己有能力搭建云服务，就要去了解 AWS、阿里云、华为云等云服务提供商，以及百度统计、Google Analytics 和 APK 的统计分析工具等的使用方法。从传统硬件升级到智能硬件或 IoT 硬件，一般都需要 APK 和云服务，这会涉及用户数据的监测，而这些第三方平台基本上能满足数据传递、远程控制等需求。我们可以用一个框图来理解 IoT，如图 2.3 所示。

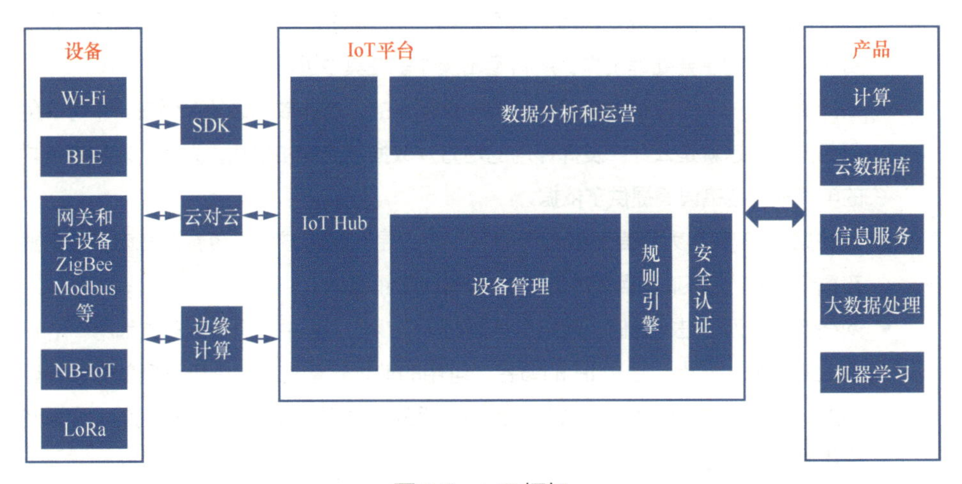

图 2.3 IoT 框架

在一个 IoT 解决方案中，云服务通常包括：从设备中大规模地接收数据，并明确如何处理和存储这些数据；分析实时数据或者存储数据，并用这些数据作为参考信息；从云端向特定设备发送指令；配置设备并控制哪些设备可以连接到基础设施；控制设备的状态，并监测设备的活动；管理安装在设备上的固件。一些云服务，如 IoT 中心和设备供应服务，是 IoT 专用的；其他一些云服务，如存储和可视化，则提供通用服务。

2.1.6 供应链管理知识框架

这里我们来介绍一下硬件产品经理需要理解的狭义供应链管理，尤其是项目管理中会经常接触到的一些知识，如表 2.4 所示。

表 2.4　供应链管理知识框架

类目	基础知识	简述
计划	生产计划	生产的安排与跟进、调度，保证生产计划的执行和生产进度的控制
	产能计划	产线产能的安排、突发状况处理
	出货交期	订单交付时间
物控	调度与控制	物料计划、申请采购、物料调度、物料的控制（坏料控制和正常进出用料控制）
采购	采购计划	工厂审核、供应商认证、新物料的引进；采买、订单管理、库存管理、到货管理；招投标
物流	物流管理	用户服务、需求预测、订单处理、配送、存货控制、运输、仓库管理、工厂和仓库的布局与选址、搬运装卸、采购、包装、情报信息等
文档	BOM	研发 BOM、采购 BOM
	ECN（Engineering Change Notice，工程变更通知）/ECR（Engineering Change Request，工程变更申请）	有关工程变更的文档
	订单	采购订单、生产订单等
	采购合同	采购契约等
	排期表	生产排期、出货排期、试产排期等
	调度表	物料计划和调度、库存管理和调度等

一般的公司都有一些可用于供应链管理的管理软件，有些公司会设立计划管理部专门管理计划，也有些公司会让计划物控部全权管理计划。不论如何设置，我们都希望硬件产品经理能够足够重视计划，因为计划代表了对项目全局的视野。预测 + 计划 + 滚动调整是一个不错的管理手段。硬件产品经理可以在日常工作中协同计划部门共同做好计划管理工作。

2.1.7　生产制造知识框架

生产制造是指在原材料和零部件均准备就绪的情况下，在生产线（流水线）上进行相关的装配和测试工作。其知识框架如表 2.5 所示。

表 2.5 生产制造知识框架

类目	基础知识	简述
装配	装配方式	塑胶：螺丝、卡扣、超声、点胶、热合等 金属：螺纹、焊接、铆合等 线材：布线
	装配流程	工厂、ODM、OEM、工装夹具、治具、试产、量产、流水线
测试	原材料测试	来料测试：IQC（来料质量控制）
	产品测试	功能测试：能否达成既定功能，如协议兼容性、I/O 接口功能
		性能测试：能否达成既定参数，如重启时间、抗噪性能、频率范围
		可靠性测试：老化、盐雾、结构强度、高低温存储等
文档	BOM	研发 BOM、采购 BOM、生产 / 工程 BOM
	SOP（Standard Operating Procedure，标准操作规范）	组装线概述、工序文件
	测试报告	来料测试报告、DQE（Design Quality Engineering，设计质量工程）报告等

这里推荐通过 4M1E [人 (Man)、机器 (Machine)、物料 (Material)、方法 (Method) 和环境 (Environment)] 来帮助硬件产品经理做好知识积累。这 5 个要素中，人是处于中心位置和主导地位的。就像驾驶汽车一样，机器、物料、方法和环境 4 个要素是汽车的 4 只轮子，驾驶员这个要素（人）才是最主要的。没有了驾驶员，这辆车只能原地不动成为一堆废铁。如果一个工厂的机器、物料、加工产品的方法都没有问题，并且周围环境也适合生产，但这个工厂没有好的生产员工的话，它还是没法生产出优质的产品。

- 人的分析：技能问题？制度是否影响人的工作？是选人的问题吗？是培训不够吗？是技能不对口吗？是人员对公司三心二意吗？有责任人吗？人会操作机器吗？人适应环境吗？人明白方法吗？人认识物料吗？
- 机器的分析：是指分析生产中所使用的设备、工具等辅助生产用具。生产中，设备是否正常运作、工具的好坏都是影响生产进度、产品质量的因素。选型对吗？保养有问题吗？用来维修机器的配件齐全吗？操作机器的人对吗？操作机器的方法对吗？机器所处的环境温湿度需要调整吗？机器设备的管理分 3 个方面，即使用、点检、保养。使用即根据机器设备的性能及操作要求来培训操作者，使其能够正确操作设备进行生产，这是设备管理最基础的内容。点检指使用机器前后根据一定标准对设备进行状态及性能的确认，及早发现设备异常，防止对设备进行非预期的使用，这是设备管理的关键。保养指根据设备特性，按照一定时间间隔对设备进行检修、清洁、上油等，防止设备老化，延长设备的使用寿命，这是设备管理的重要部分。

- 物料的分析：是真货吗？型号对吗？有保存期限吗？入厂检验了吗？其使用符合规范吗？物料适应环境吗？物料与机器配合得当吗？不同物料之间会不会互相影响？
- 方法的分析：是按方法做的吗？方法写得明白吗？方法看得明白吗？方法适合吗？有方法吗？方法是给对应的人吗？方法在这个环境下可行吗？
- 环境的分析：生产环境指具体生产过程中对生产条件如温度、湿度、无尘度等指标的控制。在时间轴上环境变了吗？光线、温度、湿度、海拔、污染度考虑了吗？环境是安全的吗？环境是人为的吗？小环境与大环境能兼容吗？工作场所环境，指各种产品、原材料的摆放，工具、设备的布置和个人 5S（整理、整顿、清扫、清洁、素养）。对危险品控制也属于环境范畴，一是化学物品的堆放，诸如酒精之类，二是对生产过程中所使用的 6 种化学物质（铅、汞、镉、六价铬、多溴联苯、多溴二苯醚）的控制。

解决问题的层次如下：对 4M1E 的初步定性，初步定性后进一步查找二次原因。其中二次原因的查找仍然可以通过 4M1E 来分析。二次原因的查找定性后还需要进行三次定性，即查找二次定性结果的原因，这时依然可以采用 4M1E 分析方法。其实说到底，也就是多问几个为什么，打破砂锅问到底。比如：发现地上有机油，初步定性为 4M1E 中的机器问题。那么机器有问题的原因是不是使用人操作不当？方法操作标准未建立？环境有影响？将这些因素一一排除后，就可以认定是机器本身的问题。假如机器有问题的原因是采购机器的人有问题。为什么人有问题呢？是不是没有相关监督方法？……这样一环扣一环，就可以聚焦问题，最终解决问题。

1. 有关装配知识

除了工作环境及辅助生产的工装夹具外，还有很多对设计改进很有帮助的信息。比如，如果一个电视机用了 5 种螺钉，需要 2 ～ 3 个工人来装配，这增加了拧螺钉的出错率。这个时候就可以根据累积的设计经验，解决设计标准化的相关问题：是不是可以考虑用一种螺钉呢？如果只有一种螺钉不行，那么最多用两种行不行？这种改进肯定涉及物料成本和生产工序成本的问题，这就需要硬件产品经理进行两方面的权衡：更改设计带来的收益能否弥补前期的投入。标准化的作用和意义很多，比如：标准化是适应社会化大生产，建立最佳秩序，提高生产效率的需要；是公司加强管理、提高产品质量和公司整体素质的基础；是科学技术转化成生产力的平台；是实现专业化生产、实现规模经济的前提；是公司减少消耗和污染，走新型工业化道路的必由之路；是保障生产安全、维护职业健康的重要措施；也是构筑技术性贸易壁垒和破解壁垒的重要手段。

2. 有关手工焊接知识

经过贴片工序后的 PCBA，有时还需要在上面焊接上大型接插件；设备对外接口与 PCBA 之间连接的排线、排线的焊接等工序均需要由焊线员来操作，而产品的质量就隐藏在这些小小的细节里面。焊线员的经验很重要，其所依照的线序文件等也非常关键。

3. 有关生产工艺知识

为使产品的生产快捷、出错率低、产品质量保持一致性，常常需要 SOP（Standard Operating Procedure，标准操作规程）工艺文件。它包括：物料处理程序、线序文件、生产操作程序、质量控制程序等，一般由工艺员编制。SOP 工艺文件是使产品快速、高效投产的操作指南。影响产品外观、质量、客户体验的大量工艺细节就包含在 SOP 文件中。

4. 有关质量检验知识

怎样的产品才算是合格产品？如何检查来料才能最大限度地避免不良品影响生产进度？设计的更改是否有效，又是否对其他组件产生了干扰？质量管理人员工作的优劣影响着产品售后工作的难易程度，是“抓大放小”还是“不达标准绝不流出”？等等。

2.1.8 质量管理基础

“质量是公司的生命线”，很多公司把这句话当成公司的质量理念。是的，这个理念在一定程度上也决定了公司的前景。为什么硬件产品经理要参与质量管理？我们常说产品是硬件产品经理的“孩子”，其核心事务一定需要硬件产品经理来管控。质量是产品的核心，是衡量一款产品的重要因素，所以质量管理关系到产品是否成功。要做好新产品的质量管理，硬件产品经理需要学习一些质量管理的相关知识。质量知识框架如表 2.6 所示。

表 2.6 质量知识框架

类目	基础知识	简述
辅助	供应商质量管理	供应商审核和评估，品质监督，零部件质量管理，异常处理，NPI（New Product Introduction，新产品导入），不良品处理
测试	原材料测试	来料测试：IQC（来料质量控制）

续表

类目	基础知识	简述
测试	产品 DQE 测试	功能测试：能否达成既定功能，如协议兼容性、I/O 接口功能
		性能测试：能否达成既定参数，如重启时间、抗噪性能、频率范围
		可靠性测试：老化、盐雾、结构强度、高低温存储等
检验	QA（Quality Assessment，质量保证）检验	原材料质量控制，加工工艺、工序监督
		生产流程协同，异常处理
		出货检验，抽检
售后	协调 SE（Service Engineering，服务工程）	批次问题处理，重大质量故障协调，专项改进
认证	体系认证	通过 GB、ISO 9001/ISO 14001 等认证
	产品认证	通过 3C、CE、RoHS、FCC、SRRC、UL、PSE 等认证
文档	审厂及售后	供应商评估表、异常处理单、改善计划表、重大事故处理意见、质量月度及年度报告等
	测试	来料测试报告、DQE 报告、评审报告
	检验	QA 检验报告，抽检报告
	认证	各类认证书

质量是设计出来的，也是控制出来的。高质量的品控依赖于研发和质量管理办法。公司需要制订高于国标的企业标准，遵循企业自主制订的质量管理办法。质量管理贯穿整个产品研发和生产环节。在早期阶段，应充分暴露并解决问题，通过设计避免可预见的质量风险；中期阶段需要制订明确的检测标准和管理办法；后期阶段则需要明确批量生产产品的质量标准及管理办法。只有严格控制每个阶段中每个环节的质量标准，才能生产出高质量的产品。下面将具体介绍质量管理早期、中期和后期 3 个阶段的任务和目标。

1. 早期研发前的风险评审

重要提醒，如果一个硬件产品存在固有的设计缺陷，那么在后期基本上很难用其他方法来补救。如前所述，产品质量是设计出来的，一个好的产品设计方案确实可以规避后期的许多质量风险。研发风险评审会是产品设计研发之前用于充分暴露可能存在的风险的重要会议，通过评审可以针对所有问题提前制订解决方案，以便在后续的质量管理活动中控制质量风险。评审会的参与人员应包括硬件产品经理、研发、质量管理、销售和营销人员。硬件产品经理除了发布产品定义和计划外，最重要的工作就是进行研发风险评估。上述不同职能的人员需要从各自角度找出本产品可能存在的质量风险，而硬件产品经理则应通过评审会尽可能多地收集产品的质量风险反馈情况。之后，硬件产品经理需要对所反馈的情况进行总结和整理，与研发、质量管理部门进行充分研讨并制订改进或补救措施。

2. 中期研发过程中的标准制订

在中期的研发过程中，硬件产品经理需要与质量工程师合作，制订产品测试标准和质量管理措施。产品测试标准就是针对产品的各项性能和功能指标制订的测试要求。质量管理措施即建立一套体系来管理后期的研发和生产环节。在项目流程中，在 MP 之前，会有内部评测、测试和认证、产品封样和小批量生产（DVT 阶段 /SVT 阶段）的要求。

- 推荐做内部评测，它是一种非常好的测试机制，可以通过不同的用户和一定的样本量来收集真实的用户反馈，从而暴露产品问题。
- 测试和认证是为了保证产品质量，确保产品符合上市要求。必要的时候可以借助第三方检验机构或实验室出具的报告，比如目前线上产品均需要第三方的质检报告和认证证书。
- 产品封样是项目管理中的一个重要环节。封样样品是一个成品的标准，只有当产品的外观、功能、性能、包装、测试和认证都符合最终的要求时，才能说该产品没有问题。同时，通过与最终封样样品的对比可以判断未来生产的产品是否合格。
- 必须进行小批量生产。一般来说，DVT 阶段和 SVT 阶段遇到的问题与 MP 时遇到的问题一定不同（有些公司这几个环节使用的生产线都不一样），因此在 MP 之前必须进行一定产品数量（10 ～ 200 不等）的多轮次小批量试生产环节，以避免在 MP 阶段出现问题。在工厂，一般有来料检验、生产过程检验和作业 SOP 要求。一个产品往往有多个一级供应商，以及更多的二级或三级供应商。此时，二级和三级供应商的所有零部件都需要工厂自行做来料检验，甚至一级供应商的零部件也需要做来料检验。生产过程检验是为了确保每个生产环节都没有问题，所以生产过程中需要有一个核查机制，只有确保每一个环节都正确无误，最终的成品才能有好的质量。SOP 是生产的标准化操作规程，通常可以避免由人为因素导致的质量事故。

3. 后期出大货阶段的抽检

在工厂端实施大货质量管理措施时，硬件产品经理也需要跟进。比如，在 MP 之前，需要召开生产前准备会议、派专人驻厂、出货抽检等。产品封样并不意味着工厂后续的每批产品都没有问题，公司应有专人驻厂时刻关注出大货阶段生产的产品是否符合质量标准，通过抽检等手段确保每个批次生产的产品有较高的质量。

2.1.9 熟悉一些文档

硬件产品经理基本上都会经历产品的全生命周期，所以必备的几大文档都是会涉及的，比如 Charter、PRD、GTM 文档等。此外，在项目过程中，硬件产品经理有时会兼顾项目经理的角色，所以产品方案、项目立项书、项目管理文档等也是需要熟悉并掌握的。这部分我们会在后续章节详述。

产品文档之所以重要，是因为文档可以作为工程师、设计师和其他与产品打交道的团队成员的参考指南。文档也可以帮助进行产品维护、故障排除和更新，还可以帮助用户了解如何有效地使用产品，减少对客服支持的需求，提高用户体验。优质的文档也可以向潜在客户展示产品的价值和功能，从而提高产品的声誉和可销售性。

- 促进合作：文档可以通过提供关于产品的框架信息来帮助团队成员进行沟通和合作。
- 确保一致性：文档可以帮助确保不同的团队在产品实施上的一致性。
- 帮助用户了解产品：好的文档可以帮助用户了解产品是做什么的、如何使用产品，以及它有哪些功能。
- 降低客服咨询量：内容全面的文档可以通过提供常见问题和故障排除步骤的答案来减少客服咨询的数量。
- 改善用户体验：写得好的文档可以通过提供清晰的指示和减少混乱来改善整体用户体验。
- 有助于合规性：某些行业需要完善的文件以达到合规的目的，没有足够的文件会导致法律或监管方面的问题。

以上是基础知识，相信大部分人对硬件产品经理所需要具备的基本的知识结构有所了解。下面从另外一个维度来分析和阐述硬件产品经理需要具备怎样的思维模式。

2.2 6 种思维模式

我个人很喜欢美国苹果公司的创始人史蒂夫·乔布斯，他被业内认为是有史以来最成功的产品经理之一。但他的同行们却经常质疑他给团队带来了什么。在电影《史蒂夫·乔布斯》中有一个场景，沃兹尼亚克问：“你是做什么的？你不是一个工程师，你不是一个程序员，你不能设计任何东西。你到底是做什么的？”对此，乔布斯简单地回答说：“我是指挥管弦乐队的。”意思是他是让项目顺利进行的人。

说实话，每个硬件产品经理都可能被问到同样的问题——你是干什么的？虽然很难简单地回答这个问题，但硬件产品经理无疑是“车轮”上最重要的“齿轮”之一。一个真正优秀的硬件产品经理可以帮助公司实现短期的商业目标，也可以帮助公司保持可持续的竞争优势。杰出的硬件产品经理，如乔布斯、马斯克等，他们的思维方式都很相似。具体来说要具有一定的思维模式，且需要有长期运营的准备，如图 2.4 所示。传统意义上的产品，往往指的是一件在物理上完成的物品。当这件物品被卖出之后，制造商与客户的关系便告一段落。虽然还有所谓的售后服务，但那只是一个基于物理产品衍生出来的概念而已，公司需要做的只是把物理产品售出。而硬件产品经理要做的是，打破卖完硬件生意就结束的传统思路，转变为卖完硬件生意才刚刚开始的思路。硬件产品经理必须有战略性、创造性，同时还要有现实的思维。思维模式比较抽象，我们分为 6 部分来展开介绍。这 6 部分相辅相成，每一部分都各自独立，但各部分之间相互关联，相互制约，既需要分开看也需要统筹理解。

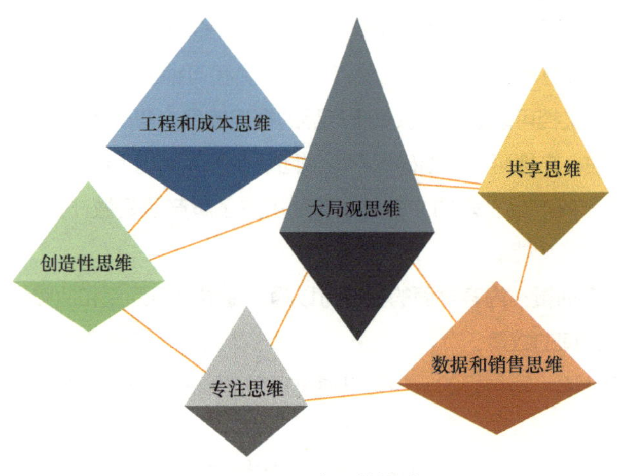

图 2.4　6 种思维模式

2.2.1　大局观思维

乔布斯曾倡导“从小处着手，从大处着眼。不仅要考虑明天，还要考虑未来。”一个具有大局观思维的硬件产品经理能够学习、聆听和向外看。

1. 不断地学习

好的投入会带来好的产出。对每个硬件产品经理来说，成为一个敏锐的学习者是很重要的。学习可以增强产品意识，训练出识别新技术所带来的机会的能力。现在有大量关于产品管理的文章和案例，硬件产品经理可以通过广泛学习来提高自己，而成功的硬件产品经理甚至还能从自己的成功和失败中学习。

2. 有意识地听

检验想法是否有价值的真正标准是其他人对它的反应。与设计、研发、工程、用户体验、市场和销售团队的深入讨论将帮助硬件产品经理建立更细致的观点。硬件产品经理要尽可能多地进行非正式讨论。根据我们的经验，非正式讨论对于在关键利益相关者之间建立融洽的关系是非常有益的。当然，花时间倾听用户的声音也同样重要。对硬件产品经理来说，这不是一次性工作，而应是一个常规工作。数据固然重要，但建议通过建立更深的客户共鸣，实现以数据为基础、以直觉为导向的想法。

3. 向外看

优秀的硬件产品经理是那些能够对市场的中长期发展方向有所了解的人。能够做到这一点的方法之一是对行业和竞争的分析。硬件产品经理不仅要分析直接竞争对手，还要分析那些可能完全不在同一行业的公司。

每个硬件产品经理都能从大局观思维中获益。大局观思维可以让硬件产品经理去设定愿景。优秀的硬件产品经理能够为产品定义长期的愿景，能够勾勒出所期望的目标状态，并能识别前进道路上的潜在挑战或障碍。大局观思维也能够让硬件产品经理保障产品目标的实现，在仔细评估短期目标和长期目标后，有助于确保硬件产品经理始终为正确的客户群打造正确的产品。大局观思维还能够让团队中的每个人都能更好地合作。众所周知，硬件产品经理只能通过自身影响来领导团队，通观全局将使硬件产品经理能够在团队内更有效地沟通，并使每个人都向一个共同的目标努力。

2.2.2 专注思维

虽然大局观思维可以让硬件产品经理有更广阔的视野，做出长期的产品决策，而专注思维则可以帮助硬件产品经理制订近期目标。

1. 识别优先级

有一个长期的愿景是很重要的，但实现近期重要的或紧急的目标也同样重要。随着时间的推移，工作繁多，事情也会堆积，堆积越多，处理起来就越困难。因此，定期梳理积压的工作是必需的。硬件产品经理可以设计一个 2×2 的优先级矩阵，按照工作的优先级来安排工作。

2. 消除干扰

对于硬件产品经理来说，容易引起不专注的事项往往是客户或用户的具体功能要求。例如，硬件产品经理正在领导一个产品，一个最重要的客户要求其提供一个非常具体的产品功能，而研发该功能将能明显地增加客户的价值。再比如，销售团队要求硬件产品经理优先考虑一项功能，因为这将有助于他们的推广和销售工作。但是，如果这些要求可能与原先的产品路线图并不相关，硬件产品经理应如何应对，以确保这个项目不会因此变得无法管理？当然，最直接和最好的方式是婉拒，这就需要硬件产品经理定期与关键利益相关者分享产品目标，并采取措施尽量减少干扰。

3. 设定 SMART 目标

关于 SMART 目标会在第 4 章中介绍，这里不再详细阐述，只简要说明。产品目标应该具备所有 SMART 的特征，从而帮助硬件产品经理实现聚焦，最大限度地提高项目成功的机会。SMART 目标的设定为产品提供了结构性框架，也为关键绩效指标带来了可跟踪性。

专注思维可以帮助硬件产品经理在为产品设定的成功指标上取得进展。更具体地说，它可以让一个想法变得更成熟。虽然内部头脑风暴、客户访谈和竞品分析等方式可以帮硬件产品经理完成一个详细的功能设计文档，但为了验证这个想法，还需要团队专注于部分有限的功能。专注思维也能帮助硬件产品经理定义目标群体，毕竟为所有人服务的产品最终不会服务于任何人，一个有针对性的战略将有助于清楚地确定客户群和用户痛点，并相应地阐明相关信息。

2.2.3 创造性思维

作为一个硬件产品经理，其工作是定义产品如何被构建。要做到这一点，硬件产品经理需要培养的一个关键技能就是创造性思维，能够想出解决客户问题的发散性方案，可以成为强大的助力。但是，大多数硬件产品经理，特别是那些有技术背景的硬件产品经理，并不认为自己有创造力。幸运的是，任何人都可以学会如何把更好的想法分享给大家。

1. 学会重视想法

《创造力》一书的作者詹姆斯·考夫曼曾经说过，“创造力不只涉及想象力，它还涉及动机、组织和协作”。要知道创造性思维不等于原创思维，因为大多数创造性思维者总是能够从不同的来源吸收想法。他们在别人工作的基础上，加入自己的独特观点。好的想法可以来自团队的任何一位成员。学会重视各种想法，硬件产品经理才会不缺创造力。

2. 允许不一致

成功的硬件产品经理知道，从客户、销售和营销团队那里听到的信息可能有不一致的地方。要有包容的心态，允许这些不一致的存在，并认真研究这些不一致的想法，它们也可能会带来新的产品见解和创新。

3. 不要怕试错

要有创造力，就需要愿意试错。产品最好是在必要时发布和调整，而不是等到产品或功能完美时再推出。美国企业家里德 · 霍夫曼曾经说过：“如果你不为你的产品的第一个版本感到尴尬，你就推出得太晚了。”只有培养一种产品试错的文化，公司才会一直保持创造力。

随着时间的推移，创造力会不断增强。一位外国作家曾说过：“你用不完创造力，你用得越多，你拥有的就越多。”创造性思维可以使硬件产品经理成为一个越来越有创造力的人。创造性思维可以带来突破性的产品创意，而这些创意也可以帮助公司建立竞争壁垒来对抗对手的竞争。

2.2.4　共享思维

在今天这样快节奏的生活中，硬件产品经理不可能一直有好想法。当然，硬件产品经理也没有必要这样做。成功的硬件产品经理不仅仅是好想法的产生者，他们还可以充当好想法的推进者。通过共享思维，硬件产品经理可以从周围人的思维过程中受益，成为“管弦乐队的指挥”。

MIT（Massachusetts Institute of Technology，麻省理工学院）教授托马斯提出，在头脑风暴活动中，一群普通人的头脑比单个聪明人更灵光。作为一名硬件产品经理，有机会召集营销人员、销售人员、客服人员、工程师和设计师座谈，通过了解并结合不同人的技能和观点，硬件产品经理可以做出更好的产品决策。然而，仅仅把不同的人聚到会议桌上是不够的。为了从共同思考中获益，硬件产品经理要了解这些人的目标和动机，要去问他们自己如何才能帮助他们实现目标。当然，硬件产品经理可能不是什么都能提供帮助的，所以，要尝试将个体的目标与共同的产品目标协调一致。当每个人都朝着同一个方向努力时，共享思维的效果将是最好的。

让跨职能的团队坐在一起进行头脑风暴，硬件产品经理会促使每个人都专注于一个共同的目标，因此，产品成功的机会更多。硬件产品经理负责让公司高层批准产品路线图，在这个过程中如果其他利益相关者提出对产品目标有益的建议和评价，将有助于提升产品立项的成功率。

2.2.5　数据和销售思维

硬件产品经理经常会接触到销售和用户调研两大类数据。

1. 销售数据

产品销售是一个公司业务的重中之重。通常，公司的 ERP 系统中有财务部门统计好的各个分公司、各个区域、各个代理、各个门店等单位的销售数据，能够生成方便查阅数据报表；或者硬件产品经理可以从多种渠道自行收集一些数据，手工统计各个分公司的营运数据；当然还有从第三方数据公司买过来的全球同类产品的销售数据。硬件产品经理可以通过分析这些数据来帮助进行产品定义，制订有针对性的销售策略。

2. 用户调研数据

要形成一份用户调研报告，可能需要借助于线下的调研公司。如果要做，建议花点钱交给专业的第三方调研公司去做。硬件产品经理遵从高层的决定，这通常是普遍的情况，毕竟硬件的每个项目都需要大量的投入，而在没有足够的数据支撑业务决策的时候，这样的风险可能是硬件产品经理无法独自承担的，必然需要由高层做出决策。做得比较好的硬件产品经理可能还会做一下数据分析，查阅和分析以往各大竞争品牌的产品销售数据，并通过产品型号反推产品规格及技术演变。国内大多数的硬件产品经理往往比较年轻，经验不足，做得更多的是与项目管理或营销相关的事情。如果硬件产品经理具备数据思维和必要的技能，就能够让自己的产品拥有"灵魂"。随着智能硬件领域的发展，其呈现出细分化的趋势，即不再像工业时代早期那样，一款产品能解决所有用户的众多问题，而是聚焦在一部分精准用户的某个特定需求上，这种聚焦使得我们能够更深入地收集和分析用户行为数据，进而实现功能的改造、升级或迭代。所以，我们必须尽快摒弃工业时代那种堆砌功能的思维模式，转而基于数据给用户提供个性化、贴心的增值服务。

数据可以从销售过程中获得，所以说销售是硬件产品思维的重中之重。硬件产品基本上都要考虑销售问题，而销售涉及产品、渠道、价格、促销等多个环节。因此，对于硬件产品，不仅仅要考虑用户的需求是什么，还要考虑怎么将产品卖给用户。由于用户对于价格最为敏感，因此要考虑当产品达到多少产量时，单件产品的成本可以相应下降多少。产品是什么、亮点有什么、在什么时候推出、如何改型 / 升级 / 迭代、如何定价、针对什么渠道、如何推广销售，这些都是硬件产品经理要关注的问题。成熟的硬件产品经理还会把眼界拓展到产品之外，挖掘产品其他的附加价值，从而让产品真正获得市场的认可。一个合格的硬件产品经理不仅要考虑怎么把钱花出去，还要考虑怎么把钱赚回来。销售思维非常能够体现一个硬件产品经理的能力，但是要形成一个强有力的销售思维，需要硬件产品经理经手过一个甚至几个完整的项目，然后才能从项目的整体运营及销售数据中得到深入的感悟。对于一些相关的技巧性内容，建议硬件产品经理多与一线销售导购顾问、销售经理或者渠道商（营销渠道是由为共同利益而合作的多家公司组成的，它们相互依赖、利益共享）进行交流，他们会提供很多有用信息。因为他们深知相关产品的核心卖点和需求点，也知道竞争对手为什么成功。只有完整地了解了自己所面对的市场环境，才可能定义出销量可观的产品，这就进一步对硬件产品经理的行业经验和认知提出了更高的要求。对于硬件来说，主要的收入来自销售价和成本价之间的差额。合适的价格中包括所有相关费用支出，应根据产品竞争价值进行合理定位，同时还要考虑顾客对产品的各种感受。因此，在产品设计之初就要考虑盈利问题，这就意味着硬件产品经理必须深入渠道，详细了解相关的市场环境及竞争态势。在当今硬件同质化日趋严重的市场环境下，一名好的硬件产品经理必须具有互联网思维，既要技术过硬，也要有人文情怀，同时还要有敏锐的市场嗅觉。另外，硬件产品经理还要有强烈的专利意识，因为产品的专利也可能是硬件产品销售的核心竞争力。

2.2.6　工程和成本思维

在产品落地过程中，硬件产品经理需考虑想法可行性、数据架构和数据准确性等，因涉及众多工程事务，故需要具备工程思维。工程思维的重点其实是平台研发，在这方面，硬件行业做得比较好的是汽车公司和 IT 公司。某汽车平台研发示意图如图 2.5 所示。

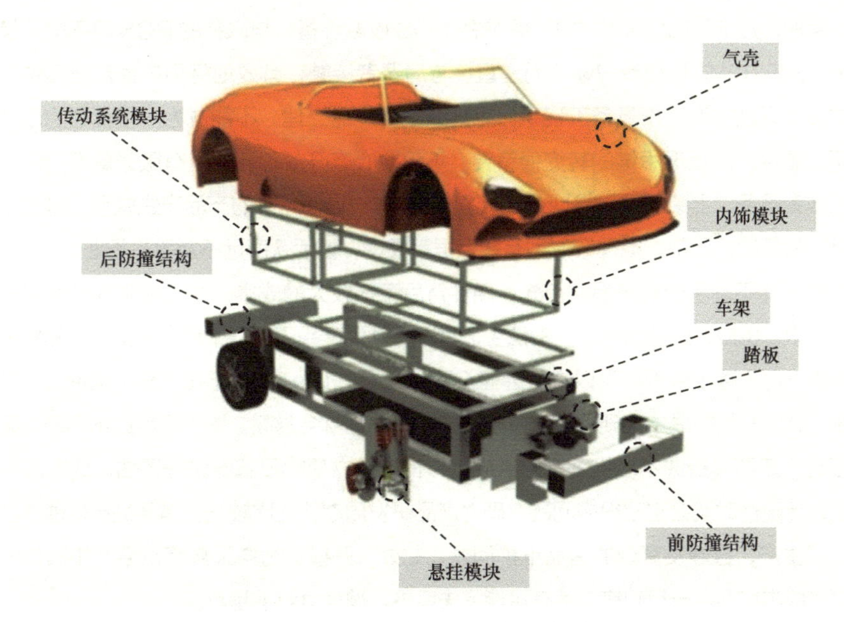

图 2.5　汽车平台研发示意图（图片来源于网络）

为了更好地理解平台思维，首先明确平台产品的定义。平台产品指能够通过自身的资源优势拉动其他产品的产品。对于软件产品，如果硬件产品经理把用户的问题解决得特别好，吸引了庞大的用户群，同时使用户对产品产生了极大的黏性，那么就能够进一步基于当前的产品研发出一些新产品来满足用户群的其他需求。久而久之，用户对产品的依赖度增加，这样的产品就便形成了“平台”，具备了相应的价值，比如 iOS、安卓等。硬件产品经理大多都关注硬件产品本身的设计、生产、销售、售后。的确，硬件产品相对软件而言比较独立，一款硬件产品较难出现拉动其他硬件产品销售的情况。所以硬件产品经理往往只需要算好自己产品的一本账：BOM 成本、毛利率、销量、利润等。硬件产品经理往往关注的是一兵一卒的得失，总想着每个机型都必须赚钱，都必须抢占市场份额。

为什么产品平台对硬件产品经理那么重要？因为如果你处于一个制造能力严重过剩的大环境下，要摆脱传统硬件面临的持续 Costdown（降成本）和价格战等短视竞争，必须构建自己的平台，建立技术壁垒，从而真正掌握命运。从当前智能硬件行业的产品来看，多数只是在硬件的基础上简单叠加了互联网应用，离真正的平台还差得很远。以前有一段时间，一些电视厂家会直接选择芯片设计厂商如 Mstar（晨星半导体）、MTK（联发科技股份有限公司）等研发的 IC（Integrated Circuit，集成电路）来进行平台开发，这样做可以快速实现软件迁移，且性能稳定、研发时间短，这是 IC 平台应用的一个简单例子。不难发现：绝大多数智能硬件还是在靠单的硬件功能“撑场面”，没有摆脱硬件行业类似“摩尔定律”的怪圈，难以形成有效的平台效应来积累用户。拉卡拉的 POS 机是硬件平台可以学习的案例。拉卡拉商业模式的核心是它的 POS 收款设备。与以往的 POS 机不同，拉卡拉的 POS 机并非放置在商户端，而是直接与消费者接触，有效地将用户锁定在其生态圈里。或许可以这么说，不具备工程平台思维的硬件产品经理，不能成为一个优秀的硬件产品经理。硬件产品经理思维的转变很重要，不仅要心态开放，还要具有服务意识，让用户对产品或者服务“上瘾”。试着让服务通过产品技术与其他更多的产品产生联系，可为平台打下坚实的基础。目前，电视行业虽有智慧屏等尝试，但活跃度远不及手机行业。

硬件产品不同于软件产品，首先，硬件背后存在较大的成本，并且在硬件行业内一直有一个共识：供应链的整合是取胜的法宝。其次，硬件产品还有一个重要的支出，即售后维护。硬件产品不像软件那样可以进行远程 OTA（Over The Air，无线下载）维护，一旦出现问题，就涉及维护成本。硬件卖得越多，维护成本也就会越高。鉴于硬件成本不菲，硬件产品经理一定要具备成本思维，掌握供应链，在产品立项阶段就要做好评估。成本思维不足，在设计硬件时就会出现很多问题。硬件产品研发周期往往比较长，需要进行软硬件匹配设计、试生产，且涉及复杂的售后维护问题。此外，开模、物料采购等也会产生额外的费用，试错成本很高。一旦犯错，就有可能错失良机，被竞争对手超越。

本章主要介绍了硬件产品经理需要了解的知识结构和思维模式。知识结构是框架，需要持续学习和积累，思维模式则需要在日常工作中反复操练、领悟。

第 3 章

硬件产品经理的业务板块

硬件产品经理在智能硬件公司中扮演着至关重要的角色，同时也是最容易被误解的职位之一。硬件产品经理的职责是将营销业务、设计研发和客户关联起来，确保研发出相关的、可行且有价值的产品。硬件产品经理专注于产品优化，旨在实现商业目标和满足用户需求，同时使投资回报最大化。

如图 3.1（a）所示，硬件产品经理负责管理产品周围的所有空白区域，处理 3 个核心团队范围之外的所有事务。每位硬件产品经理的工作内容会有所不同，因为他们所面对的“空白区域”类型各异，即每个产品都有其独特的用户 / 客户、营销 / 业务部门和设计 / 研发团队。即便在同一公司内部，也可能会存在多种类型的硬件产品经理，因为他们各自负责的产品领域不同，合作的用户 / 客户、营销 / 业务部门和设计 / 研发团队也各不相同。比如，面对工程师客户的硬件产品经理可能需要具备更强的技术能力；而面向消费者的硬件产品经理可能需要为数以百万计的用户提供服务，这对他们个人的综合能力提出了非常高的要求；面向企业客户的硬件产品经理可能只需要为少数客户提供服务，因此需要在变革管理、谈判和异议处理方面具备超高技能。

如图 3.1（b）所示，在一个没有专业硬件产品经理的公司中，只存在 3 个主要的利益群体：用户 / 客户、营销 / 业务部门和设计 / 研发团队。这些群体各自追求不同的目标，由于他们的目标存在不一致性，合作上会出现分歧甚至冲突。客户 / 用户通常面临特定的问题或挑战，他们愿意投入时间、金钱来寻求解决方案。他们期望获得能够直接解决痛点的产品和服务。营销 / 业务部门致力于创造持续的营收，他们的目标是将产品和服务转化为收益，推动公司盈利增长。他们往往专注于吸引新客户，有时会忽略对现有客户的维护。设计 / 研发团队由富有创意的设计师和工程师组成，他们致力于创造出有意义且可持续的产品。他们关注产品的长期可维护性，追求技术创新与产品质量。

这些群体之间的冲突是不可避免的。比如，客户可能希望以低成本获得产品和服务，而业务部门则希望以更高的价格销售产品；业务部门可能过于关注吸引新客户，而忽略了对现有客户的服务。客户可能期望研发团队完全按照他们的要求设计产品，而这可能与现有的工程和设计规范相冲突。研发团队可能希望创造出新产品，但这些新产品未必能真正满足客户的实际需求。同时，研发团队希望有足够的时间来确保产品质量，而客户则可能要求加快开发进度。营销部门希望研发团队提供尽可能多的功能，而研发团队可能对营销部门的上市时间表感到不满，因为他们想要保证技术的稳定性，或者希望重新设计功能以保持产品线的一致性。

那么，这些冲突该如何解决呢？关键在于产品本身，如图 3.1（c）所示。一个优秀的产品能够解决客户问题，为营销 / 业务部门带来盈利，同时也符合设计 / 研发团队的开发愿景和维护能力。换句话说，一个卓越的产品能够同时解决用户 / 客户、营销 / 业务部门和设计 / 研发团队的多重需求。

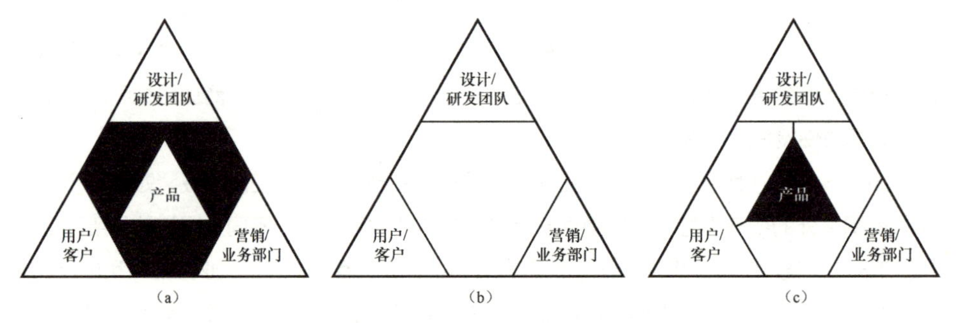

图 3.1 产品经理管理区域

因此，作为产品“教练”和“守门员”的硬件产品经理应运而生，他们必须对业务流程有深入的了解，并能与各种类型的人合作。硬件产品经理的职责在于协调不同的需求和期望，以确保最终产品能够成功地得到所有相关方的认可。

3.1 硬件产品经理的三大业务板块

硬件产品经理需要对所负责产品的整个生命周期有深入的了解。硬件产品的生命周期通常涵盖需求分析、概念构思、研发、生产、上市、维护以及退市等阶段。在硬件产品的整个生命周期中，硬件产品经理的工作涉及三大业务板块：产品准备、产品落地和产品运维，这三大板块包含了七个具体任务。这些任务包括需求管理、产品规划 / 定义、产品设计开发、产品项目管理、产品上市、产品维护以及产品退市。表 3.1 给出了硬件产品经理三大业务板的重点工作内容。

表 3.1 三大业务板块的重点工作

板块	任务	重点工作	输出
产品准备	需求管理	行业分析、竞品分析、用户和产品调研、数据分析、需求分析	行业和竞争对手报告、用户调研报告、数据分析报告等
	产品规划 / 定义	需求梳理、可行性分析、技术分析、供应链了解	Roadmap、MRD（市场需求文档）、PRD、各项目小组成立
产品落地	产品设计研发	工业设计、结构设计、原理图开发、固件（系统）/APK 开发、UI 设计、器件选型、打样、工作样本、工程验证、联调	软硬件 Demo、工程样机、研发 BOM
	产品项目管理	EVT/DVT/SVT 阶段试产、测试 / 问题及改进、pMP/MP、交付、认证	正式产品、采购 BOM、生产 BOM、认证证书
产品运维	产品上市	物量规划、卖点系统整理、渠道准备、价格政策、小规模上市投放、试销用户测试、产品大规模投放	要货计划、GTM、推广详情、推广物料的设计等
	产品维护	用户反馈信息收集（返修、退换机等）、产品（软件）升级、竞品功能点分析、启动下一代产品定义	产品问题分析报告、产品改型 / 升级 / 迭代计划、下一代产品的功能定义书
	产品退市	库存产品处理、本代产品的问题总结和分析，替代产品的接替节奏、维护模块的物量规划	项目复盘、改型 / 升级 / 迭代计划书

硬件产品经理虽然不是职能上的管理者，但实际上是产品的“掌舵人”。换句话说，硬件产品经理通常不是团队内 ID、结构、硬件、嵌入式、应用软件工程师等岗位人员的直接上级。在这种情况下，优秀的硬件产品经理必须学会合理地组织团队、调动资源并进行有效沟通。硬件产品经理必须与众多利益相关方建立相互尊重的关系，并依赖其他专家共同完成将产品或服务推向市场的使命。

硬件产品经理的工作一般受到实际环境的诸多限制，比如设计师 / 工程师的时间总是很紧张，产品成本必须严格控制，项目必须按时完成。因此，作为硬件产品经理，总是需要考虑优先事项和紧急事项等。为了更有效地推进产品项目的实施，硬件产品经理需要具备特定的技能，并借助于良好的流程来为团队成员创造良好的工作环境，确保团队成员的工作始终聚焦于最优先的任务。团队成员需要评估他们是否能在规定时限内完成指定工作。如果他们认为不能在规定的时限内完成工作，则应及时与团队沟通，明确在规定时限内可以完成什么、离目标有多远、是否有可接受的备选方案。前一阶段的工作完成后，团队应像接力赛一样迅速转移到下一阶段。硬件产品经理需要有效地预见下一阶段的产品生产进度的变化，确保在产品改型 / 升级 / 迭代和需求变化的情况下只有少量返工。这样才能形成一个良性循环：团队成员不会质疑硬件产品经理提出的需求和安排，每个人都全力以赴，各负其责，而不是相互推诿、扯皮。

流程对硬件产品经理至关重要。在硬件产品的不同阶段，项目目标、团队组成、工作内容及关注的重点均有所不同，硬件产品经理的角色亦随之变化。由于硬件产品涉及的细节众多（如产品推广阶段的批量试生产和批量交付等），因此涉及供应链管理、SOP 确定、订单和生产管理等多个环节。

在中大型公司中，通常会设有专门的用户 / 产品需求分析师岗位，他们可能来自销售团队、市场推广团队、用户研究团队或客户运维团队。他们负责根据业务发展动向、用户反馈等提出新的需求，进行深入的产品数据分析或竞争产品分析，并可能组织和规划一系列相关的产品需求集群。硬件产品经理在这一过程中扮演着领导、协作或支持的角色，引导这些专业人员筛选和提炼出核心需求，并推动这些需求的实施和实现。

3.2 硬件产品的项目流程

硬件项目立项标志着硬件研发的正式启动，好的开端即成功的一半。在这个阶段，我们需要制订一个优秀的项目计划，实现“谋定而后动”的目标，并在项目开始前勾勒出产品和项目的整体蓝图。在项目立项阶段，主要考虑产品形态、市场价值和投资回报率。项目立项通常由硬件产品经理发起。如果公司没有专门的硬件产品经理负责项目启动，那么需要工程师和销售人员充分参与项目的启动阶段，以避免项目启动后出现供应问题、技术难题、市场挑战等问题，这些问题可能导致项目失败或产品缺乏市场竞争力。在实践中，硬件产品经理主要参与产品定义和定义之后的项目管理过程。一般而言，公司会有两种类型的项目：全新产品项目和改型 / 升级 / 迭代产品项目。

3.2.1 全新产品项目的工作流程

一个清晰定义的项目流程可以帮助公司降低新项目风险，做出更好的决策，并使项目问责变得透明。由于实现这一流程需要跨部门协作并获得必要的支持，因此管理起来往往充满挑战。

全新产品项目的工作流程如图 3.2 所示。我们有时将这类项目称为“新外观、新主板”。

这个流程简化后包括 5 个关键节点。在每个关键节点实现闭环是确保项目顺利推进的关键。硬件产品经理和项目经理需要全面了解项目的进展情况，以便对流程中的问题及时作出反应，确保项目顺利推进。值得一提的是，在项目进行过程中，如果原有需求发生变化，必须通过书面的形式进行通知，并确认立项书，硬件产品经理在确认后，应通过会议纪要或邮件等方式进行反馈。

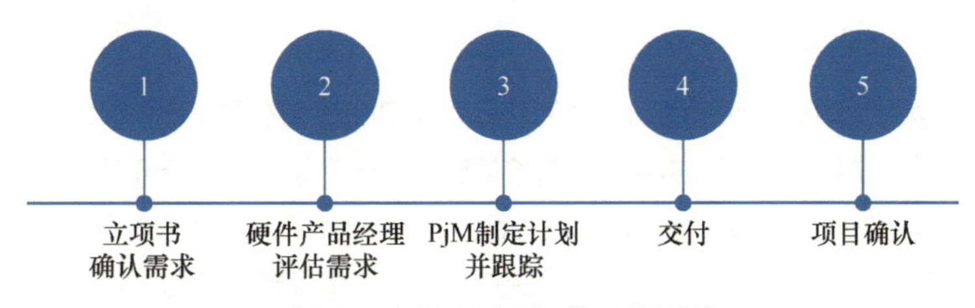

图 3.2 全新产品项目的工作流程

- 立项书确认需求：立项书详细记录了项目的可执行需求，为项目的实施提供了明确的指导。
- 硬件产品经理评估需求：硬件产品经理与项目成员共同评估需求，进行有效沟通，并提供书面的回复和计划，确保项目的可行性。
- PjM（项目经理）制订计划并跟踪：项目经理负责制订详细的项目计划，包括时间表、预算和资源要求。这也是硬件产品经理确定潜在风险和提升风险管理水平的好机会。在确认项目的各个节点后，项目经理须跟踪进度并及时反馈，以便硬件产品经理能够迅速识别潜在的问题并采取行动。
- 交付：项目完成后，确保产品经过严格测试且满足验收标准，并完成最终交付。
- 项目确认：需求方（如营销部、业务人员、客户等）对项目成果进行验收和确认，总结经验教训，并记录项目的成功要素。

在整个项目过程中，每个阶段的结束都需要进行评审，确保项目在进入下一阶段之前满足既定的要求和标准。

3.2.2 改型 / 升级 / 迭代产品项目的工作流程

产品的改型 / 升级 / 迭代通常是对市场环境、竞争格局及企业战略变化的积极响应。

1. 市场环境的变化

市场环境的变化可能源于多种因素，包括但不限于政策法规的调整、消费者需求的演变以及技术进步的推动。例如，响应国家对互联网电视牌照的规定而调整产品就是一个典型的例子。根据国家广电总局的要求，电视行业若要在终端设备上提供互联网视听内容，必须持有相应牌照或与持有牌照的服务商合作。在这方面，硬件产品经理需要对政策变动有深入且正确的理解，并在产品层面最大限度地减少此类变化对公司产品造成的重大影响。对于由政策引发的产品迭代，建议在推出新版本之前先咨询公司的法律部门，确保新产品的合规性，避免法律风险。

2. 竞争对手的某些行为导致的产品迭代

面对竞争对手的降价促销活动，硬件产品经理的应对策略需细致而周全。简单的降价手段可能并非最佳解决方案，需要考虑降价幅度、哪些产品线参与降价促销活动，以及促销的目标和预期效果。硬件产品经理的任务是密切监控竞争对手，并及时作出反应。

在分析竞争对手行为后，硬件产品经理应根据不同情况制订策略。如果决定进行促销活动，需与营销部门紧密合作，共同确定促销方案；如果产品需要进行重大调整或增加新功能，应及时向产品总监或 PAC 报告，并在实施前与公司高层进行沟通及确认。

在此过程中，硬件产品经理应提前准备多种可能的应对方案，以便为 PAC 提供明确的选择，而非开放式问题。这样做有助于提高决策效率，并确保公司能够迅速而有效地应对市场变化。

3. 企业战略变化引起的产品迭代

企业战略的调整往往会引发产品的迭代更新，这些变化通常来自企业的最高管理层。硬件产品经理在此过程中扮演着关键角色，需根据企业战略来完善产品定义，并确保项目能够按时启动。硬件产品经理需要确认需求、完成产品定义和设计研发，并有效管理项目。在这种情况下，硬件产品经理应该保持与高层的密切沟通，以便及时汇报工作进展，确保迭代方向和工作得到高层的支持。

对于由市场环境、竞争对手和企业战略变化引起的改型 / 升级 / 迭代产品，硬件产品经理在产品推出后应进行细致的数据分析，以评估改型 / 升级 / 迭代的合理性、用户满意度及给公司带来的益处。这些问题的最佳答案都可以通过数据来提供，比如销售量、新用户数量、音视频节目收费量、开机时长等的变化。硬件产品经理还可以检查一些反向数据指标（如投诉），确定这些指标是否有所降低。如果经过改型 / 升级 / 迭代后发现产品的销售量不如以前，则表明本次改型 / 升级 / 迭代可能存在问题，硬件产品经理需要及时反馈并着手调整。用户研究能够揭示用户对改型 / 升级 / 迭代的真实感受，与营销、运营、销售和客服等部门的沟通则有助于收集一线用户反馈。

公司通常不会将产品改型视为替代行为，而是作为竞争策略的一部分，用以对抗激烈的价格竞争，或是为了推出入门级产品或高价值衍生版本。我们把累积的需求意向称为需求集，将需求意向纳入需求集这一步至关重要，它涉及需求意向的积累和筛选。改型 / 升级 / 迭代产品项目的工作流程为硬件产品经理提供了一个清晰的指导框架，如图 3.3 所示。当提出改型 / 升级 / 迭代需求时，通常可能来不及进行筛选和评估。需求执行后，是否能真正解决用户的问题也还有待仔细研究。因此，使用需求意向来表达更为准确。硬件产品经理的任务是评估和转换客户提出的大量意向，分析其中的真实需求点，然后执行并进行复盘，以此不断提升自己的判断力和决策能力。

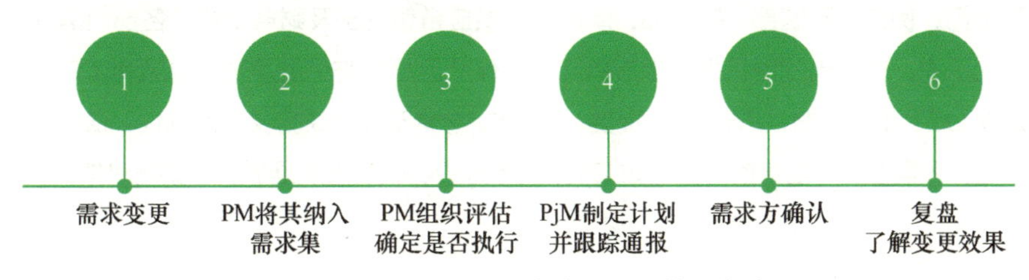

图 3.3 改型 / 升级 / 迭代产品项目的工作流程

3.3 硬件项目流程中的注意点

3.3.1 清晰地了解项目

在启动项目之前，硬件产品经理需要与相关方进行充分的沟通，以确保对项目有清晰的理解。以下是启动项目前需要确认的关键点。

- 项目目标：明确项目的主要目的、要解决的问题及预期达成的目标。这可能涉及实施新系统、解决特定问题或研发新产品等内容。
- 项目范围：界定项目影响的区域、目标客户 / 公司或用户群体。
- 项目预计完成时间：硬件产品经理应提出一个切实可行的项目预计完成时间表，同时应把项目规划的实际需求和潜在挑战考虑进去。

3.3.2 整理项目思路

当硬件产品经理对项目目标有了清晰的认识后，接下来就需要制订和输出项目计划，包括项目的总体实施思路、所需资源和预期时间表。不同类型的项目所需要的思路和计划也不尽相同。

1. 产品研发类

在产品研发过程中，首要任务是明确目标和范围，进而决定新产品是以交付为目标还是以交付并运维为目标。如果以交付为目标，则需明确新产品所包含的模块与具体内容，并据此撰写详尽的产品设计文档，调配资源加以实施。比如，若外销部门需要为内销部门的某机型研发全新主板，则需要明确新主板的功能需求、编制产品研发文档，并组织研发团队进行开发与测试，直至交付。若目标是交付并运维，则需梳理产品研发的整体思路及涉及部门，例如，营销部、销售部、制造部、供应链管理部及财务部等。各部门需根据各部门的职责，在恰当的时机采取相应措施，确保产品最终交付的逻辑得以顺利实现。以开机影视 OTT 系统为例，需要多个部门携手合作，才能确保系统定义的准确性。最终在软件交付后，还需要进行后续的工作，如 OTA 技术升级、收费系统维护及退款处理等。

2. 技术优化类

在技术优化层面，首先要整理优化计划，明确此次优化所涉及的具体内容。然后，为这些内容制订详细的方案，并盘点所需资源。以降低成本电源优化为例，供应链部负责电源管理 IC 的谈判工作，而研发部则需要评估更换新 IC 的具体工作和可能带来的风险等。

3. 解决问题类

针对目前存在的问题，首先要深入探究，找出问题的根源。然后，根据项目目标和问题原因，制订解决方案并盘点所需资源。比如，在产品上市后，收到用户反馈产品存在随机性故障，这时，硬件产品经理需要迅速判断这是个别故障还是潜在隐患，并据此确定后续执行计划，以确保问题得到及时有效的解决。

为确保项目顺利推进，硬件产品经理在制订上述不同类型的项目计划时，必须与项目提出方进行深入沟通，并达成共识。在整理项目思路时，硬件产品经理须明确所需资源，并向部门负责人或项目提出方申请，以确保项目得到充分的支持。此外，若项目的总体时间表与项目提出方的预期存在差异，硬件产品经理应及时向项目提出方解释说明，以便双方共同调整并达成一致。在制订实施计划的过程中，硬件产品经理还应充分考虑潜在的风险，并制订相应的风险应对策略，以确保项目的顺利实施和成功完成。

3.3.3 制订计划并启动项目

在制订并完善项目计划，同时确保相关资源得到确认后，硬件产品经理将肩负起启动项目的重任，项目经理则作为核心协作伙伴提供必要的支持。一旦立项申请获得 PAC 的正式批准，项目经理应立即组织项目组的所有关键成员召开项目启动会议。在项目启动会议上，务必明确传达以下关键信息。

- 阐述项目的核心目标，让每位团队成员都深入了解项目的背景、具体目标、期望达成的成果及项目完成的时间节点，确保大家对项目整体方向有清晰的认识。
- 介绍项目的总体计划，包括项目的组成结构、各部分的重要性、所需资源及关键的里程碑事件，这有助于团队成员对项目整体进展形成明确的预期。
- 对项目组成员进行介绍，促进团队成员之间的了解和合作，为项目顺利推进奠定良好基础。
- 介绍后续项目团队的沟通机制和相关流程规范，包括但不限于使用的项目管理工具、文件管理要求、配置管理规范、质量控制标准及评审流程等。这些可以根据公司的实际情况而定，如华为等大型企业可能采用矩阵管理模式，而中小型公司在项目紧张、沟通需求强烈的情况下，可以考虑采用集中办公的方式，以提高沟通效率。

3.3.4 项目实施

在硬件产品经理完成总体计划的制订之后，项目经理紧接着需要着手细化具体的实施计划。为确保计划的执行更为精确与高效，项目团队的每个成员都应严格遵循实施计划，并依照设定的周期（如每天、每周或每两周）进行项目进展的沟通，内容包括当前进度、遭遇的问题和风险，以及相应的应对措施。

当项目实施计划的沟通工作完成后，项目经理应着手制订汇报计划，定期（每周或每两周）向项目的责任人发送项目报告，以便责任人及时了解项目动态。对于涉及的专业问题，比如技术攻坚，项目经理可以要求项目团队成员定期以周报等形式提交进度反馈。

在项目实施过程中，难免会遇到各种情况与挑战，项目经理须灵活调配资源，积极应对并解决问题。

- 项目变更管理：当项目的时间、范围或目标发生变更时，项目经理和硬件产品经理应首先评估变更对项目的影响，及时调整项目计划，并确保与项目团队的所有成员保持同步，避免信息错位所带来的麻烦。
- 沟通桥梁：除了定期发送项目报告，项目经理还应该主动与管理层沟通，及时反馈项目进展、存在的困难与风险，以便管理层做出正确决策，同时寻求硬件产品经理及团队成员的协助与支持。
- 项目进度控制：项目经理应密切关注计划执行的情况，并根据风险制订相应的应对措施。同时，要注意调整团队成员的工作状态，通过营造积极热情的团队氛围，使每个成员都能在紧张与轻松之间找到平衡，从而保持高效的工作状态。
- 流程的优化与执行：项目经理应关注流程的实施情况，一方面，通过实践检验流程的合理性，并在必要时进行优化；另一方面，应严格按照流程规范约束成员的工作质量，确保项目以高标准完成。

3.3.5 项目完成及复盘

若项目成功，即达成预设目标且满足验收标准，硬件产品经理将负责提交完成申请，待 PAC 批准后，项目将正式宣告结束。

项目完结后，对项目进行复盘至关重要。图 3.4 为项目复盘文件示例。复盘将全面涵盖项目的多个方面，包括目标的达成情况、进度管理效率、资源投入效益、质量状况评估、市场反馈分析、经验教训总结、项目相关的工艺文件梳理，以及遗留问题的记录。最终，项目的相关材料将由硬件产品经理整理成册并提交给 PAC。经过审批后，这些材料将被妥善转移到公司的项目库，以供后续项目参考与利用。

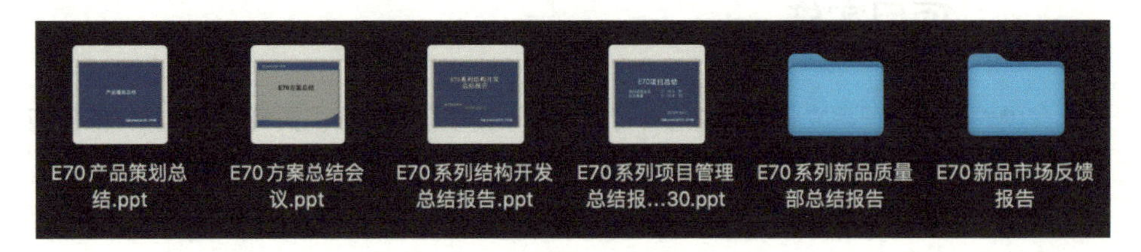

图 3.4 项目复盘文件

3.3.6 突发事件的应对

硬件产品经理在项目管理中虽涉及诸多事务性工作，但必须具备应对突发事件的能力。产品在整个生命周期中不可避免地会遭遇各类突发事件。正如日本著名企业家稻盛和夫提到的：“公司周围的经济环境就是这样变动频繁。不管拥有多么优秀的独创性技术，不管拥有多么高的市场占有率，不管具备多么完善的经营管理体制，也不管自认为经营基础多么坚固，面对突如其来的经济变动，公司仍然可能不堪一击。”企业如此，更何况一个产品，一旦突发事件处理不当，就可能引发产品危机，甚至波及整个公司。产品突发事件通常表现为两种形式：一是产品研发与推广的延期；二是产品上市后关注度不高，且收到市场上的大量负面反馈，这往往源于产品的市场定位不准确、产品存在质量问题或营销策略不当等。

因此，对于硬件产品经理而言，突发事件的管理与应对能力至关重要。硬件产品经理需要具备敏锐的洞察力和快速的反应能力，能够在第一时间发现并分析问题，制定有效的应对措施。同时，他们还需要与团队成员紧密合作，共同应对挑战，确保公司能够顺利度过危机，产品成功上市。

1. 产品研发与推广的延期

硬件产品经理肩负着直接监督或控制项目进度的重任。在某些情况下，他们不仅要担任硬件产品经理的角色，还需要兼任项目经理的职责。因此，自项目启动之初，硬件产品经理就应该深入开展风险评估和风险控制工作，绝不能对危机视而不见。当危机真的降临时，硬件产品经理首先要发出警报，随后迅速协调各方资源，积极应对，力求避免或减轻项目延误。在协调资源方面，有以下几点建议。

（1）内部协调应放在首位，着力解决内部可消化的问题

在所有资源中，人力资源最为关键，对人员的激励也最为重要。以智能电视项目为例，它涵盖信号处理模块、电源管理模块和运动补偿模块 3 个核心部分。项目启动时，就要明确任务划分，比如由 3 名硬件工程师分别负责这 3 个模块的设计。当信号处理模块完成设计并准备打板时，若电源管理模块的设计遭遇稳压恒流电路长时间无法确定的难题，那么，硬件产品经理应积极协调另外两位工程师暂时调整工作重心，协助审查项目原理图，确认逻辑是否正确，并在可能的情况下，协助完成布板工作，以优先解决项目中的瓶颈问题。

（2）在寻求外部资源之前，务必制订完备的 B 计划

当项目内部资源无法解决当前问题时，硬件产品经理应及时寻求外部资源协助。在向外寻求帮助时，提出的问题越具体越能帮助对方更精准地诊断问题所在。但在此之前，我们强烈建议硬件产品经理提前制订 B 计划（备用计划），内容包括所需的人员数量、专业背景、时间周期及团队成员间的合作模式。这一计划的制订需要硬件产品经理与团队成员充分讨论，确保细节完善。此外，硬件产品经理应提前与选定的团队成员沟通，了解他们的工作负荷及支持意愿，一旦计划启动，便可以从项目管理的角度做出更合理的安排。

（3）选择恰当时机，传达准确信息

硬件产品经理在向上级请求资源支持时，应选择合适的时机。相较于紧张、正式的场景，当处于较为轻松、和谐的氛围中时，上级可能更愿意花时间听取并理解团队所面临的困难及诉求。在沟通时，硬件产品经理切忌夸大困难，应基于事实进行客观陈述，并主动提出解决方案，而非单纯等待指示。同时，应提供多个选项供上级选择，以展现自己的专业素养，确保沟通的高效与准确。

（4）资源到手即行动，及时汇报进度

硬件产品经理应深知，资源是“借来的”，因此绝不能浪费。一旦确认资源到位，就应该立即组织团队成员开始工作，以务实的态度尽快解决问题。同时，硬件产品经理需要及时向上级和资源提供方报告项目进展情况，让他们了解项目在获得支持后取得的实际效果。

这样不仅能增强他们对项目的信心，还能确保那些前来协助的团队成员按照计划工作，避免被其他项目“临时征用”而导致本项目被延误。

2. 产品上市后有很多负面反馈

当产品推向市场时，如果发现其关注度低并伴随着大量负面反馈，硬件产品经理应承担一定的责任。出现这种情况往往源于两大原因：一是市场定位（决定一个产品在顾客心目中应有的形象）不准确；二是需求执行不到位，导致与竞品相比存在明显差距，产品质量不佳或存在售后问题。对已经证明市场决策错误的产品，应及时停产止损。面对市场的负面反馈，硬件产品经理需勇于承认自己的不足，这是使产品重获人心的第一步。接下来，应积极将不利因素转化为动力，快速推进改型 / 升级 / 迭代计划，并设定新产品发布的时间节点。同时，为已购买产品的用户提供“随心换”服务，并在新产品发布时给予老用户优惠。

虽然我们通过市场分析、用户研究等方式提高了产品市场决策的精准性，并致力于提升产品的用户体验，但产品失败仍然在所难免。面对产品危机，是选择放弃批量生产将其转为技术储备，还是坚持工匠精神继续打磨提升，这取决于管理者对产品的评估和判断。

本章全面展示了硬件产品经理的三大业务板块，旨在帮助硬件产品经理整体把握流程中的重点事务，并牢记相关注意事项。

实战篇

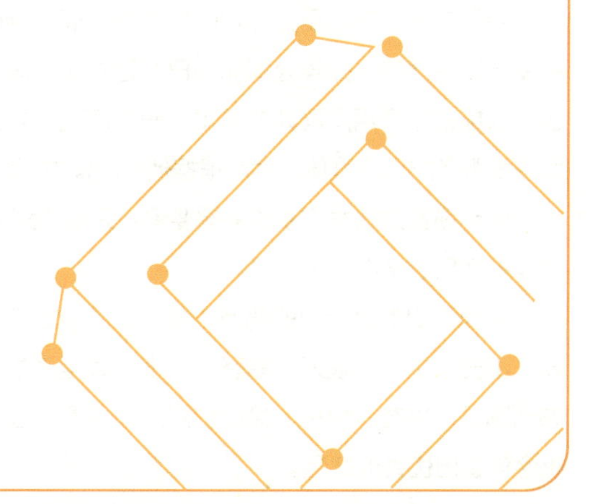

第4章

实战指南：需求管理

在公司中，项目失败经常被归咎于需求管理和产品定义出了问题。范围蔓延、成本超支、项目延误，以及无法满足客户期望和安全要求的低质量产品，都可能源于不恰当的需求定义。在产品准备阶段，需求管理和产品规划对项目的成功至关重要，因为硬件产品经理可以通过有效的需求管理和产品规划来主导产品的生命周期并进行管控，从而降低成本，加快上市时间且提高产品质量。

目前，国内市场竞争十分激烈，电商平台上各种硬件产品琳琅满目，为用户提供了极大的选择自主性和空间。在这种情况下，通常只有凭借产品的差异化优势，企业才能赢得竞争。在许多中大型公司中，最高级别的产品经理往往由总经理或总裁兼任，然而这实际上并不是一种理想的现象。公司需要建立一个稳定且高效的产品经理团队，团队成员应是真正知道如何根据需求来定义产品，进而用产品来吸引客户的人。依靠这样的团队，公司才能在激烈的市场竞争中站稳脚跟。

需求是指用户在特定使用场景下的具体需要。接下来简单来说说用户、使用场景和需要这 3 个紧密关联的要素。

我们知道，产品是为特定的用户群体而设计的，因此我们需要明确产品是为哪一类用户设计和生产的。如果公司品牌已经建立了一段时间，公司已经积累了一些用户画像，那么可以根据这个用户群体的需求来研发产品；如果公司的品牌还在规划中，则要先找到公司想要服务的用户群体，然后根据他们的需求研发产品。

使用场景是触发需求的关键要素，只有了解和准确把握产品在何种具体场景下被使用，才能将产品定义进一步细化。

需要说明的是用户的痛点和痒点。痛点是那些令人不满的体验点，它们会让人感到郁闷、不安、生气、烦躁、易怒、沮丧，甚至产生怀疑；痒点则是令人兴奋的点，它们让人感到满足、兴奋、快乐、愉悦和舒适。只要抓住足够多的痛点和痒点，硬件产品经理就有机会创造出优秀的产品。

在需求管理方面，我们认为硬件产品经理应该首先解决最基本、最紧迫的问题，然后再考虑“锦上添花”。如果能找到高频率且用户迫切需要的痛点，那么基本上该产品已经迈出了成功的第一步。在寻找这类痛点的过程中，首先要进行行业和竞争分析。

4.1　进行行业和竞争分析

进行行业和竞争分析的目的无外乎是让我们能站在行业的高度，放眼全局，避免陷入单一视角的局限。通过观察行业，我们可以清晰地看到它与社会的互动关系及其未来的发展趋势；同时，采用自上而下的方式制订产品战略，使我们更容易找到突破点。

进行行业和竞争分析能够帮助硬件产品经理深入了解行业的竞争格局、产品供需状况，以及宏观经济、政治局势变化和技术变革等外部因素对行业的影响。通过这一分析，管理层能够准确把握公司在行业中的定位、识别机遇与威胁，从而有针对性地制订策略。

对公司来说，深入了解所在行业，明确自身优势和认清竞争对手是最为稳妥的生存之道。大型公司通常会将行业和竞争分析的任务委托给专业的第三方咨询公司。尽管硬件产品经理可能不具备专业咨询公司那样的资源和专业知识，但他们仍可以学习这种宏观的思维方式，并快速掌握行业知识。对于那些还在探索职业方向的硬件产品经理来说，在进入特定行业之前，也需要对该行业有一个大致的了解。对于已经确定职业路径的硬件产品经理来说，掌握基本的行业和竞争分析技能是他们必备的基础能力。实际上，行业和竞争分析的基本原理并不复杂。行业和竞争分析的核心要素及其关键技巧如表 4.1 所示，这为硬件产品经理提供了一套系统的分析框架。

表 4.1　核心要素和关键技巧

核心要素	关键技巧
要探究哪方面的问题	**掌握 MECE 法则**
对于这个问题，要运用哪个思维模型	**建立思维模型库**
找数据填充思维模型	**了解基本的数据收集渠道**

麦肯锡公司提出的MECE法则是一个重要的分析法则（1.4.4节中已经提到过）。如图4.1所示，MECE 法则要求我们在分析行业时确保各个分析点之间既不重叠也不遗漏。行业作为一个宽泛的概念，需要进一步细分为具体的子集，比如手机行业、电视行业等，以便进行更深入的分析。

图 4.1 MECE 法则

具体应用 MECE 法则时，需要注意 3 个要点：牢记分析目的，避免层次混淆，借鉴成熟模型。对于同一个行业，可以考虑从不同角度应用该法则进行分析。比如电视行业，从渠道角度可以将其划分为线上和线下两部分，线下又可细分为 KA（关键客户）、代理、自营等；从销售模式角度可以分为分销（代理）模式和直销（自营、零售）模式。硬件产品经理在分析如何增加电视机销量时，可以提出多个想法，比如：想法 1，开发电子商务渠道；想法 2，网络营销和品牌推广；想法 3，降低成本并降低售价；想法 4，将电视机主板从打螺钉固定改进为用卡扣固定，以提高生产效率。其中，想法 4 是想法 3 的具体执行措施之一，如果并列讨论就会造成逻辑层次不清，从而引起混乱。此外，前人已经对商业、管理、个体等领域做了大量的研究工作，并形成了许多结构分解模型，硬件产品经理可以直接借鉴使用。

在应用 MECE 法则进行行业分析时，应确保每一个层次的划分既全面又互不重叠，即每个分类都是详尽且独立的。在层次结构中，水平关系代表分类之间的并列关系，而垂直关系代表分类的层级关系。开始分析时，应尽可能深入地进行水平和垂直方向的划分，因为细致的行业划分有助于更精确地理解行业特点。初始的行业分类可能较为宽泛，随着新信息的不断加入和原有架构适应性的逐渐降低，可能需要重新审视和调整分类方法。分类的科学性和实用性至关重要，要确保分类能够涵盖市场上的主要类型，并且能随着行业的发展和信息的更新不断优化和细化，以保持其适用性和准确性。

在深入了解一个行业的内部结构时，恰当地提出问题也非常重要。研究人员应根据研究目标探索工作中遇到的具体问题。除了这些具体问题，一般性的行业分析还应涵盖行业的运作机制、当前状况，以及潜在的未来发展趋势等。

硬件产品经理应当培养提问的习惯，因为提问是发现问题并寻求解决方案的起点，正确的问题能够引导我们找到正确的答案，从而实现卓越的成就。毕竟，问题本身并不是问题，如何应对问题才是关键。许多行业经过长期的发展，已经形成了一套成熟的解决方案，这些方案往往根植于硬件产品经理的思维模型——即那些经过实践检验的解决策略中。不同的问题可能需要不同的解决策略，但也有可能采用相同的策略。面对问题时，硬件产品经理应积极寻找合适的解决策略，以降低问题的复杂性和难度。表 4.2 所示是行业和竞争的一些问题及对应的解决策略，供硬件产品经理解决问题时参考。

表 4.2　行业和竞争问题及解决策略

问题	解决策略
行业是如何运作的？	进行价值链分析和 SCP 产业组织分析
行业的现状如何？	进行市场集中度分析，分析时使用波特五力分析模型
未来这个行业有哪些可能的发展方向？	进行 PEST 分析，分析时使用安索夫矩阵

行业和竞争分析领域有多种方法可供使用，这些方法既可以独立使用也可以结合使用，以适应不同的分析场景。接下来，我们将逐一介绍相关分析方法。

4.1.1　价值链分析

价值链分析是一种用来确定公司竞争优势的方法，它揭示了公司从原材料采购到最终产品交付给消费者的整个过程中是如何实现竞争优势的。这一分析涵盖了产业价值链、公司价值链和竞争对手价值链。公司价值链的基本运作模式依赖于公司内部的协作和价值传递，如图 4.2 所示。

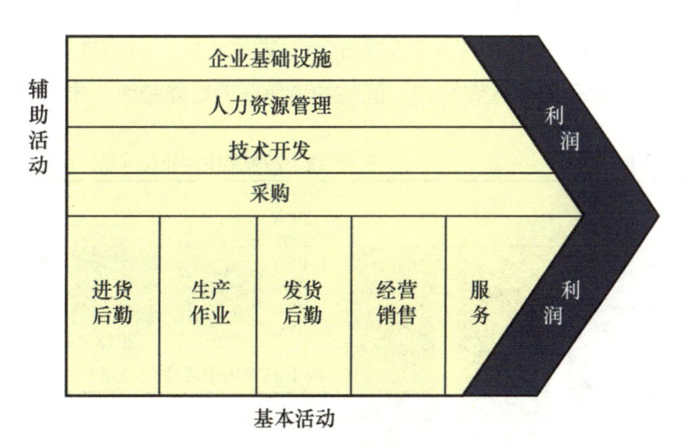

图 4.2　公司价值链

通过深入分析行业内典型公司的价值链，我们能够对整个行业的运营模式有一个基础的认识。然而，价值链的真正价值在于识别出成本和利润最高的环节，从而为公司的战略调整提供指导。在实际应用中，价值链分析可以与其他分析框架相结合，但其核心在于理解事物发展的过程和各环节之间的相互作用。以智能电视行业为例，服务环节往往利润较高且成本可控。因此，许多电视机品牌商选择将服务部门独立出来，成立子公司进行运营。这样的独立举措不仅能够确保继续提供原有电视机的安装和维修服务，还为公司提供了扩展业务范围的机会，使其能够承接其他品牌的服务需求，并进一步开展增值营销活动。比如，深圳安时达技术服务有限公司不仅能提供电视的维护服务，还能提供冰箱、洗衣机和空调等产品的维修服务，同时建立了自己的电子商务平台，销售各类家居和家电产品。这种模式的成功展示了价值链分析在实际商业运作中的应用价值。

4.1.2 市场集中度分析

市场集中度是衡量行业成熟度或整合水平的重要指标，主要通过观察市场中前 10 家和前 5 家企业所占市场份额的变化来评估。如果领先企业的市场份额在近几年内保持迅速增长态势，则意味着市场尚未稳定，仍有较大的成长空间。相反，如果前 5 家企业的市场份额保持稳定，而前 10 家企业的份额逐渐增加，这可能表明行业正在进入细分阶段，需要更精细的管理和运营策略。如果前 5 家和前 10 家企业的市场份额均保持不变，则预示着该行业已经达到高度成熟的阶段，对于新进入者而言，机会相对有限。

如果说价值链分析能帮助我们确定该做什么，那么市场集中度分析就是告诉我们应该在什么时候去做。通过对市场集中度的分析，我们可以判断当前公司与市场的相对位置关系。以智能电视市场为例，2017—2020 年的品牌集中度变化（包括线上和线下）如图 4.3 所示。从图中可以看出，头部和次头部品牌的产品销量占比大且持续增长，形成了一个稳定的头部市场格局。对于新进入者来说，面临的竞争压力可能较大，市场机会可能有限。

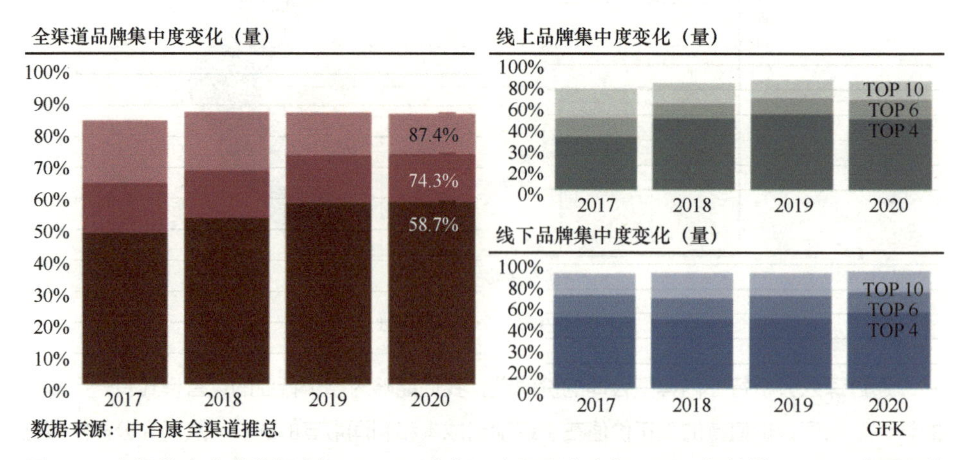

图 4.3 市场集中度（数据来源于 GFK 年报 | 中国彩电市场 2020 年总结及 2021 年预测）

4.1.3　PEST 分析及 SWOT、LTV 模型

PEST 分析是一种宏观环境分析方法，它涉及 Politics（政治）、Economics（经济）、Society（社会）和 Technology（技术）4 个维度，如图 4.4 所示。与关注生产过程线性关系的价值链分析不同，PEST 分析更加宏观，涉及更广泛的网络关系。

图 4.4　PEST 分析

行业的发展受政治层面的法律和政策、经济层面的利率与货币政策、社会层面的年龄分布和休闲状态，以及技术层面的信息技术变革、基础研究和技术创新等因素影响。公司在进行产品设计、研发和生产时，必须深入了解所处的社会和行业环境，因为这些宏观环境因素往往决定了行业的未来走向。只有明确了政策导向、社会经济状况和科技创新趋势，公司才能根据外部环境的变化及时调整生产策略，把握现状并发现未来的机遇。在了解了行业状况之后，我们可以进一步探讨公司在行业中的定位，然后研究公司的产品线和单个产品。一个完整的分析路径应该是：研究行业→分析公司→思考产品线→琢磨单个产品。

在上述分析路径中，我们可以采用前面介绍过的方法和模型来识别问题和制订解决方案。比如，PEST 分析可以帮助我们了解公司的现状和面临的挑战；而波士顿矩阵分析法则可以让我们了解应重点关注哪些产品类别，以及产品所处的竞争阶段和存在的机会。除了上述方法和模型，还有 SWOT 模型、LTV（Life Time Value，生命周期总价值）模型和波特五力分析模型可供使用。

SWOT 模型在明确或分析公司资源的优势 / 劣势、面临的机会 / 威胁以实现商业目标方面具有便捷性，如图 4.5 所示。为了使分析更全面，我们可以在 SWOT 模型中加入战略资源（Resource）和战略约束（Restriction）两个因素，即扩展为 SWOTRR 分析。这两个因素是长时间内难以改变的“硬性”因素，比如公司的净资产规模或国家出台的法律法规。在这些方面，公司管理层需要根据现有条件制订策略。而如何运用战略资源实现目标，则属于可以改变的“软性”因素，公司可以充分发挥主观能动性。

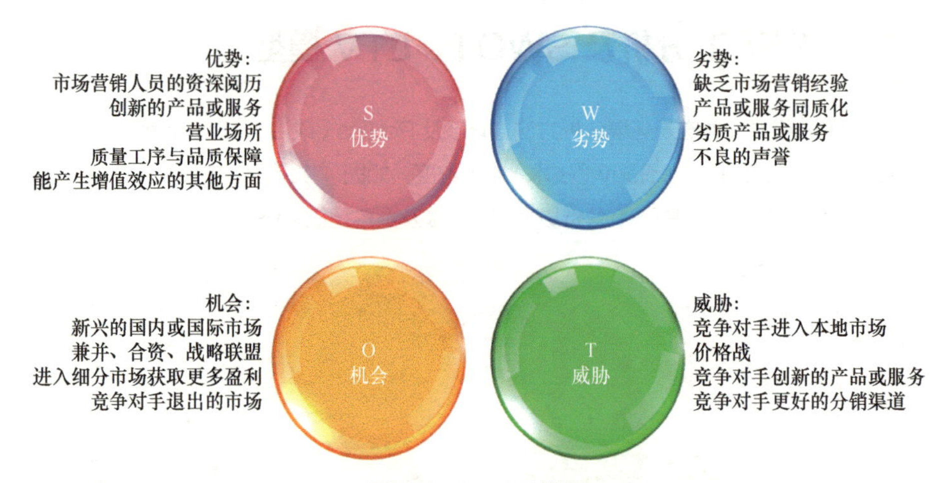

图 4.5 SWOT 模型

LTV 模型不仅广泛应用于软件行业，而且在智能电视行业也逐渐受到重视。随着 OTT 点播的流行，各企业也开始关注用户数量、在线时长和广告运营收益等指标。在计算 LTV 时通常采用毛利润而非总收入作为衡量标准，可以更准确地评估市场投入带来的盈利情况。CAC（Customer Acquisition Cost，用户获取成本）是与市场相关的总费用（包括销售、市场人员的开支）除以所有新用户数得到的结果。在计算 CAC 时，应避免将无效渠道和无关费用计入，以免对整个商业模型造成误判。一般来说，当 LTV/CAC ≥ 3 时，被认为是相对安全和有希望的，如图 4.6 所示。

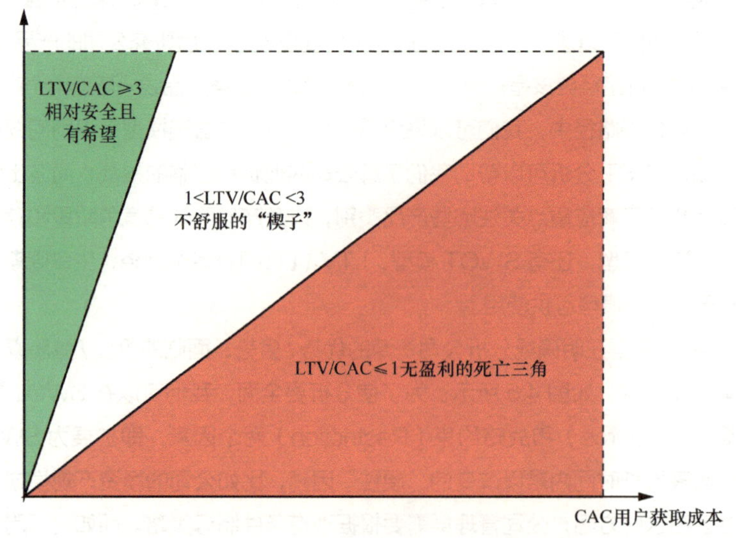

图 4.6 LTV/CAC ≥ 3 相对安全且有希望

4.1.4 波特五力分析模型

波特五力分析模型涉及五种主要的竞争力量来源，即供应商的议价能力、客户的议价能力、潜在进入者的威胁、替代品的威胁，以及直接竞争对手的能力，如图 4.7 所示。这一模型常被用于分析竞争战略，并提醒管理者关注影响行业竞争态势的关键因素。在考虑供应商的议价能力时，我们深刻认识到与供应商建立良好合作关系的重要性。尤其在竞争日益加剧的环境下，管理者们不仅面临外包业务普及和产品生命周期缩短等竞争压力，还需要寻求提升供应链效率的途径。因此，他们积极寻找与供应商在产品设计流程中合作的机会，以期通过加强合作来增强自身在市场中的竞争力。

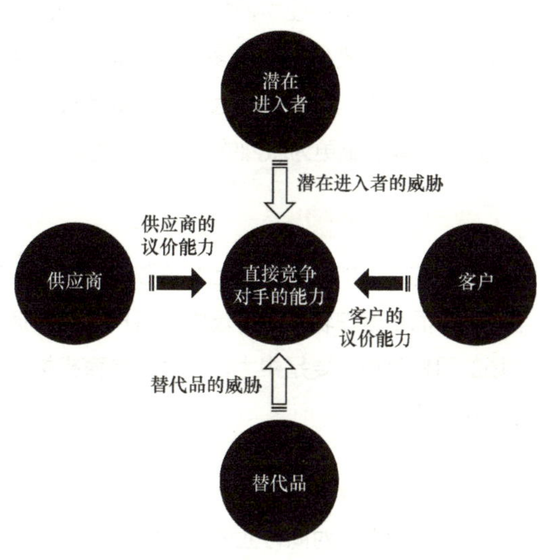

图 4.7 波特五力分析模型

除了波特五力分析模型中的 5 种竞争力量来源，我们还可以考虑“互补性商品 / 服务”这一额外的力量，它也有助于行业和竞争分析。下面就基于这 6 种竞争力量来源进行深入探讨。

1. 直接竞争对手的能力

直接竞争对手的能力是波特五力分析模型中的核心要素，它关乎企业间的市场份额争夺、价格战激烈程度及创新能力比拼，直接影响行业竞争格局。行业竞争格局往往取决于现有竞争对手的数量及其市场份额。当产品间的差异性较小时，竞争将会变得尤为激烈。此外，高昂的退出成本，如固定的资产投入、土地占用等，往往使得现有的参与者更加坚定地捍卫现有市场，这将进一步加剧竞争态势。

2. 潜在进入者的威胁

潜在进入者的威胁是指新参与者进入市场的难易程度。若行业准入门槛低，新竞争者的出现将不可避免。反之，若市场准入条件苛刻，如存在法规限制、技术许可或专利壁垒等，则新进入者的威胁相对较小。行业中现有的竞争者也可以利用自身的竞争优势来阻止新进入者的进入，这种力量也被称为“进入障碍”。比如，在 5G 技术领域，华为技术有限公司凭借其强大的专利优势，构筑了较高的进入壁垒，使得普通企业难以涉足。

3. 供应商的议价能力

供应商在任何行业中都扮演着至关重要的角色。当供应商数量有限时，其议价能力往往较强。反之，若供应商众多，则采购方在谈判中将拥有更多的话语权和选择权。比如，电视机公司的芯片供应商因为处于关键地位，所以拥有较高的议价能力，而包装厂等辅助供应商则可能面临更为激烈的同行业市场竞争。

4. 客户的议价能力

客户的议价能力受市场上客户数量的影响。在客户众多的市场中，客户的议价能力通常较弱；而在客户较少的市场中，客户则可能拥有更强的议价能力。比如，超大尺寸电视市场的目标客户主要是中大型公司或教育机构，由于供应商相对较少，因此客户的议价能力相对较低。

5. 替代品的威胁

企业不仅要面对同行业内的竞争，还要应对来自相关行业替代品的竞争。替代品越多，产品的销售价格往往越受限制。替代品可以是功能、质量相同但价格更低的产品，也可以是价格相同但质量更优的产品。比如，电视机的替代品有手机、投影仪、平板电脑、个人计算机，这些产品以不同的方式满足消费者的需求。当替代品价格较低时，其对原产品的威胁也相应增大。

6. 互补性商品 / 服务

近年来，互补性商品 / 服务（指的是那些经常一起使用以满足消费者某一需求的产品 / 服务）逐渐受到业界的关注。互补性商品 / 服务的存在会影响行业的需求结构。当对某一互补性商品 / 服务的需求增加时，对与之相关的商品的需求也会相应提升。比如，电视机与视频会员服务之间就存在互补关系。当电视机市场需求上升时，视频会员服务的需求也会随之增加；反之则相反。这种互补性在各行业中普遍存在，对行业发展具有重要影响。

4.1.5 SCP 产业组织分析模型

SCP（Structure-Conduct-Performance，结构 - 行为 - 绩效）产业组织分析模型（简称 SCP 模型）是一个用于深入分析行业或公司应对外部冲击，并据此作出战略调整和行为变化的综合性分析工具。该模型从特定的市场结构、市场行为和市场绩效 3 个维度出发，为我们理解市场动态提供了清晰的视角，如图 4.8 所示。

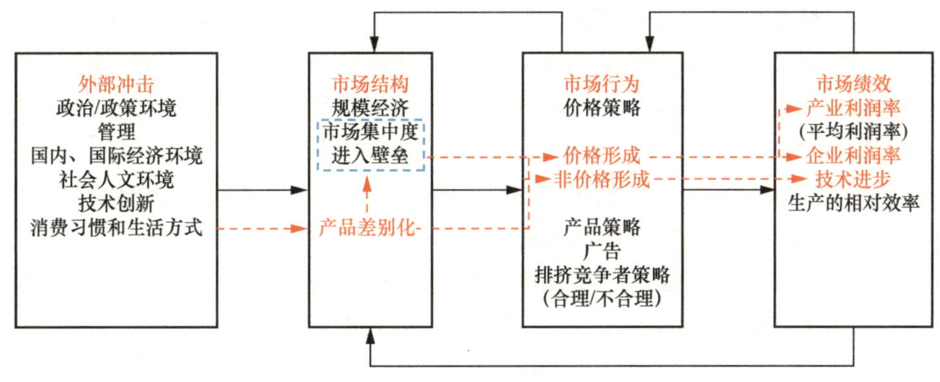

图4.8　SCP产业组织分析模型

1）市场结构指的是产业组织的建设、形成和构成，它描述了产业内公司之间的市场关系及特点，包括技术关系、交易关系、资源占用情况等。市场结构分为4种类型，即完全竞争、垄断竞争、寡头垄断和完全垄断，后3种又统称为不完全竞争，如表4.3所示。这4种市场结构类型对行业竞争态势、细分市场划分、营销模式及产品需求等具有不同的影响。市场结构还反映了行业集中度、最小有效规模、市场份额分布及行业中主要公司的所有权优势，这些都是影响公司战略决策的关键因素。

表4.3　4种竞争类型

类别	完全竞争	不完全竞争		
		垄断竞争	寡头垄断	完全垄断
企业个数	大量	大量	少数	唯一
商品同质性	同质	有差别	同质或异质	无近似替代品
进入条件	自由	比较自由	困难	封锁
信息完整性	信息完整	信息不完整	信息不完整	信息不完整

2）市场行为是指公司在特定市场结构下所采取的各种决策和行动，包括相关业务的整合/扩张/收缩、经营/管理模式的改革、价格/产品策略的制订，以及针对竞争对手的策略等。市场行为不仅反映了公司在价格、服务和产品创新方面的竞争优势，还体现了市场参与者的策略稳定性和多样性。同时，好的和坏的竞争对手概念也在市场行为的分析中得到了体现，这有助于公司更好地理解市场竞争的复杂性和动态性。

3）市场绩效用于衡量在一定市场结构和市场行为下市场运行的最终经济结果。绩效指标包括产品数量、质量、生产效率，以及公司的经营利润率、销售费用、市场份额、产品成本、技术进步状况等。市场绩效强调业绩，如资本回报率、经济利润、股东回报和其他影响行业绩效的因素。当行业受到外部冲击，如政治 / 政策环境、管理、国内 / 国际经济环境、社会人文环境、技术创新，以及消费习惯和生活方式等的变化时，市场绩效也会相应调整。这些变化不仅反映了公司的经营状况，还揭示了行业发展的动态趋势。外部冲击可能促使公司追求产品差别化，以满足市场的新需求。产品差别化与市场集中度之间存在双向影响，它既是形成进入壁垒的重要因素，也直接影响公司的定价策略和价格协调能力。非价格竞争的加剧不仅影响了市场结构和市场行为，最终也会影响市场绩效。

然而，由于参与者的复杂行为，市场结构的预测往往充满不确定性。同时，市场的复杂性和结构的多样性增加了我们对 SCP 模型深入探究的难度。一些研究还指出，市场结构实际上是由产品的独特性质及可用技术水平所决定的。这就引发了一个常见的问题：SCP 模型何时能发挥其效用?

事实上，SCP 模型在分析相对稳定的行业时表现得尤为出色。在这些环境中，模型能更准确地揭示市场结构、行为与绩效之间的内在关联，为企业的战略决策提供有力支持。此外，当需要预测外部冲击对行业盈利能力的潜在影响时，SCP 模型也显示出其独特价值。它帮助企业深入剖析市场结构的变化，以及这些变化如何影响市场行为和绩效，从而为企业制订适应性战略提供重要参考。

不仅如此，SCP 模型在分析行业结构对价格行为的影响方面也具有优势。它帮助企业深入理解市场结构如何影响定价策略和价格协调能力，进而制订更为精准的价格策略。同时，SCP 模型还可用于研究市场结构是否能够驱动市场绩效，以及是否同步对市场行为产生影响，从而为企业提供更全面的市场洞察。

总的来说，无论是对行业或市场的结构、行为和绩效进行初步调查，还是进行深入分析，SCP 模型都能发挥重要作用。它不仅可以用来证明行业整合的合理性，还有助于分析更具吸引力的行业结构对行业绩效的潜在影响。因此，对于企业而言，掌握并灵活运用 SCP 模型，无疑将有助于更好地应对市场变化，制订有效的战略，并在竞争中取得优势。

4.1.6 安索夫矩阵

安索夫矩阵（Ansoff Matrix）模型通过四象限矩阵形式清晰地展示了公司追求收入或利润增长的 4 种战略选择。这一模型的核心逻辑在于，公司可以通过选择不同的增长战略来优化其市场定位和产品组合。该矩阵由老产品和新产品，以及老市场和新市场组合而成，形成了 4 个不同的战略象限，如图 4.9 所示。

1. 市场渗透

市场渗透战略旨在通过向现有客户推广老产品，提高市场占有率。这一战略侧重于优化现有产品的市场组合，并通过促销、提高服务质量等手段，引导消费者改变购买习惯或转向购买本公司产品，从而增加销售量。在此过程中，硬件产品经理需要重点收集关于竞争对手的客户购买动机、潜在说服策略及具有吸引力的市场区域等信息。

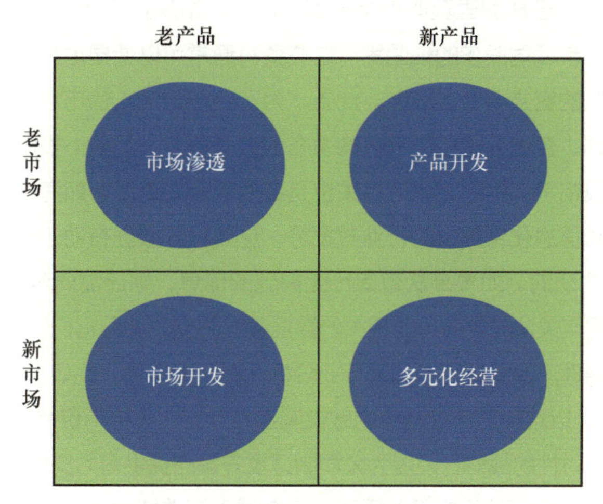

图 4.9　安索夫矩阵

2. 市场开发

市场开发战略旨在将老产品推向新市场，即在不同类型、不同规模的市场中寻找具有相同产品需求的潜在客户。在实施这一战略时，产品的定位、推广和销售模式可能需要调整，但产品本身的核心技术通常保持不变。比如，将适合农村的电视机引入不发达地区的农村市场。

3. 产品开发

在通过产品开发战略实现产品延伸，将新产品推向老客户时，要充分利用好现有客户关系。此战略旨在通过推出新一代产品或相关衍生产品，扩大现有产品的市场范围，提高市场份额。比如，向原先购买电视机的客户推广新型冰箱产品。

4. 多元化经营

多元化经营战略旨在将新产品推向新市场，这通常意味着公司需要跨越现有专业领域，进入全新的市场领域。这一战略风险较高，成功的关键在于实现销售、渠道、产品或技术等方面的协同效应。而对于那些缺乏这些协同效应的公司，多元化经营失败的概率往往较大。

安索夫矩阵是分析数据的有力工具，使用它的关键在于理解其背后的视角，包括时间、空间和场景等。在深入理解模型背后的信息之后，我们可以根据实际需求创建自己的思考模型。

当然，掌握模型只是第一步，真正的挑战在于如何将其应用于实践。为了充实这些思维模型，我们需要知道从哪里获取相关数据。这些数据来源广泛，包括公司的财务报告、招股说明书和致上市公司股东的信函等。这些资料通常可以便捷地从公司官网、证券交易所网站和监管机构的官方平台上获取。此外，为了获取更深入的市场洞察和行业动态，还可以参考证券公司、咨询公司和研究机构发布的公开报告，如萝卜投研、艾瑞咨询、麦肯锡、德勤和罗兰贝格等。同时，政府机关也是数据的重要来源，如海关总署发布的进出口贸易数据及工业和信息化部提供的行业数据等，这些官方数据有助于投资者从宏观角度把握市场趋势和行业动向。如果是从咨询行业得到的信息，则还需要对数据进行交叉验证。硬件产品经理应重点关注与自身行业相关的数据源，并充分利用它们进行分析。

此外，建议硬件产品经理定期阅读行业分析性期刊或报告，比如《经理人》《经济学人》《麦肯锡季刊》等，以培养对宏观趋势的敏锐洞察力。行业分析不仅有助于产品团队把握市场脉搏，制订有针对性的战略，还能为公司制订攻守策略提供有力支持。

行业分析对于产品团队而言至关重要，它有助于精准捕捉市场趋势，使团队在市场竞争中既能稳固防守，又能有效进攻。经过多年的发展，行业分析的理论模型已经日趋完善，为实践提供了坚实的理论支撑。然而，在实际操作中，有一个步骤尤为关键且复杂，那就是准确界定行业的范围。以电视机的行业分析为例，团队不仅要深入剖析电视机行业自身的竞争格局、市场供需和技术发展等关键因素，还需将视野拓展至与之相关的平板电脑、投影仪等领域，以全面把握整个产业链的发展趋势和潜在机遇。只有通过这样的跨行业分析，产品团队才能够更全面地了解市场生态，为制订有效的市场策略提供有力支持。

4.2 竞品分析

在进行竞争产品（简称竞品）分析时，硬件产品经理需全面掌握市场状况和发展趋势，确保团队紧跟市场步伐。硬件产品经理需深入剖析公司日常业务逻辑和场景，准确把握用户需求，掌握分析技巧，并深入了解竞品的优劣点，从而取长补短。

4.2.1 何为竞品和竞品分析

竞品，即目标市场的消费者可能选择的非我方商品与服务。硬件产品经理可以通过比较竞品的特点和解决方案与公司产品的相似度来识别竞品。竞品范围广泛，涵盖实体产品

（如电视机）、虚拟产品（如音视频媒体流应用）、现场体验（如促销活动），以及专业服务（如咨询和设计）等。

在进行竞品调查时，我们主要关注如下 3 类竞品。

1. 直接竞品

指在同一市场、相同价格区间的类似产品或服务。比如，在电视机市场上，直接竞品可能包括创维、海信、TCL 和小米等品牌的电视机产品。

2. 间接竞品

指不同类别的产品，虽然可能以不同的价位提供，但目标市场相同。比如，投影仪可作为满足音视频服务需求的另一种选择，因此它与电视机形成间接竞争关系。

3. 替代产品

指为消费者提供与公司产品相似功能或解决方案的替代品。比如，手机、平板电脑等电子产品可作为电视机的替代产品。

竞品分析则是指识别和分析这些竞品的过程，它是开展业务、研发新产品或优化现有产品时不可或缺的一环。比如，在开发新的电视机项目时，竞品分析有助于我们了解如何设计更具吸引力的电视机产品。通过竞品分析，硬件产品经理能够明确公司产品在行业中的地位，与知名品牌的对比情况；同时，还能提供独特的客户体验，实现产品和服务差异化；发现市场空白，开拓未开发的利基市场；凸显公司产品相对于竞品的优势。

4.2.2 竞品分析流程

竞品分析主要聚焦于对产品本身的深度研究。以下 4 个步骤有助于我们有效地进行竞品分析。

1. 识别和分析竞争对手

硬件产品经理即便已将竞争对手分析作为商业计划书（Business Plan，BP）或营销战略的一部分，仍需投入时间重新审视竞品。硬件产品经理应尽可能多地从公开渠道如年度报告、网站、销售数据、产品单页、邮件订阅、消费者评论及社交媒体中广泛收集竞品信息。针对每个竞品，硬件产品经理需要关注如下要点。

- 产品有哪些突出的特点?
- 这些功能是否曾经迭代过?
- 购买该产品的好处或结果是什么?

- 竞争对手使用什么样的营销手段和信息来吸引目标消费者？
- 该产品是如何通过图片或视频进行展示的？
- 产品的成本是多少？
- 竞争对手的销售表现怎么样？销售额和销售量是多少？
- 竞品采用了哪些促销政策，如免费试用、折扣、优惠券或提供增值服务等？
- 根据消费者的评论或反馈，他们对这款产品的喜爱和不满分别是什么？

2. 深入体验竞品

硬件产品经理在收集到竞品公开的产品细节后，接下来的关键步骤是亲自体验这些产品，真正站在消费者的角度去感知它们。在体验过程中，硬件产品经理要将个人的感受与导购员的销售承诺进行对比，从而更全面、深入地了解竞品。具体而言，硬件产品经理应关注如下要点。

- 实际购买产品的体验怎样？是在实体店还是在网上买的？是自提还是送货上门？
- 实际体验中，对该产品喜欢和不喜欢的地方有哪些？
- 是否真正体验到导购承诺的好处或效果？好处或效果具体是怎样的？它们的实现程度如何？
- 联系客服询问功能或反馈问题时，客服提供的服务体验如何？是通过在线聊天方式或在实体店内咨询的，还是通过电话沟通的？对客服的响应速度和解决问题的能力是否满意？
- 综合考虑产品的性能、品质及所体验到的各项服务，分析该产品的价格是否与其价值相符，是否觉得物有所值。

3. 识别竞品的弱点

基于前两步收集到的信息，硬件产品经理需要精心编制一份清单，详细列出竞品缺失的要素及不足之处。通过这一步，我们可以清晰地认识到如何研发出一款更出色的产品，从而在市场上超越竞争对手。作为硬件产品经理，在识别竞品弱点时，应关注如下核心要点。

- 深入剖析消费者评论和帖子，了解该产品未能满足消费者的哪些功能需求。
- 从硬件产品经理个人的使用经验出发，哪些功能是建议添加到产品中的？
- 哪些功能显得冗余或分散了用户的使用注意力？
- 假设剔除这些不必要的功能，产品是否会更加精简、高效，从而带来更好的用户体验？
- 在搜索、选购和使用竞品的过程中，是否遇到了令人头疼的难题、烦琐的步骤或令人困惑的设计？

4. 识别公司产品的差异化要素

利用前面的分析和体验，硬件产品经理接下来需要确定如何为公司产品打造独特的卖点，创造竞争优势，从而吸引目标市场的消费者。在此过程中，硬件产品经理需要关注如下要点。

- 应如何定义产品功能？是瞄准市场空白、精准满足客户期望，还是展现独特的魅力？或是将这三者结合，形成无法抗拒的综合优势？
- 哪些具体的增强功能可以为公司产品加分？
- 哪些功能可能分散用户注意力，影响产品的核心体验？是否考虑将其排除？
- 竞品特殊功能将为用户带来怎样的体验？是更便捷、更高效，还是更有趣、更个性化？
- 产品能为用户提供哪些实实在在的好处和效果？这些好处和效果能否满足用户的实际需求，解决他们的痛点？
- 在定价策略上，我们应如何平衡考虑竞品的定价、公司产品的价值主张及生产成本，以确保公司产品的价格既具有竞争力，又能体现其价值？
- 采用何种方法对公司产品的差异化特点进行市场测试？如何了解潜在客户对这些特点的真实体验和反馈？
- 确定功能后，应使用何种营销手段来强调公司产品相较于竞品的优势？

了解了竞品分析的完整步骤后，我们将其简化为实用的操作流程，以便实际操作时参考。以下是竞品分析的简要总结。

1）明确竞品分析的目的。目的是了解新技术、进行简单的对比，还是全面评审产品？明确目的有助于聚焦分析关键点。

2）选购竞品并确定分析方法。确定应采用主观评价还是客观拆解的方式，是进行粗略对比还是详细地对比各项参数。选择合适的分析方法至关重要。

3）界定分析的范围。从用户需求出发，明确分析的角度、重点、手段及评价标准，确保全面覆盖竞品的关键方面。

4）深入对比分析。根据界定的分析范围，对所选竞品进行逐项对比分析，必要时可对竞品进行拆解，以深入了解竞品的优缺点。

5）总结与建议。总结对比分析的结果，提出针对公司产品的解决方案和改进建议。

然而，值得注意的是，即使硬件产品经理掌握了竞品分析流程，也可能无法获得具有建设性意义的报告。这主要是因为任何分析都存在一定的局限性，合理的流程并不能完全弥补分析思路的不足。此外，随着互联网的成熟和产品同质化趋势的加剧，我们可能面临分析平庸竞品的风险，从而得出缺乏创新性的结论。因此，在进行竞品分析时，我们需要秉持客观、全面的分析态度，同时结合市场趋势和用户需求，努力挖掘竞品的独特之处，进而为公司产品的研发和市场定位提供有价值的参考。

4.2.3 简单直观地进行竞品分析

对比是学习的有效途径。这种方法可以应用于市场调研，也可以基于二手资料展开。下面两个例子通过对比来分析竞品（仅供参考，因为不同行业的分析维度和标准各有差异）。但从产品原型设计的角度来看，上述方法确实是一种简单、直观的方法。

1. 分析产品的功能

我们可以利用表格来清晰地对比产品的各项功能。在表格中，纵向列出产品支持的所有功能，横向列出各种竞品。这些信息可以通过各公司在电商网站发布的详情页或线下产品宣传单页收集。该表类似于汽车销售 4S 店的车型配置表，旨在清晰地展示产品的功能特点。通过功能对比，我们可以为产品决策提供依据，明确哪些功能是必需的，哪些功能是可以省略的。以智能电视为例，我们可以通过表 4.4 直观地对比不同电视机的功能。

表 4.4　电视机产品功能对比表

大类	小类	TV1	TV2	TV3
操作系统	Android 操作系统	√		
	Linux 操作系统			√
	Web 操作系统		√	
	自开发操作系统			
控制方式	红外遥控		√	√
	蓝牙遥控	√		
	语音遥控器	√		
	远场语音控制	√		
	面部识别控制			
	手势控制			
	空中鼠标			
	意念控制			
	重力感应			
	智能遥控键盘			
	手机等第三方外设控制	√	√	√

续表

大类	小类	TV1	TV2	TV3
OTT	牌照商及内容商	银河互联 GITV	国广东方 CIBN	芒果 TV
USB、HDMI 等传输、播放和扩展	USB 数量	2	2	2
	HDMI 数量	4	3	2
	其他传输接口	AV、耳机	SPIDF	AV out
联网方式	Wi-Fi（2.4G Hz、5G Hz 双频段）	√	√	√
	Wi-Fi 直连	√		√
	PLC			
	DLNA	√		
	RJ-45	√	√	√
应用的下载安装方式	应用商店下载安装 App	√	√	√
多屏互动	与手机	√	√	√
	与手环 / 手表	√		
	与个人计算机	√	√	√
	与平板电脑	√	√	√
其他功能	3D			
	直播聚合		√	√
	云健康	√		
	社交分享	√	√	
	视频通话	√	√	

除了表格，还可以采用简单的图示来对比产品功能。这种方式更为直观和易于理解，能够清晰地展示竞品之间的差异和相似点。图 4.10 是一个液晶屏竞品对比图。图中直观地展示了不同液晶屏产品的关键特性，带圈的数字代表屏幕尺寸，其下方标注了相应的上市年月。通过对比分辨率、屏幕尺寸等关键指标，我们可以快速识别各产品的优势和劣势。这种图示方式不仅适用于液晶屏电视机竞品分析，还可以广泛应用于其他产品分析。图示有助于快速把握产品的核心特点，为产品决策和市场定位提供有力支持，同时提高团队沟通和合作效率。

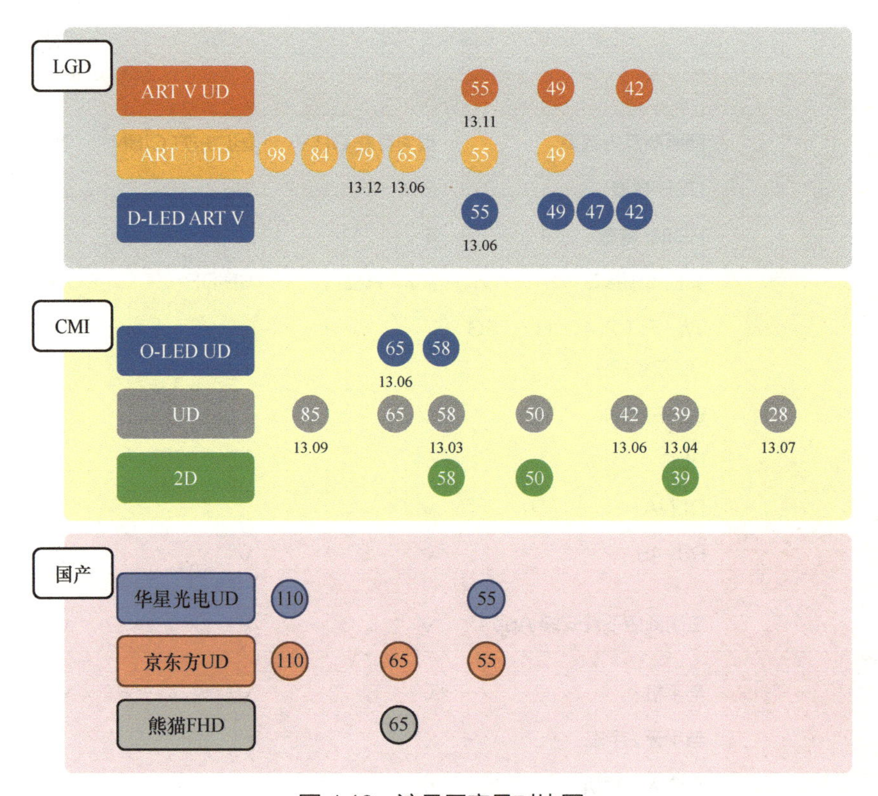

图 4.10 液晶屏竞品对比图

2. 分析核心器件——主 IC 芯片

主 IC 芯片的分析至关重要。芯片的选择对产品的功能定义、方案选择、研发进程，乃至最终的产品性能和品质管理都有着深远的影响。要了解芯片的性能与功能，芯片规格书无疑是一个重要的信息来源。该规格书可以在向芯片公司索取样品时获得。对于大型企业，也可以通过供应链采购部门、产品部门或高管协助获取。

收集到芯片信息后，需要将它们整理成一个信息对比表，以便清晰地展示芯片的关键参数。IC 芯片信息对比表如表 4.5 所示。由于不同芯片在市场中的参数表现各异，因此我们需要在分析过程中挑选合适的芯片进行研究。

在表 4.5 中，纵向根据类别汇总了芯片的相关参数信息。因为芯片本身分属不同的系列，所以纵向类别相对容易确定。横向则列出了芯片类别。

通过此类对比表，我们就能很直观地看出哪个芯片在哪些参数上具有优势，从而为产品决策提供有力参考。

表 4.5　IC 芯片信息对比表

大类	小类	IC1	IC2	IC3
主处理器	主频	3.2 GHz	2.6 GHz	3.5 GHz
	Total DMIPS	2000 DMIPS	1500 DMIPS	2500 DMIPS
	支持的操作系统	Windows 10、Linux	Android、macOS	Windows 10、Android
音频处理器	主频	300 MHz	350 MHz	400 MHz
	支持的操作系统	Windows、Linux	Android、iOS	Windows
内建 MCU	主频	16 MHz	20 MHz	24 MHz
	支持的操作系统	FreeRTOS	Zephyr OS	ThreadX
	支持的芯片内执行 XIP	是	是	否
	电源隔离	3.3V 隔离	5V 隔离	无隔离
数字信号处理（DSP）	音频 DSP	Tensilica HiFi 4	CEVA-TeakLite-4	DSP Group's DG-EL
	视频 DSP	VideoCore VI-H7	TMS320C6678	Pixelworks PW191
	嵌入式神经网络处理器	Google Edge TPU	Intel Movidius	Synopsys EV6x
	通用 DSP	TI C66x	Analog Devices SHARC	Xilinx Zynq UltraScale+ DSP
图形处理器	主频	1.0 GHz	1.2 GHz	1.5 GHz
	显卡性能参数 FP32	1 TFLOPS	1.2 TFLOPS	1.5 TFLOPS
	3D API	DirectX 12、Vulkan	OpenGL ES、OpenCL	DirectX 11、Metal
	2D API	Skia、Cairo	Direct2D	AGG、DirectDraw
	视觉加速	专用视觉处理单元	视觉计算加速	深度学习加速器
	计算力	1.2 TFLOPS	1.8 TFLOPS	2.5 TFLOPS
内部存储器	结构 / 速率	DDR4 2400	LPDDR4 4266	GDDR6
	带宽	34 GB/s	32 GB/s	448 GB/s
	最大内存	8 GB	16 GB	32 GB
外部存储器	读写串行闪存 QSPI	128 MB Macronix	256 MB Winbond	512 MB Adesto
	嵌入式多媒体控制器	支持 1080p 解码	支持 4Kp60 解码	支持 8Kp30 解码
	UNIX 文件系统	ext3、JFFS2	YAFFS、UBIFS	XFS、Btrfs
	一般的 NAND Flash 内存芯片	TLC 64 GB	MLC 128 GB	3D NAND 256 GB
	固态硬盘	SATA SSD 256 GB	PCIe NVMe SSD 512 GB	U.2 NVMe SSD 1 TB

续表

大类	小类	IC1	IC2	IC3
安全	信任区	ARM TrustZone	Intel SGX	AMD Secure Encrypted Virtualization
	安全硬件扩展	Trusted Platform Module	ARM CryptoCell	AMD Secure Processor
视频（信号）输出	接口通信协议	I^2C、SPI	MIPI DSI	HDMI CEC
	数字解调器影响因子	SNR 45 dB	SNR 50 dB	SNR 55 dB
	LVDS	双通道 1920×1080	单通道 2560×1440	单通道 2560×1440
	HDMI	2.0a, 4Kp60	2.1, 8Kp30	2.1, 8Kp60
	eDP/DP	eDP 1.4, 4K	DP 1.3, 5K	DP 1.4, 8K
	显示屏 / 控制器	10 点触控	笔输入和触控	压力感应触控
	可混合层	8 层图形管线	16 层图形和视频	24 层 3D 图形

从前面两个例子可以看出，它们存在一个共同的不足之处，那就是信息的时效性不好。从电商网站和产品宣传单页获取的信息和规格可能存在一定的滞后性，这可能导致我们得出的结论不够及时。尽管如此，这些分析方法仍能够为我们提供初步的分析方向。

为了应对上述不足之处，我们需要不断寻找和更新最新的信息。在此过程中，还有许多方法值得探索。这些探索工作往往依赖个人和公司的资源条件，包括专业知识、人脉网络及可用的技术手段等。通过积累各种分析方法，我们不仅能够更全面地了解市场和竞品情况，还能够提升公司和个人的核心竞争力。

4.3 用户研究

在大多数硬件公司（如家电公司）中，竞品分析和市场走访是硬件产品经理的重要任务之一。硬件产品经理可安排 3 ~ 5 名全职人员专职负责这项工作，他们负责在市场上精心挑选具有竞争力的产品并进行深入分析。在这个过程中，这些专职人员不仅要学习竞品的优势功能和创意亮点，还要洞察其背后的产品理念。分析结果随后会被转化为具体的产品需求，为设计和研发部门提供重要指导。

如果硬件产品经理能够出色地组织和指导这一工作，产品就有望与行业头部品牌并驾齐驱，至少不会在竞争中落后或犯错。然而，对于头部品牌的硬件产品经理而言，仅仅停留在跟随竞品的层面是远远不够的。过度关注竞品，往往会使自己陷入固定的框架和模式中，难以实现真正的突破和创新。因此，头部品牌的硬件产品经理应将核心工作聚焦于用户研究。

用户研究的目标并非简单地收集公众意见，而是深入挖掘用户的真实需求与期望，并将这些需求与产品定义紧密结合。常用的用户研究方法包括用户评测、用户深度访问和用户洞察等，这些方法能够帮助硬件产品经理更精准地把握市场动态，为产品的创新和发展提供有力支持。

4.3.1　用户评测是最基本的方式

硬件产品经理应深入用户群体，了解他们对产品的喜好、购买意愿，以及在不同解决方案中的偏好。这种互动方式在产品外观设计调研中尤为常见。设计部门提供多个设计方案，硬件产品经理组织用户进行测评，采用民主投票（如盲投）的方式，最终选出大众最喜爱的方案。这样的方法至少能确保我们的设计方案符合大多数人的审美，更容易被他们接受。

然而，用户的思维和需求往往是复杂且难以清晰表达的，可能受到多种因素的影响，导致表达不清晰。因此，虽然用户评测的方式有助于我们做出决策，但并不能完全揭示用户的真实需求。

4.3.2　用户深度访问重点

用户深度访问（简称深访），即深入用户家中进行公开访谈，如图 4.11 所示。这是我们获取用户真实反馈和深入洞察的重要方法。该方法旨在挖掘用户日常家庭环境和使用场景中的细节，观察他们的生活和使用习惯，以及他们对现有产品的满意和不满之处。

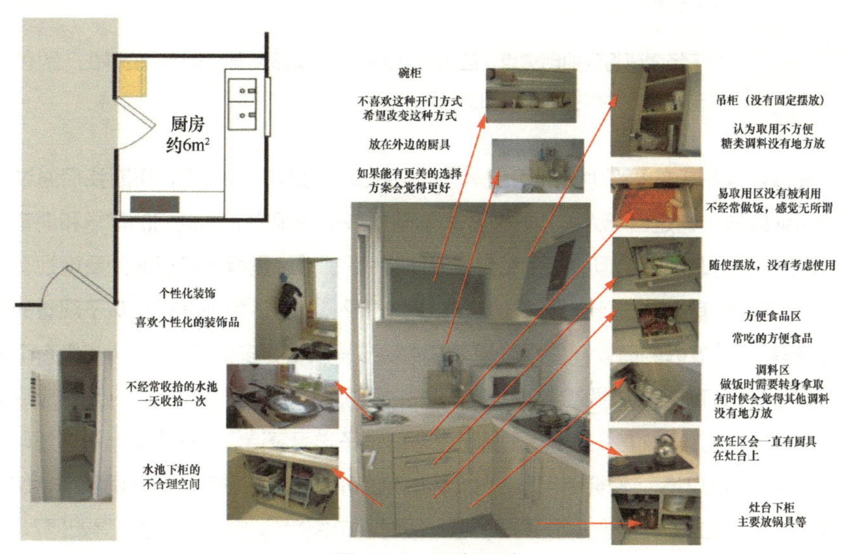

图 4.11　用户深访

与用户测评相比，深访能更深入地揭示用户背后的真实需求和期望。在深访中，应避免直接询问用户对产品设计或概念的看法，而是深入用户的日常生活场景中，通过观察、聆听和互动，让用户自然地表达他们的想法和感受。最后，我们需要对收集到的用户需求进行整理、筛选、统计、分析和总结，以便为产品规划和设计提供参考。为了确保深访的有效性，部分公司会要求产品规划团队每年调查数百户家庭，或设定每月的家庭调查目标数量。在进行深访时，需要注意的要点如表 4.6 所示。

表 4.6 用户深访要点

事项	行动
目标人群的选择	要准确打造适合特定用户群体的产品，就需要对此类用户群体进行样本采集，否则两者的匹配度可能会相差很远
调查问卷的设计	调研现场的情况是复杂的。为了理解用户的真实想法，需要设计一份逻辑性强、结构合理的调查问卷。同时应注意的是，问卷应包含开放式问题，而且问卷问题不宜太多。问卷应采用易于用户理解的表达方式。对于封闭式问卷，可选择的答案要包括所有的可能性，防止出现被调查人找不到适合自己情况的答案
深访人员的选择和培训	合格的深访人员需要具备在气氛融洽的情况下，让用户尽量多地倾诉和表达自己对产品真实感受的能力。深访人员在遇到某些模糊问题时，要能够敏感地深挖下去。如果是多组同时访谈，人员培训是重中之重。否则，每组收集到的信息支离破碎，无法做出有效的分析和判断
访谈资料的整理挖掘	最基本的方法是针对不满意的观点整理和排序，对于关键的需求点，应按专题进行深入分析
创意点输出	对于经调研得到的创意点，应和关键人员进行头脑风暴，筛选出值得在产品中实现的创意点，并提交给研发部进行技术研讨

下面以电视机上的硬件加密 USB-KEY 产品调研为例进行说明。初期我们通过内部讨论和头脑风暴，确定目标人群，并设计大量问题来引导用户表达他们的需求和期望。例如，“您不在家的时候，会担心孩子私自打开电视吗？”“您觉得孩子长时间看电视有什么危害？”“您有没有尝试过什么办法让孩子少看电视？”“您认为现在适合孩子观看的电视节目有哪些？”“放假的时候，你通过什么方式使孩子获得更多的教育？”“如果有个工具可防止孩子私自打开电视，您会考虑使用吗？”同时，在设计问题大纲时，我们应尽量从正面角度进行讨论，比如：“如果此工具可以帮助孩子学习唐诗、了解生活常识，还可以开展智力竞猜，增加知识，您会使用？”“如果此工具可以限制孩子只能看动画频道，您觉得怎么样？”“如果此工具能自动提醒孩子看一段时间电视后适当休息，您觉得如何？”“您

认为这个工具的内存空间多大比较合适？”“您对这个工具的外形有什么要求？”“您觉得使用什么材料比较合适？”“您认为这个电子工具的价格在 X 元左右是否合适？”“您觉得怎样的操作方式比较简单？”等。在设计问题时，先累计提出 20 个问题，然后再从中筛选出 10 个最具针对性的问题。

在选择深访人员时，建议寻找对行业比较熟悉、关注相关需求的从业人员，如设计师、客服、导购员、业务员等。这些人员具有丰富的行业经验和用户洞察能力，能为我们提供有价值的反馈和建议。在访问过程中，要注重提问的技巧和方式，尽量采用开放性问题，引导用户自由表达他们的想法和感受。同时，还要做好访问内容的记录和整理工作，确保信息的准确性和完整性。如果是电话访问，最好对访问过程全程录音；如果是现场访问，则需要两人配合，一人提问，一人记录，也可以进行现场录音，以便事后对访问进行复盘和分析。

深访完成后，我们需要对收集到的信息进行整理和分析。这时可以用 BSA 方法整理和分析用户需求，BSA 分别指的是基本需求（B）、满意需求（S）和吸引需求（A）。表 4.7 为 BSA 方法的描述和示例。通过这种方法，我们能够更清晰地了解用户的真实需求和期望，为产品的创新和发展提供有力支持。

表 4.7 BSA 方法的描述示例

类型	描述	举例
B	必满足的基本需求，改良后不会给用户带来惊喜，去掉则会令用户不满	将电视机上的 1 个 HDMI 接口改为 2 个时，用户无感，但是如果去掉该接口，客户会不满
S	不被满足时不令客人厌烦，满足时会受到客户欢迎	将电视机按键改为“触摸式”按键
A	潜在的、能吸引客户产生购买欲的需求，有客户期望之外的兴奋点	增加 KTV 包厢点歌的功能

在表 4.8 中，按照 BSA 方法对 USB-KEY 产品的需求进行了全面梳理，并基于硬件产品经理的经验，为每个需求确定了等级。具体来说，对重要性不是很高的需求一般赋予的优先等级为 2 或 3，比较重要的需求则赋予优先等级 4，而对于那些能够引发客户兴趣、显著提升产品吸引力的需求，可以赋予最高优先等级 5。

表 4.8 梳理 USB-KEY 产品的需求

功能	功能细分	需求分类	优先等级	价值体现 / 利益所在
保密	保密设置应具有易操作性	S	2	产品使用更科学
	界面要简洁、时尚	B	3	提升产品外观吸引力
	操作系统要稳定	B	4	质量有保证

续表

功能	功能细分	需求分类	优先等级	价值体现 / 利益所在
教育	有带声音的唐诗、宋词	S	4	产品附加值更高
	有智力竞猜互动游戏	S	5	
	有英语口语练习	A	5	
	有语文、数学试题练习	A	5	
存储	固化程序稳定	B	3	产品使用更科学
	可进行基本的图片、音乐存储	B	2	有基本使用价值
	有时间记忆、存储功能	S	2	
其他	有定时提醒功能	S	3	

随后，我们进一步梳理结论和建议，形成完整的需求包。在整理过程中，我们既可以按照需求的类别进行分类整理，也可以依据需求的重要性从高到低进行排序。这样的整理方式使得需求包更加清晰、有序，便于后续的产品规划和改进工作。具体的需求包整理如表 4.9 和表 4.10 所示。

表 4.9 需求包整理（按需求类别分类）

产品的功能和关键点	需求分类	负责人员
造型	市场需求	业务经理（或导购员 / 推广员）
保密功能		
成本的估算		
内存空间		
易操作性		
时钟功能		
使用寿命	测试需求	质量工程师
不出现尖锐边角		
插口处衔接稳固		
固化除程序以外的内容设定	制造需求	生产线技术专员
插入电视后的界面设计		
产品功能更新为第二代	服务需求	售后服务经理

表 4.10 需求包整理（按需求的重要性分类）

产品的功能和关键点	需求分类	负责人员
造型	用户需求	客户经理负责（或者导购员）
保密功能		
内存空间		
易操作性		
时钟功能		

续表

产品的功能和关键点	需求分类	负责人员
使用寿命	技术需求	制造部经理
不出现利边利角		
插口处衔接稳固		
固化除程序以外的内容设定		
成本的估算	业务需求	业务经理
产品功能更新为第二代		
插入电视后的界面设计	功能需求	生产线技术专员

4.3.3　尝试去做用户洞察

探寻用户的潜在需求，仅依赖直接询问或表面观察是远远不够的。仅通过收集表面的反馈和做出简单的判断，并不能深入了解用户的潜在或真实需求。我们需要从更深层次的视角出发，去挖掘用户的真实需求。

要真正洞察用户，我们应当细心观察并记录用户的生活习惯，深入理解用户的使用场景，并进一步探究他们的真实需求。然而，在调研过程中，我们面临一个关键挑战：如果硬件产品经理与用户群体存在文化或生活方式差异，那么理解不同人群的文化和规则将变得尤为困难。这时，硬件产品经理需要亲自体验用户的生活，或者委托具有类似特征的人去体验和理解用户，以缩小这种认知差距。

从主要关注产品的功能，转变为更加关注产品与服务为用户带来的情感体验，是把握用户需求特征的关键。生活中的文化习俗和行为规则往往深藏在细节之中，只有真正融入其中，才能洞悉其本质。

在条件允许的情况下，硬件产品经理可以先尝试进行产品的小范围试销。如果试销效果理想，再进行大规模推广。即使硬件产品经理认为自己发现了一个绝佳的潜在用户需求，也不应急于全面更换产品，而是应该先进行 1～2 次用户调研，并回访已经使用过产品的用户，了解他们的使用体验和反馈。如果效果达到预期，那么再进行推广也不迟；即使失败，损失也会相对较小，并且可以从失败中吸取教训，持续改进产品。因此，对新概念硬件产品来说，试销并针对消费者反馈进行研究是非常重要的。

此外，一个常被忽视的日常工作是，硬件产品经理应每天体验自己的产品，并从用户的角度不断思考和分析。一旦有了好的想法或观点，应尽快跟用户沟通，验证其可行性，然后进行有针对性的分析和研究，最终推动产品的策划或改进。这样的做法不仅能够使我们更加贴近用户需求，还能为产品的持续优化提供有力支持。

4.4 产品调研

作为合格的硬件产品经理，前期的产品调研工作至关重要。一般而言，硬件产品调研主要涉及以下两个方面。一是针对新产品研发的调研，旨在为新产品的研发启动提供决策依据；二是针对研发过程中遇到的问题进行调研，旨在寻找解决方案以推动研发顺利进行。在研发过程中，我们可能会遇到各种技术难题或市场挑战，此时就需要通过调研市场上的相关产品来寻找解决方案，从而顺利推进研发进程。这两个方面相辅相成，共同构成了硬件产品调研的核心内容，为产品的成功研发和市场推广奠定了坚实的基础。

4.4.1 新产品研发调研

新产品研发调研的方法众多，有些方法操作简单、反馈迅速，能深入贴近用户，但调研过程容易出现偏差。下面分别从调研方和被调研方的角度进行反思，并提出改进建议。

1. 调研方视角

在设计调查问卷时，我们有时会不自觉地设置一些引导问题，这看似能获取我们想要的“调研真相”，实际上却偏离了真正的用户需求。这种先有结论再进行调查的方式是候补式调查的典型表现。在进行用户调研时，我们应秉持客观、谨慎的态度，避免设置引导性问题，确保调研结果的准确性。

2. 被调研方视角

我们将被调研方（用户）分为 3 种类型，如表 4.11 所示。其中，积极反馈的意见领袖虽然占比最少，但他们乐于分享需求，对产品的期望也较高。他们所提的功能建议，可能并非主流用户需求，但硬件产品经理可以从中汲取灵感。

表 4.11 被调研方分类

类型	特点
意见领袖用户	热衷于探索新玩法和新功能，并提供各种体验反馈、意见和建议。期待有定制化、个性化的产品。这类用户所占的比例小，但非常活跃，在公司的产品发布会上经常可以看到这类用户
主流用户	这类用户占比高达 80%。平常基本上只使用几个核心功能，一般也不怎么抱怨功能的好与坏，只是默默接受
浅尝辄止用户	如果学习成本足够低，这些用户仍然愿意使用新功能。他们的占比比意见领袖用户多，但仍是少数

在获取调研报告或用户反馈时，我们需明确被调研方的类型，并深入探究这些需求是否为核心需求。常用的调研方法主要包括访谈法、问卷调查法、差评分析、利用平台数据统计工具获取关键信息，以及运用移情图分析等。

（1）访谈法

访谈法主要用于精准定位用户的痛点或痒点，访谈形式包括公众式团体（如焦点小组）访谈和老友式 1 对 1 访谈等。访谈法可以帮助我们深入分析用户的使用轨迹，明确使用场景，进而理解用户需求。图 4.12 展示的是焦点小组访谈操作要点，焦点小组（Focus Group）作为一种有效的访谈形式，能够衡量消费者对产品和服务的看法和态度，为需求定义提供重要参考。然而，需要注意的是，焦点小组属于定性研究，研究结论应当被视为初步见解，非唯一决策依据，还需结合其他方法进行综合分析。

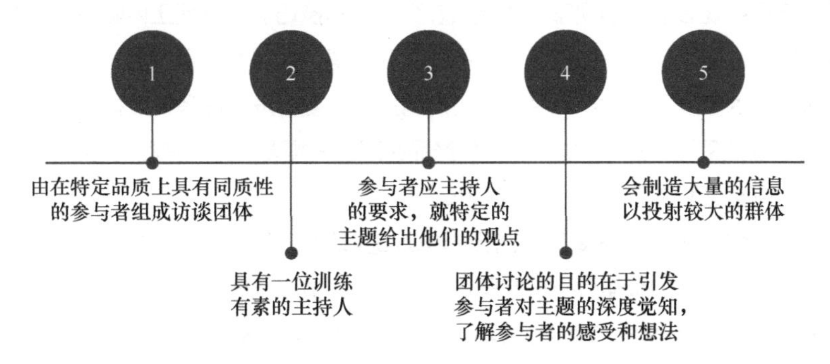

图 4.12　焦点小组访谈操作要点

（2）问卷调查法

问卷调查法主要用于验证已发现的痛点及产品功能。为确保问卷的有效性，问卷样本应足够多，按业内惯例通常建议不少于 800 份。利用网上销售后台的客户管理功能，可以更方便地进行问卷调查。在设计问卷时，应明确目标用户的特点，并将其转化成可考察的对象。同时，对于想要排除的群体（比如对行业了解过多的人），也应做相应的处理。若缺乏追随者或用户，可借助诸如问卷星等小程序发布调查问卷。调查问卷给出的问题应精简，具有逻辑性，且针对性强，并可适当设置小奖励以提高用户参与的积极性。

（3）差评分析

差评分析是洞察用户对产品不满的重要途径，它可助力硬件产品经理深入剖析用户的负面反馈，从中汲取宝贵的经验、教训，以推动产品改进。鉴于消费者往往依据其他买家的亲身体验来快速做出购买决策，且市场上充斥着大量新鲜且重要的即时产品评价、服务反馈和体验分享，这激发了更多人参与评价的热情。通过细致分析这些差评，我们能够全面把握自身产品与竞争对手的差距及各自的优势与不足，从而为产品优化提供有力依据。

（4）利用平台数据统计工具获取关键信息

在网上销售产品的过程中，天猫、京东等电商平台所提供的数据统计工具成为了获取行业趋势、用户画像以及价格分布等关键信息的宝贵渠道。这些数据对于产品定义阶段具有极高的参考价值，能够帮助我们更精准地定位产品，满足目标市场需求。

（5）运用移情图分析

尽管移情图（Empathy Map）在国内的应用尚处于起步阶段，但其在描绘用户角色、促进团队间有效沟通以及直接从用户端收集关键信息方面展现出了独特的价值。作为一种高效的用户需求探索工具，移情图能够帮助我们更深入地洞察用户的内心世界，如图 4.13 所示。通过移情图，我们能够直观地把握用户的核心需求与痛点，为产品的设计与优化提供坚实的数据基础和深刻的洞见。

硬件产品经理必须精通观察、体验和感受生活的技巧。只有真正体验并注意到生活的种种细节时，才能深入思考如何通过产品让生活变得更加美好。在产品研发过程中，同理心是不可或缺的要素。硬件产品经理应当从用户的角度出发，思考什么样的产品才会吸引他们购买。为了深入理解用户需求，硬件产品经理首先需要成为用户和消费者，只有这样，才能洞察用户愿意为产品付费的根本原因。

在制作移情图之前，开展深入的用户访谈和实地调研是至关重要的环节。这些工作将为硬件产品经理后续的策略分析奠定坚实的基础。移情图能够将用户在访谈中的言行举止进行系统化的整理和分类，帮助我们深入挖掘用户的真实需求。

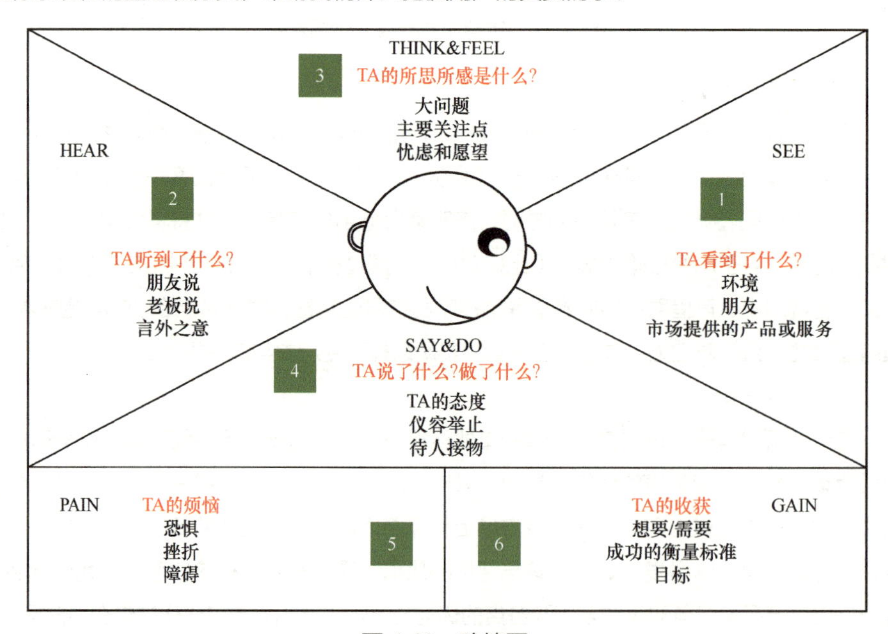

图 4.13　移情图

下面详细介绍一下移情图。我们将移情图划分为 6 个象限，每个象限都有其独特的含义：HEAR（听到）代表用户的声音和反馈；SEE（看到）描绘用户所见的环境和场景；THINK&FEEL（所思所感）揭示用户的内心想法和情感；SAY&DO（说和做）展现用户的言行举止；PAIN（烦恼）揭示用户在使用产品或服务的过程中遇到的痛点；GAIN（收获）则反映用户通过产品或服务获得的满足和收益。

为了更好地运用移情图，我们可以针对这 6 个部分提出一系列问题，表 4.12 为根据移情图提问的示例。这些问题将引导我们深入思考，帮助我们更加全面地了解用户需求。

表 4.12　根据移情图提问示例

项目	具体阐述
看到	描述客户在 TA 的环境中看到了什么： 环境看起来如何？谁在 TA 周围？谁是 TA 的朋友？ TA 每天接触什么类型的产品或服务（相对于所有市场产品或服务）？ TA 遇到的问题是什么
听到	描述客户所处的环境是如何影响客户的： TA 的朋友说什么？ TA 的配偶、老板呢？谁能真正影响 TA？如何影响？哪些媒体 / 渠道能影响到 TA
所思所感	设法描述客户想的是什么： 对 TA 来说，什么是最重要的（TA 可能不公开说）？什么能感动 TA？什么能让 TA 失眠？尝试描述 TA 的愿望 / 梦想
说和做	想象客户可能会说什么或者在公开场合可能的行为： TA 的态度是什么？ TA 会给别人讲什么？要特别留意客户所说与 TA 的真实想法和感受之间的潜在冲突
烦恼	客户的痛苦是什么： TA 最大的痛苦是什么？在达到 TA 的需求之前，还存在哪些障碍？ TA 害怕承担的风险有哪些
收获	客户获得了什么： TA 真正想要和希望达到的目标是什么？ TA 如何衡量成功？猜想一些 TA 可能用来实现目标的策略 / 方法

硬件产品经理可以携手团队成员共同围绕这 6 个部分进行头脑风暴。集思广益，将团队头脑风暴中产生的关键词以直观且易于理解的可视化形式展现出来，并进行归类整理。图 4.14 为头脑风暴与移情图的结合示例。

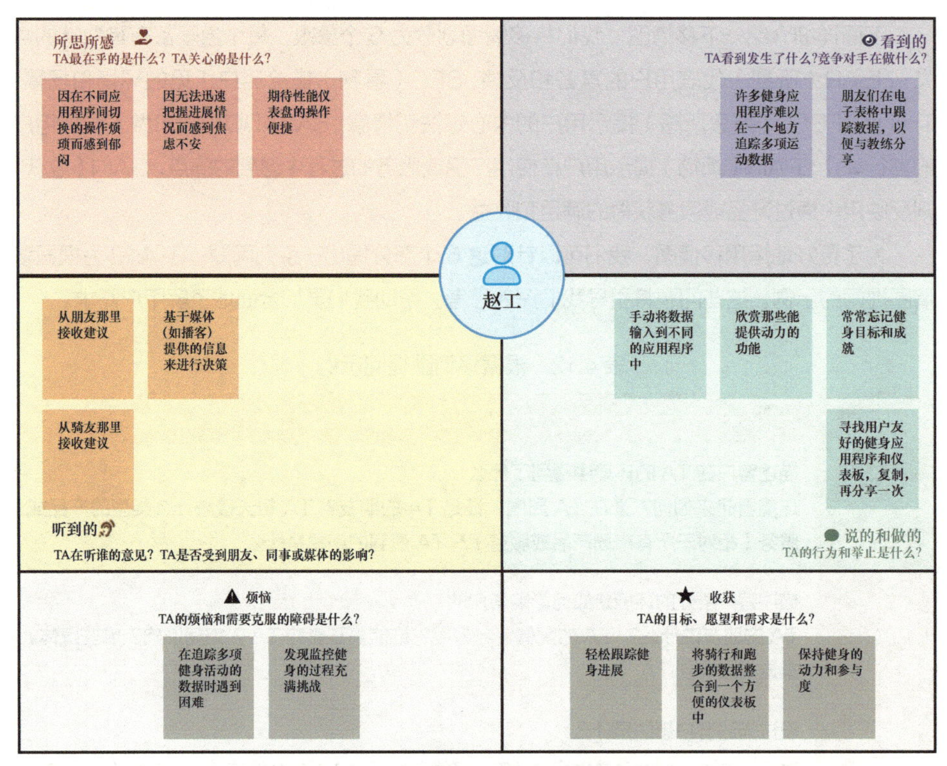

图 4.14　头脑风暴和移情图的结合示例

4.4.2　针对研发过程中遇到的问题进行调研

针对研发过程中遇到的问题进行调研，其目的是寻找解决方案以推动研发顺利进行。下面以智能电视研发过程中的一个具体问题为例来进行说明。

假设我们作为电视机厂商当前面临的问题是客户对电视机液晶显示屏（简称液晶屏）的显示效果不满意。液晶屏的显示效果受供应商选择和成本控制两大因素制约。我们希望以最低的成本满足客户需求，但在研发过程中发现，低成本方案往往难以满足客户需求。因此，在控制成本的前提下，如何对方案进行优化变得至关重要。硬件产品经理需要针对这一问题，对市场上的同类产品展开详尽的调研工作。

硬件产品经理对现状进行了深入分析。通过与客户的沟通及公司内部屏幕专家的评估，硬件产品经理确定了显示屏存在的问题主要是黑色不够深邃，且对比度不高。然而，客户对于自身期望的具体描述往往较为宽泛且模糊，难以直接指导研发工作。为了打破这一困境，硬件产品经理需要引导客户更准确地描述他们的需求，并据此进行相应的研究和分析。

如何引导客户呢？这里给出以下两种方式。

- 通过对比不同参照物，引导客户明确指出他们希望显示屏的效果与哪个产品相似，或者比哪个产品更好，又或者比哪个产品稍微差一点也能接受。
- 鼓励客户提供具体的参数指标。虽然大多数客户不具备这方面的专业知识，但若能够提供具体的参数要求，无疑将极大地简化我们的研发流程。

显然，上述第一种方式更为简单、直接。在这一过程中，硬件产品经理需要引导客户挑选出他们心中较为满意的显示屏，并以此作为调研工作的基石。此外，客户选择的参照屏也将成为我们调研的核心对象。

下面将详细展示后续的调研步骤。这次调研旨在深入了解客户对屏幕显示效果的具体要求，以及现有市场上的产品是否能满足这些要求，从而为我们后续的研发工作提供宝贵的启示和思考。

1. 亲身到市场感受几款屏幕间的差异

此次市场调研邀请公司内部的屏幕专家一同参与，以确保评估的客观性。专家为我们指明了对比的关键要素，比如亮度、色彩、分辨率等，帮助我们更清晰地识别各款屏幕间的细微差别。这不仅为我们后续选择屏幕提供了有力依据，更让我们深刻认识到，屏幕与屏幕之间最明显的差异在于表现真实色彩的准确性。这种准确性是多个参数综合作用的结果，不能单凭某一参数来衡量。经过实地调研，我们进一步明确了客户的需求——他们追求的是逼真的显示效果，即能够真实还原效果图中的每一个色彩。

2. 提供与产品调研相符合的样品

除了用户指定的参照物，我们还联系了合作的屏幕供应商，并根据前期的调研结果向他们提出具体的样本需求。不同的工艺、材料和设定参数搭配，会显示不同的效果。为了确保样品的准确性和多样性，我们与供应商进行了深入的讨论和细致交流，最终确定了 3 款不同组合搭配的样品。这些样品不仅涵盖了客户关注的各个方面，还结合了我们内部对竞争力的评估。我们内部选定的 3 款样品加上客户之前选择的两款显示屏（较为满意的显示屏和参照屏），现在共有 5 款样品供客户进行全面的比较和选择。

3. 筛选

在确定了样品后，我们将进入更为细致的筛选阶段。为此，我们将这 5 款屏幕展示于同一现场，随后邀请用户（如果没有用户，则由内部小组成员代替）共同参与对每款屏幕的详细评估，并给出分数。我们将依据具体情形选择累加或加权累加的评分方式。我们主要基于客户关心的几个关键效果来评分：黑色效果的表现；颜色过渡的流畅度；高阶灰的表现力。经过这一轮严格的筛选，若我们的样品得分名列前茅，那就意味着它们与用户的期望高度契合，那么我们就可以作出最终决策了。

4. 沟通和调整

针对高分样品进行微调，力求更贴近客户需求，甚至超出用户的预期。这标志着项目取得了阶段性成果。

当然，以上只是调研进展顺利的情况，如果进展不顺利，比如第一轮筛选我们的样品得分不高，又或者调研的准确性不够高，作为硬件产品经理，该如何应对呢？下面来看看。

1）若第一轮筛选自己的样品得分不高，该怎么办？

如果在首轮筛选中自己提供的样品得分不高，未能入选，须冷静分析原因，改进策略，进一步与用户进行沟通并微调。若微调后用户的需求仍未得到满足，则要考虑市场调研结论是否存在偏差。此外，硬件产品经理的团队需对供应商提供的样品进行审慎评估，确保样品质量接近甚至超过用户的期待。在此过程中，应积极邀请用户参与研究，对每一个决策进行详尽的讨论，并给出明确的结论。

如果即便如此仍无法满足客户的需求，那么可能需要考虑适当地增加成本以满足用户需求。在做出这一决策时，硬件产品经理应向上级汇报成本增加的情况，并通过积极的沟通让用户理解并接受这一调整，从而推动项目顺利开展。

2）如何提高调研的准确性？

这主要依赖于硬件产品经理的专业素养和能力。硬件产品经理应持续学习，不断扩充自己的知识储备。虽然不必对每个领域都深入研究，但至少要勤于向其他专家请教，有效地从他们那里获取帮助。在此过程中，提问的技巧尤为重要。通过提问，硬件产品经理可以更清晰地认识到自己在哪些方面存在不足，进而更有针对性地寻求解答。这些技能的提升都建立在广泛而扎实的知识基础之上。硬件产品经理通过这一系列的努力，将能够更好地开展市场调研工作，为公司的战略决策提供有力支持。

4.5 数据分析

在探索用户需求时，数据分析相较于用户研究，往往能揭示出更为理性且可靠的用户需求。若将用户调研视作定性分析，那么数据分析则无疑是定量分析的重要工具。互联网大数据擅长从数据层面洞察问题，而工业大数据则更倾向于从价值和功能层面进行深入剖析。因为很多时候，用户表达的只是他们内心的渴望，而非真正的需求，而用户行为则能真实反映他们的实际需求。接下来，我们深入探讨数据分析的流程（如表 4.13 所示）。数据分析与产品定义、研发及运营紧密相关，其目的是让数据真正指导产品的需求管理。

表 4.13　数据分析流程

环节	具体行动
明确分析目标	明确分析目标，拆分要点，辨别分析方向
数据收集	通过互联网、市场调查、走访、第三方公司、爬虫、“间谍”等收集
数据处理	数据筛选、数据转化、数据提取、数据统计
数据分析	通过统计分析发现数据内部的规律和关系，为解决问题提供参考
数据展示	以可视化的方式清晰地表达发现的规律和关系
报告输出	具有清晰的分析逻辑和框架，以及清晰的层次，可阅读性强；有明确的结论；提出建议或解决方案

与用户调研和竞品分析相比，数据分析展现出更高的有序性和系统性，以下 3 点在数据分析过程中尤为关键。

- 确保数据的真实性、准确性和完整性。必须向数据收集或挖掘人员及业务操作人员明确说明数据分析的目标、数据的范围及统计口径。另外，计量与记录是数据的基石，它们共同确保数据的可靠性。
- 处理数据前务必备份，以防数据丢失或被篡改导致无法验证。这一点对于硬件产品经理来说尤为重要，需倍加注意。
- 避免从结论出发寻找数据。从海量数据中提炼出令人信服的结论并非易事，但为特定结论拼凑数据却相对简单（尽管这样的数据往往缺乏说服力）。因此，在进行数据分析时，保持客观和科学的态度是必须坚持的原则。

4.6　需求分析

需求分析是硬件产品经理日常工作中基础又重要的事情之一。产品的核心价值在于满足用户多样化的需求。为此，硬件产品经理应制订获取需求的中长期规划，从深入了解公司产品入手，亲身参与产品的整个研发与生产过程，以便洞悉产品各组件的构造和功能。更为重要的是，需要与用户建立深厚的情感联系，深入理解产品的核心功能，并明确这些功能如何切实、有效地解决用户的实际需求。

除了关注产品本身，硬件产品经理还需将视野拓宽至整个市场环境，全面了解当前市场现状及竞争对手的产品动向。硬件产品经理必须具备撰写产品体验报告的能力，通过文字梳理思路，使自己的想法更系统、条理更清晰。

需求分析是一个多维度、综合性的工作，它涉及需求的来源识别、收集、分析、选择及归纳等多个方面。为了更有效地管理来自不同渠道、不定时且不定量的需求信息，我们需要构建一个系统的解决方案。在这里我们将需求的来源、分类以及状态等称为“需求集”。对于硬件产品而言，对具体需求进行详尽阐述尤为关键。表 4.14 展示的是智能电视的需求集。

表 4.14 智能电视的需求集

**** 智能电视的需求集	
来源	**用户反馈、销售人员反馈、技术研发人员的建议、生产反馈、管理人员反馈等**
分类	**用户体验、工业设计、结构、工艺、功能、生产、测试、物流等**
状态	**正在进行、已完成、已被批准、被部分接纳、被拒绝、已废弃、已删除等**

4.6.1 获取需求的 7 个来源

获取需求主要有用户反馈、销售人员（运营人员）反馈、技术研发建议等 7 个来源。

1. 用户反馈

为了获取用户的第一手需求反馈，硬件产品经理应深入产品使用的最前线，亲自倾听用户的声音，观察其实际使用场景。通过换位思考和对用户的深入理解，设计更优质的产品，从而激发用户积极参与调研和反馈。相较于仅依赖市场部转述的反馈，硬件产品经理应更重视原始信息（来源于用户）的准确性和专业性。

2. 销售人员（运营人员）反馈

线下门店的导购顾问、网店的客服在销售过程中遇到的问题，以及他们对竞品的观察和感受，都是宝贵的需求来源。

3. 技术研发建议

ID 工程师、结构工程师、硬件工程师、嵌入式工程师等技术人员能从专业角度提出深入建议。如何梳理各方面的意见与建议，并根据实际项目进度进行协调，就需要硬件产品经理来统筹了。

4. 生产反馈

作为硬件产品独有的需求来源，生产反馈来自生产部主管、线长或项目经理等，涉及加工、装配、测试等生产环节。

5. 用户研究和产品分析

通过用户研究、竞品分析、产品数据分析及头脑风暴和研讨等方式，提炼、细化产品用户需求或提出建议。

6. 运用 PEST 分析法研究

运用 PEST 分析法，从政治、经济、社会、技术 4 个维度出发，结合行业竞争和社会发展，提炼产品诉求等。

7. 管理人员反馈

团队直接汇报人、产品总监、营销总监、总经理、总裁、董事、CEO 等高级管理人员有着丰富的行业经验，他们的反馈能为产品设计研发提供宝贵建议。

4.6.2　各级别的硬件产品经理获取需求的途径

不同级别的硬件产品经理会接触到不同的需求获取途径，如图 4.15 所示。随着职位的提升，对硬件产品经理个人能力的要求也会逐步提高。

对于助理级硬件产品经理来说，获取需求的主要途径是上级 / 领导的指示，这更多是被动地接受任务，即已经明确了具体的工作内容和方向。此外，通过主动的体验和领悟，也能提出改进建议或捕捉到创意点子，尽管这一过程可能会遭遇高级别硬件产品经理的质疑，但不要灰心，这是成长的必经之路。

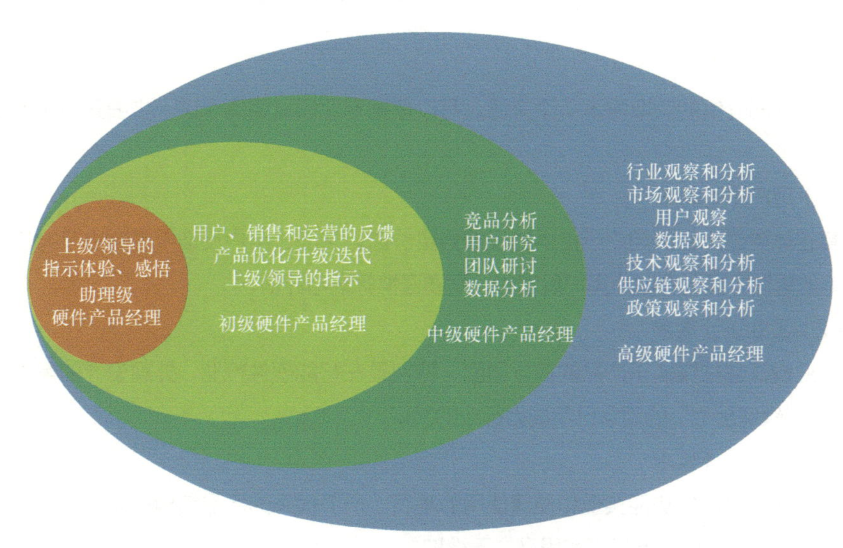

图 4.15　需求获取的途径

初级硬件产品经理除了依赖上级 / 领导的指示，还会关注产品的优化 / 升级 / 迭代等需求，以及来自用户、销售和运营团队的反馈等。在这个成长阶段，初级硬件产品经理需要深入理解需求的来源和细节，并跟踪需求的实现过程。面对高层或领导提出的明确需求，即便偶尔存在理解上的偏差，初级硬件产品经理仍应全力以赴去执行。随着对产品和需求的理解日益深刻与全面，领导者也将更加开放地与他们沟通和分享深层次的考量，届时，初级硬件产品经理往往能更深刻地领悟高层或领导的初衷与战略意图。

中级硬件产品经理在获取需求时，会更多地运用竞品分析、用户研究、团队研讨和数据分析等方式。中级硬件产品经理需要运用自己的专业知识和分析能力，探索用户真正的需求，以便指导设计和研发产品，进而提升产品的性能和整体竞争力。在这个过程中，中级硬件产品经理需要具备对需求有更深入、全面理解的能力，能够主动挖掘需求并基于特定的维度去分析用户，将用户需求精准转化为产品功能和价值。

高级硬件产品经理在获取需求时，拥有更为广泛且深入的途径，他们不仅关注行业前沿趋势、市场动态变化、技术革新进展以及宏观政策调整等外部因素，还高度重视用户直接反馈与数据分析结果。在这一层次，他们需要全面审视行业发展路径、竞争格局演变以及公司自身的战略蓝图，为产品或整个生产线的长远规划提供富有前瞻性的决策依据。在产品管理与规划方面，高级硬件产品经理更加注重产品的商业化潜力、构建产品壁垒的策略，以及如何在公司整体产品矩阵中精准定位新产品，以实现最佳的市场布局。在将广泛收集的需求转化为具体产品功能定义的过程中，他们往往会委托助理或初、中级硬件产品经理承担细致的转化工作，而自己则聚焦于把握需求背后的核心驱动力与价值主张，同时深入分析行业竞争态势，确保产品策略能够精准应对市场挑战，引领行业发展方向。

1. 需求分类细化

基于前面介绍的获取需求 7 个来源，可以依据专业领域将需求进一步细分为如下十大类别。

（1）用户体验需求

真正体验过产品的用户所提供的反馈最具价值。然而，用户反馈中有时也可能包含不切实际的想法，因此在收集用户反馈时，需要谨慎筛选与评估。

（2）工业设计需求

工业设计往往聚焦于产品的美学层面，特别是在智能硬件行业，外观设计的重要性日益显著，“颜值至上”的观念已然成为行业的共识。

（3）结构设计需求

产品结构是产品功能实现和便捷使用的基石。一个优秀的产品结构应兼顾功能性与用户操作的便捷性，确保产品既实用又易于维护。

（4）制造工艺需求

制造工艺直接影响产品的质量和成本。从设计图纸到零部件加工，再到成品组装，每一个环节都需要精湛的工艺，比如精密加工、高效装配等。

（5）功能需求

功能需求指的是产品需满足用户特定需求的各项功能点，包括软件功能（比如 OTT 点播）与硬件功能（比如设备的 I/O 接口）等，是产品核心竞争力的体现。

（6）生产流程需求

生产流程涉及产品在生产线上的流转全过程，包括组装和部分质量检测。高效、流畅的生产流程对于保证产品品质和交货期至关重要。

（7）测试需求

测试是确保产品质量的关键步骤，包括出货前的检测和研发新功能时的测试。对此，将在后续介绍 PRD 时详细说明。

（8）物流需求

物流环节关系到产品能否顺利送到用户手中，所以非常重要。在产品运输过程中，需要综合考虑堆叠高度、栈板使用、运输路径的选择及路况等因素，确保物流运输顺畅无阻。

（9）营销需求

在营销推广中，需要精心策划品牌形象塑造与产品差异化策略，以吸引更多潜在用户关注。

（10）销售需求

销售环节是将产品转化为收益的关键。这通常涉及产品的成本控制和供应链的管理，比如销售部门指定使用 IPS 硬屏（一种液晶显示屏技术）可能会增加供应链管理和成本控制的难度，需权衡利弊后做出决策。

2. 影响用户体验的三大要素的变化

用户在特定场景下使用产品时，时空、用户和进程这三大要素的变化会显著影响产品及用户体验。以电视机行业为例，近两年来，UI 设计趋势已逐渐转向“方块式”风格。这一变化源于使用场景的变迁：当用户使用遥控器进行盲操作时，传统的细致提示已不再适应快速、准确选择内容的需求。因此，为了匹配快速选择电视节目的场景，更直观便捷的“方块模式”应运而生。

硬件产品和使用场景紧密相连，不同场景对产品的要求各异。因此，在进行需求分析时，我们必须深入考虑时空、用户和进程对产品的全方位影响，并制订相应的策略。

（1）时空

时空指的是时间和空间。时间和空间的变化直接影响产品的使用，时间不仅影响用户的生理、心理和行为状态，还涉及环境温度、湿度和光线等自然条件的变化。在需求分析中，我们可以基于时间维度构建模型，详细设定不同时间点的各种客观和人为因素及其比重。比如，考虑用户初始观看电视与持续观看一小时后色彩感知的变化，或者考虑是否需要设计观看时长的提醒功能等。空间则包括物理环境（如房屋、桌面、地面等）和自然环境（如温度、湿度、烟雾、风、光、空气等）。产品的使用环境和条件对其设计和性能有着决定性影响。比如，在中国东北等寒冷地区，电子产品需考虑电池性能和材料耐寒性问题；而在中国南方等炎热地区，则需关注电子元器件的散热和材料耐热性问题。曾有案例显示，在电视机的运输过程中，因夏天温度过高而导致机壳变形，影响了用户体验。

（2）用户

对于一些特殊用户群体，比如老年人和儿童，其认知能力和操作能力与成年人有所不同。因此，设计面向这类用户的产品（如专为儿童和老年人设计的电视遥控器）时，需要注重直观性和易用性。例如，通过设计功能明确、图标醒目的按键简化操作流程，消除复杂的组合键或特殊模式，确保用户轻松上手。

（3）进程

同一产品在不同的使用阶段会有不同的运行需求。比如，观看电影和电视剧时对电视机的亮度和色温有着不同的需求。现在先进的智能电视已能够根据观看场景智能调节亮度和颜色。无论是观看体育赛事、电影，还是新闻节目，智能电视都能自动切换到最适宜的模式，以优化用户体验。观看流程中的众多因素都可能成为产品设计的需求点。在智能电视的使用场景中，观众、操作方式、观看模式及内容来源等都会影响观看体验，这些因素都需要在设计产品时考虑。比如，用户可能希望根据内容自动切换观看模式，这涉及内容的选择和设定。然而，由于内容种类繁多，电视机可能无法完全自动适配，因此用户手动控制的需求随之产生，进而引发电视机与其他控制设备的交互需求。现代智能电视相较于传统电视增加了更多高级控制功能，不同的进程和需求无疑对产品设计提出了新的挑战，而进程分析的关键就在于将这些复杂因素转化为产品设计需求。

3. 用户需求分析的两个核心维度

面向用户的研究聚焦于最终使用产品和操作的用户，他们同时也是产品的直接购买者，在业界常被称 B2C 或 To C（简称 2C）。由于每位用户都具有其独特的个性和需求，研究用户变得尤为复杂。2C 产品一般以满足典型用户的潜在需求为宗旨。那么，用户基于何种考量选择我们的产品？哪些功能对他们而言是至关重要的？这些功能又该如何有效地组织起来？在用户需求分析的过程中，需要警惕诸如自以为是地臆测用户需求或者忽视用户对未来的洞察等常见误区。这些往往是导致项目失败的关键因素。成功的产品需求应精准把握用户和组织的需求并在需求分析过程中促进两者实现融合与平衡。我们应警惕过度依赖内部分析产生的臆测性需求（即我们认为用户可能想要的需求），而应更多地依赖根据终端用户的实际需求进行深入研究所获得的数据（即用户真正需要什么）。

前文提及的访谈、问卷调查等调研方法，对深刻理解用户需求至关重要。同时，针对现有产品的评估与竞品测试同样能揭示当前解决方案的优劣，为新设计提供有价值的参考。我们致力于将用户实现目标的完整路径可视化，精准定位改进点，从而构建全面的用户画像。这一画像涵盖用户与产品 / 服务的所有接触点。

硬件产品经理深入分析用户使用过程，旨在探索产品功能如何更好地支持用户便捷操作。在设计初期，若产品经理已具备类似用户的洞察和反馈，或亲身体验过相关产品，将能更精准地定位需求。2C 产品虽以满足典型用户潜在需求为目标，但即便产品上市，持续挖掘这些需求仍至关重要。尽管用户可能难以明确表达需求，但他们的行为却会真实反映产品的优劣。

一般而言，2C 产品的市场规模较大，单价却相对较低，这与 B2B（企业对企业）或 To B 产品形成鲜明对比。从用户体验角度看，2C 产品需降低用户的学习成本和使用门槛，提供便捷服务。从需求研究角度看，由于用户对产品更为敏感，硬件产品经理在进行需求研究时应采取更灵活的研究路径。消费者在行为上可能表现出一定的不真实性，因为思考过程可能会产生压力。通常，人们只有在承受较大压力时，才会更加严格地遵循自己的社会角色。因此，在设计满足用户需求的产品时，我们应该努力减少用户的压力，以促进更真实的用户行为。基于这一认识，2C 产品的设计通常会以特定使用场景为出发点。在早期的用户界面设计阶段，收集关于典型用户的行为特征、使用习惯、任务流程和目标具体且详尽的数据尤为关键，这些信息对于打造符合用户实际需求的产品至关重要。我们围绕核心需求构建解决方案，并以此为中心自然拓展其他功能，这种拓展策略被称为“突破点”。在确保核心功能稳定的同时，我们也追求人性化的体验，并深入考虑用户体验的峰值和终值。从欲望角度来看，2C 产品不仅能满足实用功能，还有可能超越此范畴，如名牌手表和奢侈品手提包，它们通过高价和稀缺性展示个人身份，满足人们的虚荣心。从销售角度看，2C 产品依赖渠道和平台进行营销，售后和运营相对简单，因此硬件产品经理在进行需求研究时可能较少获得内部销售伙伴的支持。

在智能电视的音视频内容运营中，“千人千面”的理念被广泛提及，旨在为每个用户呈现最符合其需求和兴趣的内容。然而，在硬件行业实现这一理念却充满挑战。在硬件产品研发过程中，我们常通过深入剖析特定用户群体的需求和特点，来设计满足大多数人需求的产品。对 2C 产品的用户需求分析涉及多个维度，包括基本的人口统计特征、文化背景、社会地位、性格特点、消费能力及人性因素等。尽管无法一一详述这些维度，但我们可以从以下两个方面来简要分析。

（1）用户广度与使用频率

在评估硬件产品需求时，我们首先考虑的是需求的受众范围，即用户广度。由于硬件产品需要用户承担实际购买成本，因此小众需求往往难以激发广泛的购买意愿。

在分析需求时，我们必须仔细评估目标用户群体的广泛性，以确保产品的盈利能力。若用户广度不足，未来销售数量可能会受限，进而影响盈利，甚至可能导致研发成本无法收回。同样，使用频率也是一个重要考量因素。高频次使用意味着用户对产品的依赖度和满意度高，从而增加再次购买的可能性。与软件 App 不同，硬件产品的边际成本较高，因此在产品设计初期，我们就需要对销售数量和盈利能力进行精确评估。只有当销售数量和利润达到预期目标时，我们才会启动产品研发。销售数量与用户广度、使用频率密切相关，是评估产品市场潜力的重要指标。为更精准地分析用户群体，我们通常采用以下三种用户群分析方法。

- 宏观 / 微观分析法：此方法利用部门、行业或机构发布的报告和数据，从宏观层面逐步细分至微观层面，直至精确定位产品所覆盖的用户群体。但需注意，一方面，此方法的准确性依赖于第三方报告和数据，其真实性难以验证，可能存在不准确的情况。因此，在参考这些报告和数据时，应保持谨慎。另一方面，从宏观到微观的分析是基于小规模样本数据进行，从而得出广泛的市场结论的。这种方法的优势在于样本数据可自行采集，但需警惕小规模样本与整体市场趋势之间的潜在差异。为确保推算的准确性，应收集更多样本，且样本来源应尽可能广泛。例如，若计划推出一款老年电视机，我们可能会通过第三方调查了解老龄化的趋势、老年人群的整体规模和消费水平等信息。
- 竞争对手推算法：此方法通过分析竞争对手的销量和增长数据来估算市场容量。具体做法是将满足用户需求的直接和间接竞争对手的相关产品销量进行汇总，并结合历年的增长数据进行推算。此方法更适用于已经上市的老产品，对于未上市的新产品则可能不太适用。在使用这种方法时，应注意竞争对手发布的销售数据可能存在夸大或不实的情况。因此，如果条件允许，最好从竞争公司内部获取数据，以确保数据的准确性。现在有多种数据获取和分析方法可供选择，如使用爬虫工具或自定义数学模型来推算竞品数据。
- 二八原则（又称为帕累托法则、关键少数定律）：该原则指出，在任何系统中，约 80% 的成效往往源自 20% 的关键因素。在企业运营中，这意味着 80% 的收益可能源自 20% 的关键努力，80% 的利润或许来自 20% 的核心客户，20% 的员工可能贡献了 80% 的工作量，而 80% 的销售额则可能由 20% 的老客户所创造。在需求分析的过程中，我们应当聚焦于满足广大用户（即 80% 的用户群体）最为核心且高频的 80% 需求。

采取这一策略的优势显著：首先，它能够促使我们专注于提升产品的核心功能与品质，从而精准满足用户的核心需求；其次，这有助于用户更轻松地把握产品的核心卖点与优势，有效减轻他们的认知负担与记忆压力；最后，此举还能助力企业实现成本控制，提升运营效率。

在选购产品以满足特定需求时，消费者普遍会综合考虑产品的常用功能以及价格因素。只要某款产品能够精准满足用户的核心需求，并且在价格与品质上相较于其他竞品展现出明显优势，那么用户便倾向于做出购买决策。小米品牌所倡导的“平价优品”理念之所以广受认可，正是因为深刻洞察到大多数消费者并不愿意为那些不常用或无关紧要的功能支付额外费用。

（2）刚需程度和细分用户

刚需程度和细分用户是评估用户需求时的重要考量因素。在评估用户需求时，我们必须深入了解需求的迫切程度，以及这些需求是否源自特定的用户群体。在分析需求时，首要任务是精确细分用户类型，因为不同类型的用户往往有着截然不同的需求。以年龄为例，同一款电视机产品对少年、青年、中年和老年用户的吸引力存在显著差异。随着年龄的变化，用户对产品的娱乐属性和工具属性的需求也会随之发生变化。例如，少年用户可能更看重娱乐功能，而中年用户可能更偏向于工具性使用。因此，选择正确的用户类型是产品需求分析的关键环节。

与软件行业相比，硬件行业在产品迭代和优化方面的灵活性较小，试错成本也相对较高。在软件开发领域，可以通过逐步迭代来细分、优化用户需求和用户类型；而在硬件领域，一旦产品定型，更改的余地就非常有限。如果用户类型判断失误导致需求分析偏离，甚至导致产品方向出错，那么改型、升级、迭代和优化可能都需要重新开始，且伴随巨大的成本投入。因此，在进行硬件产品开发时，精准的用户细分和需求分析至关重要。

4. 客户需求分析的 4 个方面

客户，通常指的是企业或组织这类商业实体，他们是商业服务或产品的购买方（比如大型分销商或零售商），与提供产品或服务的企业或组织相对应。据爱尔兰咨询公司埃森哲的权威数据显示，高达 80% 的 B2B 客户在两年内会至少更换一次供应商，其主要原因在于他们的需求未得到充分满足。无论是提供一次性产品还是提供持续性的全方位服务，B2B 客户需求分析都能为产品规划提供有力支持。

对 B2B 市场进行新产品客户需求分析具有诸多益处：它能帮助我们发现现有客户产品组合中的不足并加以完善；在市场上发掘并利用未被充分开发的商机；更深入地理解客户和潜在客户的真实需求；对产品概念进行精细化打磨；探究不同客户群体的需求差异及其成因，并制定相应策略；在定价模式和价格水平上找到最优解。同时，新产品需求分析还能预测产品的市场需求，为制定销售和营销策略提供坚实依据，确保产品成功上市。

在 B2B 产品的使用场景中，我们通常将用户区分为客户和最终用户。客户是产品的采购者，多为企业客户，决策权掌握在企业中的关键人物手中。而最终用户则是在企业内实际使用产品的人员，他们遍布企业的各个层级和岗位，但通常不具备采购决策权。在图 4.16 所示的家庭场景案例，父母角色类似于客户，而婴孩则代表最终用户，父母喜欢某个玩具并不意味着孩子也会喜欢。

图 4.16　客户和最终用户示意图（图片来源于网络）

在分析 B2B 产品时，我们必须同时兼顾客户和最终用户的需求。因为决策者在经营和管理过程中关注的核心目标是利润、效率和成本降低，所以需求分析也应围绕这些要素展开。例如，如今众多线下大型商场已开始采用 AI 人脸识别系统。虽然技术的发展和应用无法完全替代线下实体体验，但人脸识别系统能帮助商场获取顾客的会员信息和消费数据，从而实现精准营销或提升管理效率。这些 AI 设备旨在提升运营效率、降低成本，其客户主要是商场，而非普通消费者。

在考虑用户体验时，有些 B2B 产品需要关注最终用户。这是因为我们需要确保产品的功能真正满足用户的实际需求。在调研中，我们发现 B2B 产品的用户通常是有着明确工作职责的人群，他们的需求直接且基于实际工作。他们更关心产品能否帮助他们完成工作，而不是追求最完美的使用体验。有时，为了达到业务目标，他们甚至愿意使用不那么方便的产品。因此，B2B 产品通常会提供一整套解决方案，以帮助用户实现他们的业务目标。

从产品销售的角度来看，B2B 产品通常依赖专业的销售人员和团队来进行市场推广，并构建完善的售前和售后服务体系。因此，B2B产品的迭代和发展往往受销售力量的推动。硬件产品经理可以通过与销售人员的紧密合作，直接获取客户需求和市场反馈。

对于硬件产品经理而言，B2B 产品具有以下显著特点。

- B2B 产品的购买者往往不是产品的高频使用者。
- B2B 产品的使用者类型多样，硬件产品经理通常不是产品的目标购买者或使用者。每种使用者都有不同的功能需求，这在任何一种 B2B 产品中都很常见。硬件产品经理不应以自己的生活经验来定义产品，而应通过深入的产品研究与客户访谈来了解产业客户的真实需求。对于特定的客户，硬件产品经理还需深入了解他们独特的内部工作流程与业务逻辑。
- B2B 产品具有直观的盈利模式，多数采用在主产品之外的增值服务收费模式。尽管最终用户与客户之间的关系错综复杂，但 B2B 产品的盈利模式却相对直接明了，即由客户承担费用。

以下是几种常见的 B2B 产品收费模式。

（1）包销模式

根据客户需求调整或定制产品后，以包销的形式将产品交付给客户。在此模式下，生产企业只负责按合同规定的功能进行产品交付。

（2）产品授权费

这一模式在软件服务和品牌外包中尤为常见。以电视机行业为例，通过将刷机软件或品牌授权给特定客户，即可按照约定的授权期限、拟刷机产品的数量和品牌使用期限来收取费用。此外，使用期间的产品更新与改善服务也可以纳入收费范围内。

（3）订阅费

在教育市场，电视机品牌商会推出基于教材大纲的教学动画，供学校订阅使用。由于品牌商能随时更新后台数据，学校可以根据需求灵活调整订阅量。常见的订阅收费模式包括功能等级定价、包月、包年、按人数收费等。除产品本身的费用，品牌商还可针对老师频繁使用的某些功能推出加强版，通过增值服务来增加销售收入，并满足客户对定制化功能或跨系统整合的需求，如提供特殊 API（Application Programming Interface，应用程序接口）、第三方插件或专业咨询服务。同时，提供培训课程或工作坊帮助客户内部最终用户更好地使用产品，也是一种有效的增值方式。

与其他类型的产品相比，B2B 产品的推广、销售以及用户习惯的培养过程更为复杂且进展较慢。因此，硬件产品经理在规划新产品功能时，不仅要确保产品的发展方向与公司的战略保持一致，还要深入考虑新功能对客户现有商业模式的影响。同时，需要评估新功能是否会引起客户对内部员工进行新的 SOP（Standard Operating Procedure，标准操作程序）制定和培训的需求。更为关键的是，B2B 客户对产品的稳定性和可靠性有着极高的期望。在推出任何新功能之前，硬件产品经理必须确保其通过了严格的功能测试和压力测试，验证过新功能在不同情境下的性能和稳定性。这些额外的考虑和测试步骤导致 B2B 产品的功能规划和更新周期相对较长，不像某些消费品那样能够快速迭代和灵活更新。然而，这种做法是为了确保产品的品质和稳定性，满足 B2B 客户对产品可靠性和持续服务的高标准。

对于 B2B 产品来说，新功能的研发和测试结束并不代表工作的完成。考虑到 B2B 客户对产品功能的重视，我们不能直接将新功能推向市场，期望最终用户能够自行发现并熟练使用这些功能。在完成研发文档的同时，我们还应根据客户的实际使用情况和反馈对新功能进行持续的改进和优化。此外，硬件产品经理应积极与营销部门合作，确保新功能通过各个渠道得到有效的宣传和清晰的介绍。

- 面向客户的公开渠道：在产品宣传页上，我们需明确展示新功能的目的及其使用场景，指引客户了解新功能至关重要。如果客户在使用新功能时遇到问题，我们应提供可查的公开文档，以便他们自助解决疑惑。

- 面向客户的非公开渠道：确保客户的销售团队能够全面理解新功能及其销售价值。导购员需要准备好关于新功能与竞品差异的准确信息，以便在客户咨询时提供解答。为了辅助销售团队开发客户时的工作，我们应当准备演示样机和视频资料。此外，我们还需确认客户内部的客服团队已经被告知新功能的上线，并且他们已经接受了相关的问答培训。这些措施都是对硬件产品经理换位思考能力和沟通技巧的重要考验。

因此，作为 B2B 硬件产品经理，需要具备深入了解业务的能力，并能够进行理性、抽象的思考。在进行客户需求分析时，硬件产品经理可以从以下四个方面：场景化、定制化、模块化与通用性，以及性价比入手。

（1）场景化

场景化分析在理解 B2B 产品需求时扮演着关键角色，它主要围绕使用情景和环境条件两个核心要素展开。使用情景方面，涉及产品的安装、保养和使用流程，包括安装和维护人员的职责、必需的专业技能，以及在实际操作中可能遇到的限制，比如电源接口的分布情况、无线网络的接入范围等。环境条件方面，则包括温度、湿度、盐雾腐蚀、PM2.5 污染、光照强度和空气流通等因素，这些不仅可能影响产品的功能需求，有时候它们还是产品能够正常运行的前提条件。举例来说，在沿海地区，电视机必须能够在特定的温湿度环境和盐雾浓度下正常运作，这样的环境要求就直接转化为了产品设计的具体需求。

（2）定制化

鉴于不同公司的业务模式、操作流程和使用场景各不相同，B2B 客户往往会提出定制化的需求。面对这类需求，我们首先需要评估它们是独特需求还是具有潜在的普遍性（即尚未被其他客户明确提出的普遍需求）。对于那些确认为个性化需求的情况，我们需要从成本与收益、合作伙伴关系以及品牌价值等多个维度综合考虑其执行的合理性。在与消费者的互动中，我们可以从不同层面发挥创新精神。过去，企业主要通过强调产品性能来吸引消费者；而现在，我们更加注重塑造品牌形象和提升品牌价值。另一方面，如果定制需求背后隐含着普遍适用的要素，我们就应当考虑设计的扩展性和通用性，例如通信模块、电源接口、安装位置以及硬件设备的设计等，以确保当前的设计能够适应未来需求的变化。

（3）模块化和通用性

硬件行业的长周期、高投入和复用难度对整个行业构成了持续的挑战，尤其是对 B2B 客户来说。B2B 客户的需求通常分散且多变，大量需求涉及定制化研发，且往往仅适用于特定的行业或场景，例如专用于教育领域的小学多功能教室电视机。在设计面向 B2B 市场的硬件产品时，必须深入探讨需求模块化的可能性和整体设计方案。

以电视机的无线连接功能为例，客户需求差异显著，有的偏好 Wi-Fi 连接，有的需要有线网络，而有的则倾向于使用蓝牙或 Zigbee 技术。在遥控器的电池选择上，从纽扣电池到干电池，再到可充电锂电池，需求同样千差万别。如果为每一种不同的需求和场景都开发独立的产品，成本将会极其高昂，甚至可能无法收回投资。因此，在进行需求分析时，我们专注于评估需求的通用性和产品的模块化潜力。通过模块化设计，可以在产品研发过程中实现成本的最优化。目前，电视机在设计模具和电路时，已经充分考虑到多种 B2B 需求，通过微调和模块组合即可适应不同的应用场景。

然而，对于 B2B 客户来说，过度个性化会导致定制成本上升。同时，追求需求的通用性也不是没有风险的，因为过度追求通用性可能会导致产品性能的平均化，而非专注于性能优化或成本降低。

（4）性价比

性价比是衡量产品为客户创造的价值与其成本比例的指标。当产品为客户带来的价值超过其成本时，该产品就具备了研发和批量生产的价值。虽然资源和投入（包括资金和人力资源）是价值和成本的重要方面，但它们不是唯一的考量因素。在评估需求的价值和成本时，除了考虑投入的资源和获得的收益，还应该综合考虑用户体验、行业趋势以及客户的特定需求等多方面因素。

随着需求场景变得更加复杂，产品需要更强的适应性，这自然会导致产品成本上升。同时，通用型产品往往面临激烈的市场竞争。当产品销量达到一定规模，其价格往往会成为消费者在选择类似产品时的关键参考因素，可能引发价格战，从而压缩产品的利润空间。因此，在分析需求的通用性时，必须考虑产品能否以合理的成本覆盖足够广泛的应用场景。产品的适用范围越广，其需求价值通常也越高。

5. 实际需求与潜在需求的对比

我们将需求分为实际需求和潜在需求两大类。实际需求是指那些已经被消费者明确表达并且与他们的日常生活或工作紧密相关的需求，这些需求在市场上已经被识别并正在得到满足。例如，在分析公共交通服务的需求时，实际需求集中在目前服务覆盖的线路和行程上，尤其是针对特定路线的具体需求。为了精确评估实际需求，我们必须全面考虑多个因素，包括路线规划、服务时间段、运输模式、起点和终点、票价体系以及季票的使用规定等。一旦这些细节得到明确，我们就可以深入分析线路的经济效益，并判断其盈利是依赖于票价设计还是成本管理。实际需求通常是明确且易于理解的，例如产品的尺寸和重量限制，以及所需材料的类型。

潜在需求则是指那些在特定条件下有可能转化为实际需求的需求。这包括产品需要符合用户的个性化操作习惯、具有特定的设计美感等。潜在需求往往较为隐蔽，它的识别需要综合分析多种因素，且其衡量不如实际需求那样精确，通常基于一定的假设。我们的目标是对实际需求进行进一步的细化和提炼，同时深入探索并明确地表达潜在需求。

在描述我们的需求时，我们常常不自觉地以自我为中心，倾向于使用“我想要”（I want）而非“我需要”（I need）。“我需要”指的是那些对生存至关重要的事物，即基本的生活必需品，如空气、水、食物，以及基本的健康保障、衣物、工具和住所等，这些都是维持健康与幸福生活的基础。相对地，“我想要”则代表了个人的愿望或欲望，这些是我们渴望得到但并非生存所必需的物品，例如宽敞的住宅、精美的食物、名牌服装、新车或是海外旅行等，这些愿望随时间和环境而变化。当我们难以区分渴望的东西是需求还是欲望时，可以自问：“没有这个，我还能活下去吗？”如果答案是否定的，那么它就是需求；如果答案是肯定的，那么它就是欲望。需求是生活不可或缺的部分，而欲望则更多是生活中的可选项。换句话说，“我需要”关注的是问题的本质，而“我想要”则可能指向我们为满足愿望而寻求的特定解决方案。

在调查和分析需求时，硬件产品经理应深入挖掘并关注用户最原始、最根本的需求，而非仅仅停留在用户所提出的表面解决方案上。因为不同的用户，即使面临相同的需求，由于认知水平的差异，他们所提出的解决方案也会各不相同。如果仅仅基于用户给出的解决方案来设计产品，那么产品很可能无法达到最优、最通用的效果。作为硬件产品经理，我们的职责是准确捕捉用户的原始需求，并依托自身的专业知识和丰富经验，设计出既优秀又通用的产品，以满足更广泛用户的需求，从而实现产品价值的最大化。

以从美国纽约到华盛顿的出行为例，如果我们直接询问用户想要什么，他们可能会说要一辆时速高达 1000 千米的汽车。这是因为无论乘坐火车、汽车还是自驾，从纽约到华盛顿都需要大约 3 到 4 个小时。然而，如果用户的真实需求是追求更高效的出行方式，而非仅仅拥有一辆更快的汽车，那么我们就能打开思路，探索出如特斯拉 CEO 埃隆 · 马斯克所设计的“超级高铁”（Hyperloop）这样的创新交通方式，它能在短短 29 分钟内将乘客从纽约送达华盛顿特区。因此，洞察用户的真实需求至关重要。

美国哈佛大学的心理学家谢丽 · 卡森曾指出，“如果我们被一个问题困扰，任何妨碍注意力的行为都会产生一个孵化期……换句话说，注意力分散后，你才有时间静下来，摆脱对无效答案的固执。”这一观点提醒我们，在进行需求研究和分析时，应关注群体对个体的影响。由于社会属性的影响，人们在群体活动中往往会隐藏自己的真实想法，而倾向于遵循大多数人的选择。这种倾向可能导致我们在进行用户需求调研时收集到的信息存在偏差。因此，硬件产品经理必须考虑群体对个人的影响，采取有效措施避免群体意识对需求真实性研究和分析的干扰。

以 SHARP（夏普）书房电视为例（如图 4.17 所示），2008 年前后，SHARP 在进行书房液晶电视兼显示器的市场调研时，询问了消费者对电视机外壳颜色的偏好。在调查时，大多数消费者表示喜欢彩色外壳。然而，在实际赠送电视机时，大多数人却选择了黑色外壳的电视。这种差异主要是由于群体属性影响所致。在回答颜色偏好时，人们可能更容易受到他人影响而选择彩色；而在实际选择产品时，则更多考虑实用性和个人需求，如电视机与家居环境的搭配、与其他设备的颜色协调性以及抗污能力等。

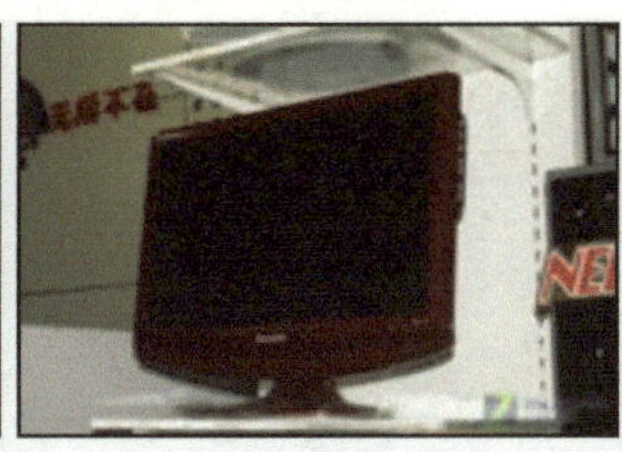
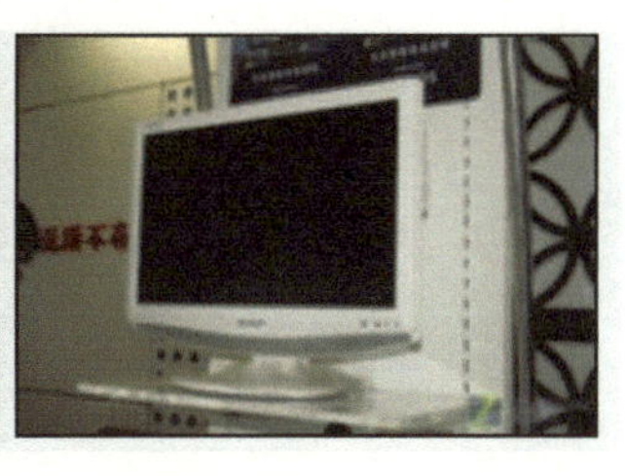

图 4.17　SHARP 的书房电视（图片来源于网络）

因此，作为硬件产品经理，在进行用户需求调研时，应充分考虑群体属性对个体选择的影响，建议采用独立或匿名的方式收集数据，以获取更真实的用户反馈。同时，还应深入挖掘用户的原始需求，而非仅停留在他们提出的解决方案上。通过这种做法，我们可以设计出更加符合用户实际需求、更具有创新性和通用性的产品。

6. 需求的 7 种状态

需求有以下 7 种状态。

1）进行中：对于所有已纳入研发流程的需求，硬件产品经理须持续跟进研发进度，并及时向相关方报告最新进展。

2）已完成：硬件产品经理应及时确认已研发完成的需求状态，并详细记录需求的最终实施结果与成效。

3）已批准：PAC 批准了需求申请后，硬件产品经理应予以确认并启动后续工作。

4）部分接纳：经仔细分析后，硬件产品经理认为需求的某部分与公司或者产品的现状相符，而其余部分则暂时搁置，待后续进一步评估后再决定是否推进至研发阶段。

5）已拒绝：硬件产品经理分析后认为某需求不必要、无法实现或难以评估，此时应组织需求评审会集体决策。若经评审认定该需求不宜实施，则应明确拒绝，并注明原因，同时向相关利益方解释。

6）已废弃：该需求不再采用，被新的需求取代，硬件产品经理要及时在需求集内进行变更处理。

7）已删除：对于已批准但后续被删除的需求，硬件产品经理须详细阐述删除原因，并明确决策方，确保所有相关方了解并接受这一变更。

第 5 章

实战指南：产品规划和产品定义

5.1 产品规划

简单来说，硬件产品规划需要综合考虑用户、市场、设计、生产等多个环节，以寻求最优产品方案。硬件产品经理的职责广泛，需要掌控全局，协调各部门，达成产品和营销目标，并在此过程中有效平衡各方利益。

在明确有潜力的市场和用户群体后，公司相关团队将围绕这些用户的需求展开产品研发工作。在产品规划过程中，硬件产品经理应保持开放的心态和思维，始终以目标用户的需求为中心。虽然一般认为专业公司应专注于其特定品类，但这并非绝对。比如，一家专注于生产电视机的公司也可能涉足化工领域，只要公司内部达成共识且新产品与原品类有关联就可以探索相应的市场机会。这涉及公司的 1+*N* 战略（后续章节将探讨）。

对于硬件产品经理而言，产品规划至关重要，因为它不仅能让硬件产品经理对产品整个生命周期有清晰的认识，还能让他们明确各阶段的使命，从而在关键节点做出正确、明智的决策。

5.1.1 什么是产品规划

产品规划是一个全面且深入的过程，它建立在对市场环境、竞争对手、消费者需求、供应链情况、技术发展水平的深入理解之上。结合公司的实际情况和发展方向，我们需要深入分析外部机遇、风险和发展趋势，从而制订能够抓住市场机遇并满足消费者需求的中长期产品目标及相应的实施策略。这一过程贯穿产品的整个生命周期。在产品生命周期的每个阶段，硬件产品经理都必须密切关注客户、市场动态、技术创新和供应链情况，并根据公司内外部环境的变迁来灵活调整或优化产品规划。

在正式实施产品规划之前，需要进行大量的前期准备工作，其中包括深入的行业和市场分析、对竞争对手的研究，以及 SWOT 分析（了解公司的内部优劣势、外部机会和风险等）。基于这些分析结果，我们可以初步构建产品方案和产品战略。这一初步战略虽然还只是框架，有待细化，但它为我们指明了总体方向（包括市场、营销、品牌、竞争、融资及产品研发等）。这些战略将在后续的产品规划和整体设计中逐步完善，并且不排除经历重大调整的可能性。

下面结合第 4 章中关于需求管理的相关内容，对行业市场进行简要的总结，为产品规划奠定坚实的基础。表 5.1 所示为行业市场分析。

表 5.1 行业市场分析

大类	小类	简述
市场现状	市场规模	包括行业体量（生存空间、营收等级）、行业产值、用户规模等
	竞争格局	指行业的集中度
行业趋势	/	指技术创新、商业模式、产品形态、消费者的偏好变化等
产业链条和行业生态	在产业链中的位置	找准或找对自己在产业链中的位置
	行业生态逻辑	理解行业的内在逻辑、竞争格局、产业链关系和资源分配方式，以促进可持续发展
市场需求	目标客户群体	包括首选市场和次要市场
	核心需求点	包括核心问题、产生问题的原因、真实需求、当前解决方案、未来可预见的需求变化等
产品方案	方案可行性	分析可投入的资金预算和其他资源、可得到的经济价值，以及是否有类似经验或成功商业案例可以借鉴
	解决方案	给出产品初步定位，以及如何利用公司资源解决用户痛点
	可能的影响和限制规则	指出可能对公司其他产品、用户和公司自身带来的影响，确定区域限制、业务范围限制和规模限制
自身竞争力分析	竞品分析	分析对比竞品的核心功能，了解公司产品的优势和不足
	波特五力分析模型	通过该模型了解行业的基本竞争态势
	SWOT 分析	通过分析了解公司内部多维度的优劣势、外部机会和风险等

续表

大类	小类	简述
初步产品战略	确定战略	确定不同阶段的战略
	商业目标	包括产品目标、收入目标和市场份额目标
	利益诉求	分析利益相关者的诉求
需要的资源	/	包括专业的行业报告、分析工具等

5.1.2 产品规划的目的和意义

产品规划听起来可能有点抽象，但其重要性不容小觑。通过细致入微的产品规划，团队可以形成共同的目标，并清晰地描绘出产品的发展蓝图。这不仅使每个团队成员都能在工作中找到明确的方向，还能确保团队力量聚焦一处，形成合力。同时，产品规划还有助于明确产品的核心价值，从而更容易获得公司的资源倾斜。更重要的是，它还可以有效提升团队成员的归属感、向心力和整体士气。

具体来说，产品规划的作用如下。

- 明确产品目标：为团队提供对产品生命周期的全面认知，并清晰界定各阶段应完成的具体任务。
- 确定需求集：明确产品需要实现哪些功能，以及哪些功能是不必要的，合理安排开发进度和资源。
- 设定优先级：帮助团队提前规划资源分配，并明确各项任务的优先级。
- 统一团队认知：确保整个团队对产品和目标有清晰、一致的认知，从而增强团队的凝聚力。比如，研发工程师可以根据规划提前进行技术预研，而不是被动地等待产品需求明确后再行动。

5.1.3 做多长时间的产品规划

大多数公司都会制订长期的规划，这些规划通常涵盖两到三年的时间，主要是基于现有信息对未来的大方向进行预测与把握。然而，由于时间跨度大，这些规划往往流于宽泛的展望和畅想，难以触及具体实施细节，故在此不作深入探讨。

对于公司而言，真正具有实操价值的是 3 ～ 12 个月的短期规划。有些公司甚至会进一步细化，制订月度、季度或半年规划等。这种短期规划不仅详尽，而且明确了各阶段的目标、里程碑及可交付的成果。最终，这些规划会汇聚成详尽的路线图（Roadmap），该路线图中详细说明了在何时执行何项任务、执行的原因、执行方式及所需动用的资源等关键信息。

5.1.4　产品规划的 5 个要素

产品规划的 5 个要素包括：公司愿景和使命、产品的定位、产品的 Roadmap、产品的量化目标，以及产品的改型 / 升级 / 迭代规划。

1. 公司愿景和使命

硬件产品经理在规划产品时，需紧密结合公司的愿景和使命，坚守公司的价值观，并遵循高层制订的发展战略。公司愿景，即企业成功后的理想景象，它涵盖了创始人或高级管理层对公司核心价值观、未来前景、核心目标、发展方向，以及未来 10 ～ 30 年的宏伟蓝图；而公司使命，则是为实现这一愿景，团队所承担的责任，它体现了公司的经营思路、发展方向和业务范围，明确了公司核心业务的发展路径，并树立了公司的独特形象。愿景为团队提供了共同的目标，指明了当前和未来的工作方向；而使命则让团队成员明确知道如何行动以达成目标。

2. 产品的定位

在进行产品定位之前，硬件产品经理需对公司目标用户群的核心需求进行深入分析，明确目标市场。产品定位可以通过网格分析图直观地展现，如图 5.1 所示。其中横向代表市场（M），纵向代表产品（P），通过交叉分析，确保产品定位的准确性和有效性。

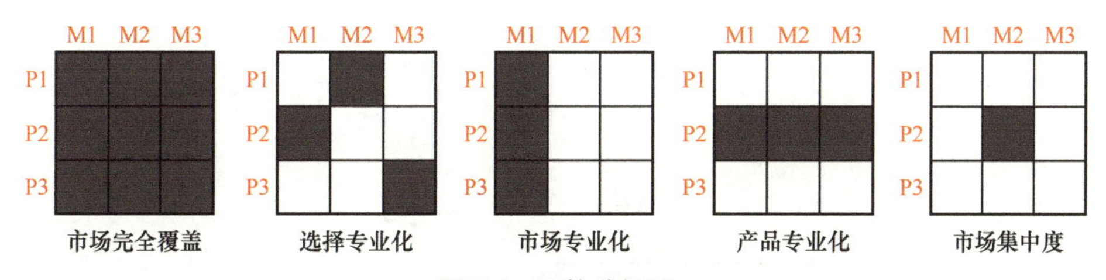

图 5.1　网格分析图

产品定位旨在明确产品的价值主张，即公司用什么产品来满足目标市场的核心需求，并促进这些需求转化为商业化成果。因此，在进行产品定位时，首要任务是清晰界定目标用户群体，并深入了解他们所面临的问题和核心需求。随后，结合公司的实际资源和能力，评估能为目标市场提供的服务或产品及其带来的价值。这一过程至关重要，因为它直接关系到后续的产品规划和定义，确保产品能够精准解决用户的痛点。

一个成功的产品定位，关键在于找到用户的痛点与最强烈的需求，确保产品能够真正满足他们的期望。用户往往愿意为产品提供的核心价值买单，因此，产品定位的成功与否，直接关系到产品的市场前景和用户的购买意愿。为评估产品的发展前景，我们可以从以下几个维度进行考量。

- 击中用户痛点，让产品能有效解决用户所面临的问题。
- 满足市场的刚性需求，具备业务规模大幅增长的潜力。
- 在财务层面，产品应具备良好的预期资本回报率，确保资源投入能够带来可观的利润，为公司创造商业价值。
- 产品经得起时间的考验，持续为用户和公司创造价值，确保长久的市场竞争力。

3. 产品的 Roadmap

Roadmap 是产品管理分析中的核心概念，它涵盖了产品从研发到销售的全过程，包括技术、平台、产品线和解决方案等多个方面的关联。对公司而言，Roadmap 犹如作战地图，清晰地标注了“弹药库”与“攻击目标”的对应关系。以某品牌电视机为例，其 2013 年至 2015 年年中的 Roadmap 展示了该品牌电视机发展的路径，如图 5.2 所示。

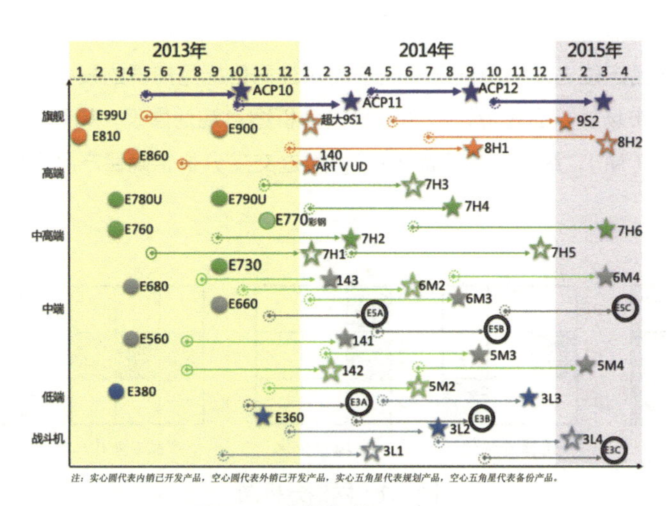

图 5.2　电视机的 Roadmap

绘制一个完整的产品 Roadmap 涉及多个步骤，包括对关键技术及其发展趋势的深入分析（可以对应到具体的平台规划和技术规划）、与竞争对手的 Roadmap 对比、产品竞争力的评估、产品需求的深入挖掘、价值创新的探索（如蓝海战略），以及资源配置的全面考量等。硬件产品经理应重点关注上述步骤，以确保产品 Roadmap 具有全面性和前瞻性。

每个产品都有其独特的发展 Roadmap。在规划产品路线的过程中，首先要根据公司的愿景和产品定位，将产品生命周期划分为不同的阶段，然后明确每个阶段的时间范围、目标和里程碑计划，以及每个阶段的战略方向。通常，根据销售量的变化，产品生命周期可划分为 4 个主要阶段，即导入期、成长期、成熟期和衰退期，如图 5.3 所示。然而，并非所有产品都会完整地经历这 4 个阶段，有些产品可能长期保持在成熟期，而有些产品则可能迅速从成长期进入衰退期。了解并识别不同的产品生命周期状态，对于制订合理的 Roadmap 至关重要。

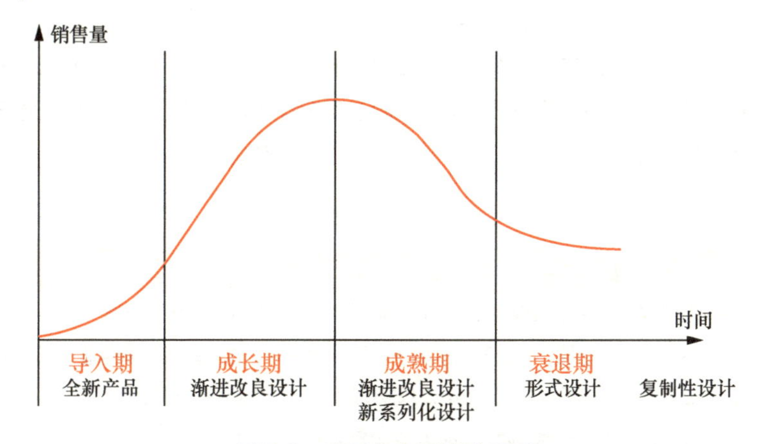

图 5.3　产品生命周期阶段图

以下是关于其他常见产品生命周期状态的描述。

1）风格型产品：这类产品的市场表现往往呈现出独特的双峰或多峰增长模式。在第一波增长衰退之后，又会经历另一波增长。这是因为风格型产品与人类的基本生活方式紧密相关，它们能够跨越不同的年代，时而受到大众的热烈追捧，时而相对冷落。典型的例子就是自行车，它作为一种交通工具，既实用又时尚，其受欢迎程度随时尚潮流的变迁而波动。

2）时尚型产品：这类产品的特征是迅速流行和快速过时。它们能够迅速吸引消费者的注意和热情，但由于缺乏持久的吸引力，很快就失去了市场。时尚型产品的生命周期短暂而耀眼。

3）流行型产品：这类产品通常在某一特定领域或群体中广受欢迎。它们在推出之初可能并不被广泛接受，但随着时间的推移，接受者的数量逐渐增加，最终形成一种流行趋势。然而，一旦消费者的兴趣转向其他流行的产品，这类产品的市场地位便会逐渐下降，其生命周期曲线呈现出先增后减的形态。

4）扇贝型产品：这类产品的生命周期曲线呈现出独特的扇贝形状。它们通常因为创新或偶然发现的新用途而得以延长生命周期。扇贝型产品能够在市场中保持较长时间的竞争力。

在确定产品生命周期各阶段的过程中，不仅要明确各阶段的目标，还要基于这些目标精心制订产品的里程碑（Milestone）计划，这些 Milestone 代表着为实现目标所需完成的关键任务与活动。产品在其生命周期的不同阶段会面临不同的目标，因此需要匹配不同的产品策略。这些策略实际上是为达成目标而制定的行动指南，简单来说，它可以明确我们应该采取哪些行动及采用何种方式来达成预定目标。事实上，作为硬件产品经理，深入了解并熟悉每个产品的阶段性策略至关重要。

接下来，我们将探讨产品在不同阶段和时期应采取的策略，如表 5.2 所示。这些策略的目的是守护并巩固核心产品的市场地位；对表现欠佳的产品进行更新优化；对已进入生命周期末期的产品进行淘汰；复活或重新发布那些可能焕发新生的概念或产品。

表 5.2 产品阶段性策略

阶段	策略
导入期	采用 MVP 策略，即小批量上市，验证可行性，获取初期用户反馈
成长期	需要加大市场推广，获取更多用户，提高成交率，这个阶段会采用增长型策略，同时也会考虑防御性策略，让自己的弱势最小化，努力避免竞争风险
成熟期	这一阶段需要获得营收，因此会采用很多商业性策略，同时也会开始多元化经营，努力让优势最大化，减少风险，消除威胁因素
衰退期	这一阶段有几种不同的策略，比如通过促进用户消费，来获得一波营收。也可以设法延长产品生命周期，如增加产品用途，带来新的价值。还可以果断淘汰老产品，适时推出新产品，实现产品的改型或升级换代

除了前面提到的策略制订方法，还有一种产品系列平衡法——PPM（Product Portfolio Management）法。PPM 法会将公司的整体经营视为一个动态系统，其目的是通过平衡市场吸引力（发展性）与企业实力（竞争力）来达成公司的战略目标，并据此作出明智的产品决策。该方法综合考虑了产品的市场吸引力和企业实力两大核心要素。在评估市场吸引力时，我们关注市场容量、销售利润率、同比 / 环比增长率及资金利用率等关键指标；而企业实力则涵盖了销售能力、市场占有率、技术研发与生产能力等多个方面。这些因素都需按照统一标准进行评估和打分。

硬件产品经理在运用 PPM 法时，可根据市场吸引力和企业实力的综合得分将产品划分为强、中、弱 3 个类别，并在 PPM 法的象限图中标出相应的分值，如图 5.4 所示。这一方法通过 9 种不同的组合方式形成 9 个象限，每个象限代表一个特定的得分（1～9 分），为硬件产品经理提供一个直观的评分框架。公司可以根据自身情况灵活设定评分标准，进而对每个产品（或产品线）进行客观评估，并据此计算出每个产品的市场吸引力总分和企业实力总分。

市场吸引力 \ 企业实力	强	中	弱
强	9	6	3
中	8	5	2
弱	7	4	1

图 5.4　产品系列平衡法

运用 PPM 法，我们能够精准地确定产品所处的象限，进而制订出有针对性的策略。表 5.3 是针对不同象限所给出的相应策略。

表 5.3　PPM 法对应象限的策略

市场吸引力 \ 企业实力	强	中	弱
强	名牌产品。应采取积极投资、发挥优势、大力发展、提高市场占有率的策略	亚名牌产品。应采取增加投资、提高实力、大力发展的策略	问题产品。应采取选择性投资、提高公司实力、积极发展、提高市场占有率的策略
中	高盈利产品。根据市场预测改进有前景的产品，并采取保持现状或为需求稳定的产品尽力创造利润的策略	维持产品。应采取维持现状的策略	风险产品。应采取维持现状、努力获利的策略
弱	微利、无后劲产品。应采取逐步减产和淘汰的策略	滞销产品。应采取撤退和淘汰的策略	滞销产品。应采取收回投资后停产并淘汰的策略

4. 产品量化目标

在规划产品路线的过程中，同步设定产品量化目标至关重要。硬件产品经理应首先明确产品的长远目标，然后确定每个阶段的短期目标。接着，将这些短期目标细化为更具体、可量化的子目标，并确保这些子目标能够逐步实现。同时，硬件产品经理需要清晰地了解产品的当前状态，并与细分目标进行对比，以便有效监控产品进展。

在执行层面，硬件产品经理应围绕阶段性的战略，采取一系列措施推动目标达成。设定目标时，应遵循 SMART 原则：目标是明确的（Specific）、可衡量的（Measurable）、可实现的（Attainable）；同时，目标还要与其他目标保持相关性（Relevant）；最后，目标必须有明确的时限（Time-bound）。如图 5.5 所示，SMART 原则是一个高效达成目标的重要法则。

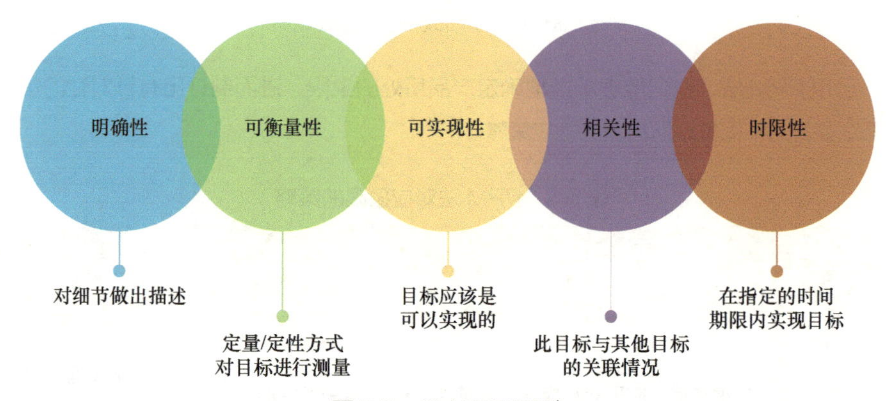

图 5.5 SMART 原则

在设定目标时，必须注重目标的具体性和可量化性。比如，明确市场份额的增长比例、销售量的增长数额及试销产品的确切数量等。同时，产品功能的完善程度、上市时间的安排及是否配合促销节点等也是不可忽视的要素。此外，设定明确的营收增长目标，并努力降低客户投诉率以提升客户满意度也是提升产品竞争力的关键。

值得注意的是，产品量化目标和产品 Roadmap 应当紧密结合，同步推进。在划分产品生命周期阶段时，不仅要明确各阶段的目标、制订里程碑（Milestone）计划及相应策略，还需要明确细分目标，并规划出一系列行动措施。产品战略是把产品路线与产品目标规划有机整合的过程，旨在确保产品发展的连贯性和高效性。表 5.4 给出了产品战略框架。

表 5.4 产品战略框架

类别	行动项	描述
产品路线	划分产品阶段，确定每个阶段的目标	阶段目标 1、2、3…
	阶段目标的里程碑计划	在时间节点 1 完成事情 A，在时间节点 2 完成事情 B，在时间节点 3 完成事情 C…
	每个阶段的产品策略	我们应该用什么策略去实现目标
产品目标	阶段目标	细分目标
	当前状况	与目标对应的当前状况
	行动	为实现目标要采取的一系列行动
	目标指定方法	SMART 原则
		商业目标维度

指导

产品战略是指对产品进行全方位、系统性的规划与部署。为更深入地解读产品战略，推荐采用产品商业模式画布（Business Model Canvas，BMC）这一实用工具。BMC 有效地将创意与业务转化过程相结合，深入探究不同客户类型对产品使用决策的影响，使团队成员能够清楚地预见未来业务的潜在形态。图 5.6 展示了 BMC 的构成。

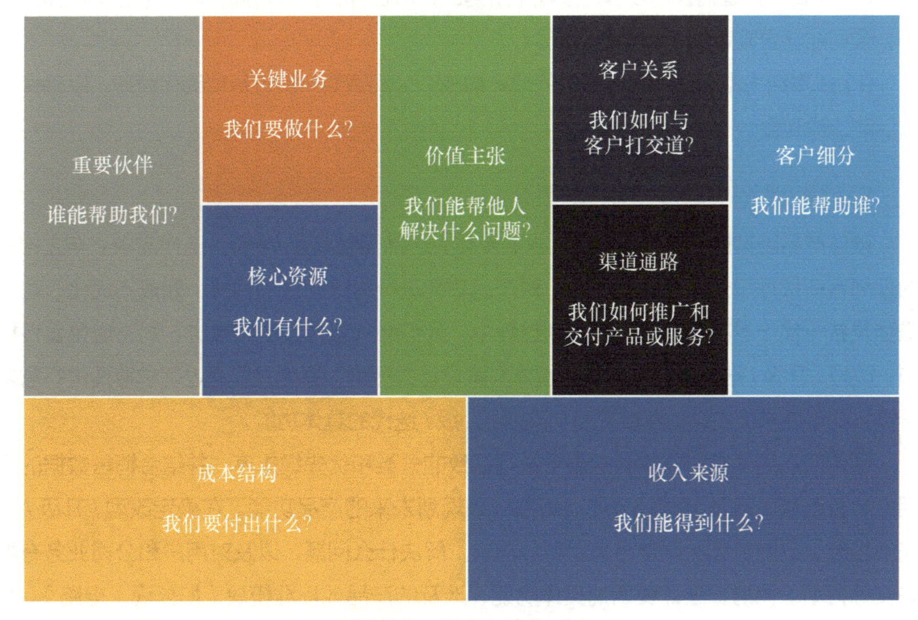

图 5.6 BMC 的构成

BMC 是一个简洁明了的单页文件，它通过整合业务或产品的核心要素，以连贯的方式勾勒出一个完整的产品构思。其设计精妙之处在于，右侧聚焦于客户（外部因素），左侧聚焦于企业（内部因素），两者共同围绕价值主张这一核心展开。价值主张的核心在于建立企业和客户之间的价值交换桥梁，确保双方都能从中获益。

1）客户细分指的是公司所服务的一个或多个特定的客户群体。

2）客户关系侧重于建立和维护与细分市场目标客户之间的长期稳固关系，以增强客户的忠诚度和满意度。

3）渠道通路涉及公司与客户之间的沟通、分销（或销售）路径等，确保产品或服务能够顺畅地传递给目标客户。

4）价值主张是通过提供精准的产品或服务，有效解决客户问题，满足其需求。为实现这一目标，公司应充分发挥自身优势，并与其他相关方展开合作，以达成共赢。

5）收入来源是公司成功为客户提供产品和服务后所获得的回报，这是衡量公司经营效益的重要指标。

6）关键业务涵盖了公司运营所需的关键活动，如技术研发、市场推广等，这些活动的有效执行对于公司的成功至关重要。

7）核心资源是公司为提供和交付产品或服务所必需的重要资产，包括资金、人才和技术等。

8）重要伙伴是指公司在运营过程中所需的外部合作伙伴或资源，通过与这些伙伴的合作，公司能够更高效地实现业务目标。

9）成本结构由上述因素所产生的成本构成，公司需要对其进行精细化管理，以确保经营活动的盈利性。

5. 产品的改型 / 升级 / 迭代规划

硬件产品因其技术发展和市场需求的变化，必然面临改型 / 升级 / 迭代需求。与之相关的规划旨在根据设定的各阶段目标，对产品功能进行有针对性的调整，如成本优化、功能增强及新一代产品的研发等。在规划过程中，我们必须坚持创新和改进，同时避免盲目模仿。改型 / 升级 / 迭代规划是与产品整体方案设计并行的，首先需要通过需求管理进行需求分析，确定需求优先级，然后规划要改型 / 升级 / 迭代的具体功能。

硬件产品经理需对收集到的需求进行细致的分类和优先级排序，并结合销售数据的周期性分析结果，以及高层领导的战略指导来规划未来的产品功能。在确定改型 / 升级 / 迭代规划时，应明确此次调整将满足哪些需求，解决什么问题，以及对用户和公司业务有哪些实际帮助。同时，还需要明确具体功能、涉及的产品或标准模块（如外观、电路），并据此执行规划。最后，确定改型 / 升级 / 迭代的周期和交付节点，确保整个过程顺利推进。

随着需求集的构建，产品将逐渐进入稳定的改型 / 升级 / 迭代周期。此时，做好产品改型 / 升级 / 迭代的记录管理至关重要。产品改型 / 升级 / 迭代应保持合理的节奏，并在满足特定标准时实施，如硬件解决方案的更新换代或外观的革新。硬件解决方案的更新换代可能源于行业技术的进步、更优解决方案的出现，或是为了应对竞争对手的优势功能。比如行业技术的进步促使我们降低电源成本，提升整体效率；为了解决上一代产品的不足，我们对硬件平台进行了优化竞争对手推出了算力强、成本低的画质引擎等功能，我们需迎头赶上，等等。而外观的革新则是为了适应市场审美变化、挽回不良市场形象或解决结构设计上的重大问题，比如隐形喇叭流行，外置喇叭不适合当前审美；封屏电视机内部容易产生水汽的问题等。

上述原因所导致的产品改型 / 升级 / 迭代通常都应该算是较大规模的变动。相对而言，如果仅是增加某个软件功能点或小功能，并未对整体结构进行大规模调整，或是为满足不同行业的客户需求定制了特定产品子类，调整了部分功能点而主体结构保持不变，那么这些变动就属于较小的改型 / 升级 / 迭代。硬件产品经理在处理这些改型 / 升级 / 迭代产品时，必须谨慎区分，并采取不同的策略。例如，通过改变销售渠道、调整产品外观及包装设计、使用不同的品牌名称或采用其他技术手段来体现产品价格差异。有时，公司可能选择推出“战斗品牌”[①] 作为另一种策略，“战斗品牌”的产品价位通常介于现有产品与竞争对手产品之间，旨在夺取竞争对手的大部分市场份额。

总体来说，产品规划贯穿于产品的整个生命周期。硬件产品经理需综合考虑产品定位、市场趋势、竞争对手、公司综合实力及客户需求变化等因素，为下一阶段制订明确的产品目标和策略。这对于硬件产品经理深入理解行业、商业模式及项目管理意义重大。

此外，随着智能硬件技术水平的迅猛发展，硬件产品经理的核心价值更加凸显在对行业的深刻洞察上。这种洞察不仅是产品规划和商业模式构建的根本，更是硬件产品经理的核心竞争力。虽然硬件产品经理通过学习和培训可以在 1 ～ 3 年内完全掌握基本的产品技能，但对行业的深刻理解则需要长时间的思考和经验积累。

5.2 产品定义

产品定义的过程实质上是将需求精准转化为产品的关键环节，这也是硬件产品经理面临的最重要且最具挑战性的任务。硬件产品与软件不同，它在某种程度上具有重资产属性，一旦在产品定义阶段出现偏差，盲目推进可能给后续的设计、研发、模具制造、生产及销售等环节带来重大损失。

---

① 战斗品牌指的是企业为了抗击竞争对手而专门设计并推出的品牌。

产品定义对硬件产品经理的考验尤为严苛，它要求硬件产品经理综合各方面信息和数据来制订出精准的产品定义方案或做出决策。与其他环节（如需求分析、设计与研发、成本把控、生产跟踪、项目管理及营销跟踪反馈迭代等）相比，产品定义更多地依赖于硬件产品经理的独立判断和决策能力。在需求分析阶段，通常会有高层或决策层如产品审批委员会（PAC）共同参与规划，并最终共同决策；在设计与研发、成本把控、生产跟踪和项目管理等环节会有设计师、工程师、工厂人员等协同把控和讨论；营销环节有市场部、品牌部和业务部等共同参与；跟踪反馈迭代环节则涉及质量部、市场部、售后和客服部等多部门协同收集数据。唯有产品定义这一环节，硬件产品经理需要独当一面，完全独立地完成这一任务。

5.2.1 产品定义和定义尺度

谈及产品定义，许多人首先会想到产品需求文档（PRD），并倾向于采用 PRD 模板来定义产品。这种做法固然简便，但前提是 PRD 已经相当成熟且完善，并且公司的产品线也已相当清晰。

从广义上而言，产品定义其实涵盖了一个完整的产品创新流程，从创意的产生、产品概念的测试，到产品定义，再到后续的设计研发直至上市推广，这一系列环节都至关重要。

从狭义上而言，产品定义则是对产品构想从宏观到微观的精准描述，它为产品设计和研发提供了重要输入信息。

那么，为何要进行产品定义呢?

1. 让每个项目成员的理解趋于一致

在传统设计方法中，我们习惯于使用文字来描述问题。然而，由于每个人的知识背景不同，大家对文字的理解也会存在差异。特别是在产品定义阶段，语言描述的准确性尤为重要。人们可能容易就某个词汇的广泛意义达成共识，但在深入探讨其精确含义时，往往会出现分歧。

比如，当我们定义一款护眼电视机，并提及其中一项设计功能为“护眼模式”时，如果仅将“护眼模式”这个词抛给项目组成员，他们的理解可能会与硬件产品经理大相径庭。有些人可能认为护眼模式意味着屏幕发出的光线不伤眼睛，而另一些人则可能认为它只是减少对眼睛的伤害。实际上，硬件产品经理的初衷可能是希望这种模式能在正常使用时减轻用户的眼睛疲劳。虽然在实际工作中，我们可以逐渐消除这种明显的差异，但问题的关键在于，这样的差异已经存在，并可能对项目产生不利影响。

此外，项目中还可能存在许多我们尚未察觉、不太明显的理解差异。在日常交流中，我们或许只需理解语言的广泛意义，但在产品描述中，这是远远不够的，它可能导致误解频发，增加沟通成本，甚至有可能导致项目失败。

因此，为了确保所有项目成员的目标一致，我们必须明确项目中每个关键词的准确含义。这要求我们深入挖掘每个词汇在项目背景下的具体含义。有时还需要给出具体的参数和数字来量化需求。只有这样，每个项目成员才能清楚地了解他们正在参与的是一个什么样的产品项目，从而确保项目顺利进行。

2. 让每个项目成员对具体需求有更深层的理解和思考

收到具体需求后，项目成员往往会基于各自的理解开展工作。由于理解的不同，工作成果可能与实际需求存在偏差。然而，详尽描述每个需求是一项既耗时又费力的工作。若项目成员在接触具体需求前，能对产品有更为宏观和准确的认识，那么他们对需求的解读将更贴近实际需求。这些具体需求源于硬件产品经理对产品的构想，而产品定义便是这一构想的准确描述。通过产品定义，项目成员能更深入地理解产品经理的想法，减少误解，甚至能在各自领域提出更多专业且深入的见解，丰富并完善产品构想。

现代的产品研发通常涉及多个专业领域的合作。硬件产品经理虽能把握宏观的产品概念，但在细节上，特别是在涉及特定专业领域时，往往难以做出最佳决策。美国管理学专家彼得·德鲁克曾指出，决策需要考虑问题的性质、解决问题的界限、解决问题的构思、执行措施及反馈机制。因此，领域专家的协助至关重要，让他们提前了解产品定义尤为关键。

在当今时代，产品或服务研发越来越需要跨专业合作。在这一背景下，硬件产品经理的角色正由旁观者转变为产品设计的参与者和指导者。他们需将产品理念和思维传递给每个项目成员，激发他们的专业潜力，共同推进产品构思的实现，进而提升产品品质。

简而言之，产品定义是从宏观层面到微观准确描述产品构想的过程，实质上也就是需求的转化与诠释。那么，如何界定宏观和微观的边界呢？产品定义的方式多种多样，在此，我们重点探讨在“以用户为中心”的产品理念下，应如何把握产品定义的描述尺度。

从宏观层面来看，大多数产品都可以用一句简洁的话语来概括其核心特点。比如：“年轻人的第一台电视机”便是一句精准概括的宏观描述。若无法做到这一点，则有可能需要重新审视产品设计的理念是否足够清晰和坚定。

微观层面涉及功能、设计、技术、工艺，乃至生产、营销等多个方面的细节问题。作为硬件产品经理，通常在功能层面具有较为全面的把控能力，有时也能延伸到初级设计和研发层面。然而，当涉及更为专业和深入的技术细节时，则需要依靠其他领域的专家。以前面提到的电视机产品为例，我们了解到用户在观看电视节目时希望保护眼睛或减少眼疲劳。基于这一洞察，我们将“护眼”作为核心原则，并进一步提炼出研发原则——“减少 LED 光线对眼睛的伤害”。然而，至于具体应采用怎样的 LED 参数来实现这一原则，便超出了硬件产品经理的专业范畴，需要由专业的工程师来完成后续的研发工作。

当然，若在产品研发前期能拥有一份优质的产品定义书，无疑会大幅降低研发成本，充分发挥各成员的专长，共同打造出卓越的产品。那么，如何撰写一份高品质的产品需求文档或产品定义书呢？在后面的章节中会深入剖析这一议题，揭示其中的奥秘。

5.2.2 产品定义的“四驾马车”

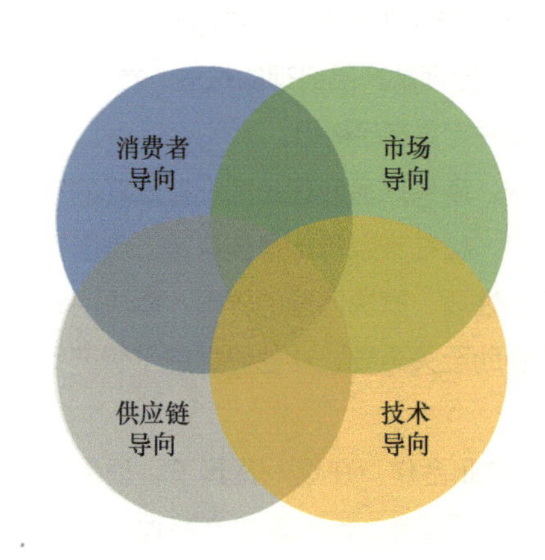

图 5.7 “四驾马车”

在产品定义阶段，建议通过“四驾马车”这一方法来探索创新方案和差异点。“四驾马车”的构成与关系如图 5.7 所示。这“四驾马车”既相互独立，又相互交织，它们为我们提供了一个富有探索和挖掘价值的框架。

1. 消费者导向

关于消费者导向，我们的理解是，公司在进行产品决策时，应始终以产品最终消费者的体验为出发点。人们往往误以为畅销的产品即消费者喜欢的，实际上，消费者的选择可能是受市场上现有产品的限制，所以这样的判断通常具有片面性且短视。若公司一味忙于复制和竞争，那么更容易陷入这种短视的陷阱。

那些真正关注消费者导向的公司，则能立足长远，生产出更有潜力成为“伟大产品”的佳品，比如美国 Apple 公司的 iPhone 手机。相比之下，有些企业仍停留在以“利润导向”的阶段，要实现真正的“消费者导向”，就必须摒弃对短期利益的过分追求，致力于生产出真正满足消费者需求的产品。

虽然有些企业也有这样的愿景，但由于能力所限，尚未能打造出卓越的产品。然而，这些企业的潜力不容小觑。极少数真正具备消费者导向意识与实践能力的公司，往往能够脱颖而出，成为行业翘楚，比如美国的特斯拉公司。

那些仅受利润驱使的公司，很难培育出真正的消费者导向文化，也难成长为卓越的企业。当然，也有公司既追求利润，又兼具消费者导向文化或基因，在特定条件下，它们也有可能逐渐崭露头角，成为行业中的佼佼者。

然而，我们必须认识到，公司是由人经营的，卓越并非永恒。时间的流逝可能会改变一些公司的命运，让曾经的行业巨头重归平庸。

安东尼·伍维克所著的 *What customers want* 一书中深刻指出，消费者导向的核心在于公司在研发新产品之前，应该深入洞察消费者的真实需求。然而遗憾的是，美国企业在实践中却暴露出严峻的问题：首次推出的产品和服务中，有 50% ～ 90% 以失败告终。尽管消费者导向在一定程度上提升了产品定义的精准度，但成效仍显不足，众多不确定因素依然阻碍着成功之路。经过深入分析，我们发现导致消费者导向失效的关键因素正是消费者需求本身。当公司试图收集消费者需求时，常常不知该获取何种信息，而消费者自己往往也难以表达清楚，他们通常以自己习惯的语言表述需求，但这对于打造突破性产品极为不利，难以转化为有价值的指导信息。

遗憾的是，许多公司仍在依赖这些失真的信息来识别市场机遇、区分细分市场，甚至研发新产品和服务。为了在创新之路上取得突破，公司必须提前洞悉消费者用以评判产品价值的标准。为此，*What customers want* 这本书中提出了一种创新的思维方法——结果驱动法。该方法有以下 3 个主要原则。

（1）产品 / 服务可帮助消费者完成任务

研究发现，消费者完成自己的目标任务会带来成就感。为此，他们会寻找能够助自己一臂之力的产品或服务。在结果驱动法中，我们的关注点并非消费者本身，而是他们所要完成的任务。当公司致力于协助消费者更迅速、更便捷地完成任务时，便更有可能创造出符合消费者期望的产品或服务。只有真正聚焦于消费者希望完成的任务，而非仅仅聚焦于消费者本身，公司才能创造出真正的消费者价值。

（2）消费者心中有衡量任务完成质量和效果的标准

消费者心中有一套标准，用于衡量任务完成的质量与效果。这些标准难以用语言表达清楚，对公司而言可能不易把握，但它们是衡量特定任务执行成效的关键原则。无论是何种任务，根据笔者的观察和研究，消费者往往会参考一系列（大约 50 到 150 个）标准来综合评判其完成情况。只有当标准得到满足时，消费者才会觉得完美地完成了任务。然而，在以消费者为导向的市场中，这些标准往往被忽视。因为仅仅倾听“消费者的声音”是不足以揭示这些标准的。

（3）消费者标准可以使企业创新的过程具有系统性和可预测性

通过充分利用现有信息，公司可以显著增强自己在创新过程中的执行能力。他们不需要通过头脑风暴产生大量的想法，然后费尽心思筛选其中有价值的部分。相反，他们应聚焦于任务中的 50 ～ 150 个关键成果，识别出哪些尚未完全实现，并系统地构思出能够更好实现这些成果的方案。一旦明确了哪些成果有待完善，公司就能明确改进方向，进而生产出消费者真正想要的产品。这便是消费者导向的精髓所在。

那么，对于硬件产品经理而言，如何在实践中践行消费者导向的理念呢？我们认为在产品定义阶段，硬件产品经理应将消费者的痛点与需求作为核心导向。消费者导向的积极作用表现在多个方面：它能推动产品或服务真正解决消费者的痛点，体现公司对消费者的责任感；同时，它也能减少其他非核心因素对决策的不良影响，从而激发公司员工的创新能力，为消费者提供更丰富、更贴合需求的选择；此外，它还有助于培养消费者的选择能力，使他们更加清晰地认识自己的地位和权利，进而营造一个更为公平的市场环境。具体做法如下。

1）应收集、理解、分析消费者的实际需求、痛点或痒点，而不是先考虑公司的产品。

2）应探究消费者为满足自身需求所愿意付出的成本，而非单方面决定产品定价。产品的价格不应仅仅取决于其功能，而应基于消费者所重视的价值来评估。

3）应考虑如何促成用户购买，而不是仅仅关注渠道的选择或推广策略。

4）应以消费者为中心，通过积极的互动和沟通，整合公司内外部的资源，实现客户和公司利益的同步协调。

简而言之，我们的目标是提供真正满足消费者需求的产品或服务。消费者需求多样，我们应确保在不同时刻都有合适的产品来满足这些需求，并真正解决消费者的痛点和痒点。

2. 市场导向

二十多年前，震惊世界的美国“9·11”事件发生一周后，快时尚品牌Zara迅速将货架上的彩色服装换成黑色服装，以示哀悼。这一快速且大规模的调整，不仅体现了Zara对市场动态的敏锐洞察力，更彰显了其为市场导向型企业的典范。由此可见，市场导向并非只是营销或一线客服部门的职责，它体现了整个公司的态度和战略方向，毕竟，没有精准的市场规划，又怎能制订出有效的产品策略呢？

广义市场涵盖广泛，包括个人、事件、节日或自然现象等多个方面，其中一些是有计划的，而另一些则是偶然的；一些是有规律的，而另一些则是随机的。在这个广阔的市场中，“潜力”无处不在。无论主题如何，关键在于能够抓住热点、吸引流量并激发消费者的兴趣或参与度，使产品或活动具有主题性和传播性。相对而言，狭义市场则侧重于销售层面，聚焦于销售活动的各个方面。

在产品定义中提及的市场导向，实际上是指公司应对激烈市场竞争的核心策略。它要求公司从全局、动态、系统的角度来分析竞品，灵活调整产品结构，并制订出有针对性的产品路线。具体而言，包括以下要点。

1）公司需通过多渠道收集公开信息、内部数据、市场情报及调查结果，深入剖析目标产品在市场中的份额。同时，密切监测行业的平均产销率、利润率，关注消费者的真实或潜在需求，识别市场空白或潜在机会，并留意是否存在垄断现象。这些关键因素都将对公司的营销策略产生深远影响。

2）公司应立足于自身的经营目标、研发实力、生产能力、品牌影响力和销售网络，结合市场竞争态势和市场进入门槛，初步探索并规划出具有竞争力的产品。在这一过程中，公司需保持对市场动态的敏锐洞察力，灵活调整产品策略，确保产品能够持续满足市场需求。

3）对主要竞争对手的深入调查也至关重要。对市场竞争环境进行全面分析和评估，并将注意力集中在主要竞争对手及其产品的详细研究上。毕竟，市场份额是有限的，市场竞争实质上是一场关于市场份额的争夺战。只有充分了解自己的能力和竞争对手的情况，公司才能在激烈的竞争中立于不败之地。

现代市场竞争的核心在于营销竞争，涵盖产品技术、品质、服务、价格和公司形象等多方面。因此，市场导向的营销能力不仅要与公司自身的实际情况相匹配，还要与竞争对手进行比较，从而及时调整或优化组合策略。毕竟，竞争力是赢得市场和消费者的关键。

3. 技术导向

技术导向是指公司基于现有的试验条件、技术或基础研究、产品预研来定义产品，这种导向往往依赖于公司多年积累的各项技术和专利，比如实用新型专利、发明专利，一般常见于集成电路公司、芯片公司等。下面重点讨论产品规划中的技术导向要素。

在技术导向中，所使用的技术是明确且具体的，比如运动补偿技术的应用。然而，目标客户群体及技术的具体应用 场景往往是多变且不确定的，这需要硬件产品经理紧跟市场动态不断发掘和探索。但这一探索过程必须紧密围绕公司的技术特点，以寻求产品的差异化竞争优势。

技术导向尤其适合那些致力于扩展客户、对技术深度有较高要求的企业，特别是那些专注于基础技术研究的公司。不过，这也对公司的技术管理能力提出了较高的要求。鉴于研发过程中技术投入的有限性，公司需要仔细考虑如何在减少人力投入的情况下满足正常的业务研发需求。在确保生产项目按时完成的基础上，公司的技术管理还需兼顾经济效益的稳定性。

在此过程中，公司应密切关注行业发展趋势、市场竞争态势和产品定位，以推动技术研发项目的立项和关键技术的有效应用。公司还应在最佳时机进行技术创新研究，推动技术进步，从而不断积累核心技术，形成新的技术理念，并增强公司在市场中的竞争优势。

从技术创新的角度来看，公司技术研发涉及基础研究、应用研究和产品研究等多个层面。通常情况下，产品研究是公司技术研究的重心，应用研究紧随其后，而基础研究则往往占比较小。以电视机公司为例，其首要关注的是与产品相关的技术研究，这也是微创新的关键所在。此外，公司还会涉足跨界技术应用研究，如软件研发等，而对于基础研究领域（如新材料）的投入则相对较少。

技术创新具有其固有的周期性，从新知识和原理的发现到实现技术创新和研发成果，往往需要经历漫长的过程。尽管技术创新具有较强的排他性优势，但其不确定性也同样不容忽视。已有技术的创新研发和应用对于提升技术水平、快速形成新技术和新产品，以及推动市场需求的发展都具有积极作用。

企业经营和发展的首要目标是实现经济效益的最大化，盈利能力是衡量其成功与否的关键。对于以技术创新为导向的公司来说，技术管理不仅要关注经济效益的增长，还要致力于以更高的标准满足客户需求。简单来说，公司掌握的新技术将成为其产品研发的基石，同时，公司还需积极布局新的技术预研，以便在未来的市场竞争中保持领先地位。

4. 供应链导向

供应链，从广义上讲，是一个庞大且复杂的体系，涵盖了从产品研发、计划制订、采购管理、物料控制、品质监控到储运物流等多个环节。在产品定义中，供应链导向意味着公司将供应链视为一个不可分割的整体，从供应链的上下游视角出发，运用系统的方法协调、优化与产品定义密切相关的信息和决策。

通过与供应商建立紧密的合作关系，公司可以获得较稳定的原材料来源，从而制订出更加精准的生产计划和交付计划。这种合作不仅有助于降低采购成本和生产成本，提高产品的价格竞争力，还能使公司在调整产品策略时迅速获取所需原材料。随着消费市场的多样化发展，公司需要频繁变换产品样式，重新设计产品并研发新产品，而稳定的供应链合作为这一切提供了有力的支持。

此外，与供应商建立稳定的合作关系还能提升交易效率，使得双方在产品质量、规格等方面能够更好地协调和调整，以满足公司的具体需求。

从狭义角度来看，供应链导向意味着公司根据上下游供应商（比如芯片方案提供商、液晶面板提供商及表面处理工厂等）提供的信息和原材料来定义产品。与供应商的合作对于新产品的优化至关重要，企业文化往往也需要进行相应的调整。无论是内部团队间的协作，还是公司与供应商的合作，都需要从传统的独立工作模式转变为跨区域、跨职能、跨团队的协同作战。这种转变就像接力赛中的接力棒传递，供应商和需求方之间需要无缝对接。为推动这一转变，公司需要建立有效的激励制度，不仅要认可个人业绩，还要激励所有参与合作的区域团队。公司应摒弃传统的甲方心态，将自己视为整个价值链（包括从原材料到组装、总装和分销，直至最终消费者）中的一部分，与供应商携手将产品推向市场。

在很大程度上，公司的产品是多个供应商产品价值组合的成果。因此，供应商在零部件设计上的创新对提升公司产品的价值具有重要意义，能够在市场竞争中赋予公司独特优势和先发优势。供应商在零部件设计中的改进或发明可以直接影响公司产品的最终形态和溢价。供应商通常会积极主动地参与公司产品的研发活动，以提前了解公司需求，他们通过产品创新来降低成本、获取长期订单，并与公司建立稳定的供需关系。鉴于市场竞争日益激烈、产品更新换代加速及技术应用复杂多变，公司很难独自承担技术研发的高昂成本。尤其是在电子行业，很少有公司能够完全依靠自身力量完成创新、规模扩张和市场渗透。因此，与供应商的合作显得尤为重要，只有通过整合外部资源，才能共同推动产品的创新与发展。

因此，积极利用供应商资源，并鼓励供应商参与产品的设计和研发，确实是一种有效且双赢的策略。然而，在此过程中，我们必须谨慎处理技术分类，并做好保密工作，以确保核心技术不被供应商泄露给竞争对手。毕竟，在电子行业，尤其是芯片、液晶屏等上游供应链中，技术和产品的相似度较高，存在一定的竞争风险。

综上所述，消费者导向、市场导向、技术导向和供应链导向这“四驾马车”在产品规划中相辅相成，不同的公司根据其自身特点和市场定位会有不同的侧重点；同一公司在不同的发展阶段其侧重点也会有所调整。综合考虑这“四驾马车”，硬件产品经理将更容易找到产品定义的创新点和差异化环节，从而在激烈的市场竞争中脱颖而出。

5.2.3 产品需求文档

产品需求文档（PRD）是产品定义中的核心文件。在编制 PRD 之前，有些公司还会先行制作一份 MRD（市场需求文档）。为了更清晰地阐述 PRD 和 MRD 的区别，我们可以采用 5W（WHAT、WHY、WHO、WHEN 和 WHERE）和 2H（HOW 和 HOW MUCH）框架来进行分析。MRD 主要解答 WHY、WHO、WHERE 等问题，如产品开发的必要性、目标用户群体、市场区域、销售渠道；而 PRD 则详细阐述了 WHAT、WHEN、HOW、HOW MUCH 等，如产品的具体形态、上市时间、实现方式及首批生产量。MRD、PRD 的核心内容如表 5.5 所示，从中可以直观地看到两者的区别与联系。

表 5.5 MRD、PRD 的核心内容

类别	子项	内容描述
MRD	WHY	为什么要开发这款产品，需要达到什么样的效果
	WHO	产品是面向什么用户群体的（卖给谁）
	WHERE	产品的目标市场在哪里，选择哪些销售渠道
PRD	WHAT	规划产品的硬件和软件功能，以及性能
	WHEN	什么时候产品能够量产、上市
	HOW	怎么实现所规划产品的软件和硬件
	HOW MUCH	首批订单量是多少？未来每个月计划单量是多少

撰写产品定义文档及其他相关文档的关键在于清晰的思路和充实的内容，而非形式上的华丽。许多初级硬件产品经理可能会过于关注文档的格式，实际上这不应成为重点。比如，MRD 和 PRD 可以单独撰写，也可以合并为一份文档，这主要取决于公司的具体需求和工作流程。在多数公司中，MRD 常由市场经理撰写，而 PRD 则由硬件产品经理主导完成。这里主要聚焦于 PRD 的撰写要素。PRD 可以采用多种格式呈现，如 Word、Excel 或 PPT 等，文档的命名并不关键，只要能够准确、清晰地传达必要的信息即可。

1. WHY

公司推出新款产品时，总是伴随着明确的业务目标，这些目标可以从外部和内部两个维度来考量。在外部因素方面，通过深入的市场调研和用户分析，我们可以发现当前市场上尚未充分挖掘的市场空间，以及尚未满足的用户需求。这些发现为产品的立项奠定了坚实的基础。

从公司内部因素来看，除了产品必须符合公司的整体战略方向，不同的业务目标还会引导产品走向不同的产品定位方向。为更精准地确定产品定位，推荐使用美国波士顿咨询公司提出的波士顿矩阵（BCG Matrix）这一工具，如图 5.8 所示。

公司最重要的经营活动是通过高毛利产品来赚取利润，这种高毛利产品也称为明星产品。除了追求利润，公司还有其他的重要业务目标，对应这些目标，产品定位分别为现金牛产品、瘦狗产品、问题产品。

1）明星产品：其核心目标是实现高额利润，并承担流量转化的重要作用。假如公司在品牌、渠道和用户基础上已有足够的积累，那么直接推出明星产品是可行的。如果相关积累不足，或产品对用户而言较为新颖，那么通过瘦狗产品来打开市场，降低用户尝试成本，可能更为合适。

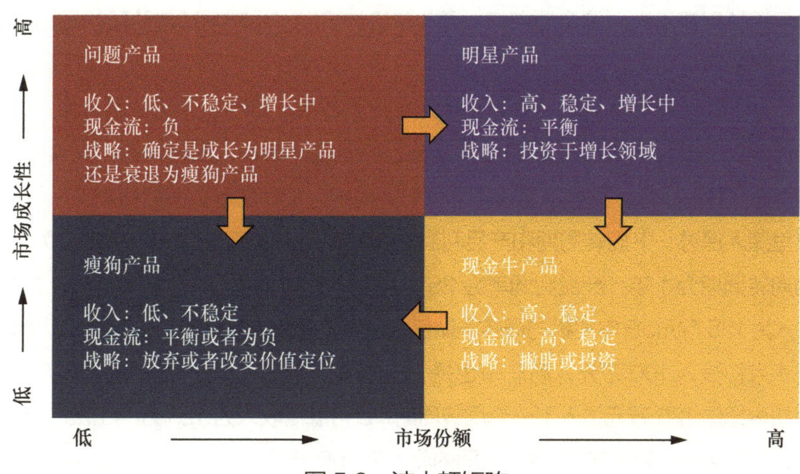

图 5.8　波士顿矩阵

2）现金牛产品：指那些已进入成熟期、市场占有率高但增长率较低的产品。从财务角度看，它们能够快速完成资金投入、生产和销售回收的循环，是公司现金流的重要保障。

3）瘦狗产品：其核心目标是提升销量，而非首先考虑利润。我们可以通过大规模销售，快速吸引用户，并将他们引导至公司其他高毛利产品处，实现整体盈利。

4）问题产品：其核心目标不是追求利润或销量，而是提升品牌形象和知名度。这类产品通常伴随着高额的前期研发投入，盈利空间有限。

为提高公司整体的投资回报率，除了降低产品成本、提升毛利率和净利率，还可以关注产品周转率。产品周转周期涵盖设计研发、生产和销售 3 个阶段，优化这些阶段的周期有助于提高公司整体的运营效率。

产品立项后，随即进入设计研发阶段，此时各种费用（如手板物料费、样机费、模具费及测试费用等）陆续产生。若与供应商合作研发，还需支付前期研发费用（此处暂不考虑人力成本）。这些费用投入后，只有等到产品成功销售给客户时，才能实现资金回流。此阶段的周期长短不一，可能为 1 ～ 20 个月不等。因此，加速研发相当于降低成本。

产品设计研发完成后，便进入生产阶段。在此阶段，备料和生产环节可能耗时较长。某些产品的长周期物料，如 IC、液晶屏及特殊的晶振等，其备料周期可能格外长，会严重影响整体生产进度。这些物料单价高、通用性差、价格波动大，不适合囤积。生产阶段结束，意味着前期投入的资金已经转化为实际产品，随后便进入销售阶段。

销售阶段包含物流运输和销售两大环节。物流运输涉及产品从工厂仓库至各销售渠道（比如代理商、电商平台仓库等）的转移，运输方式包括陆运、海运及空运。销售周期的长短则受品牌影响力、品类受欢迎程度和产品竞争力等多重因素影响。产品越受欢迎，销售周期往往越短。

产品周转周期是一个综合性指标，涵盖从设计研发、生产到销售阶段的周期，可以用以下公式来表示：

产品周转周期 = 产品设计研发周期 + 产品生产周期 + 产品销售周期

不同品类的产品，其周转周期差异显著。那些设计简单、用料普通、大众化的产品，其周转周期往往比较短，这意味着在相同的时间内能为公司创造更高的利润。

这里深入探讨一下周转周期和产品利润之间的关系。以两款电视机 A 和 B 为例，A 电视机的周转周期为 1 年，产品利润率为 25%。假设在 1 月初投入了 100 万元，当年 12 月末的收入为 125 万元。B 电视机的周转周期仅 3 个月，这意味着资金在一年内可以周转 4 次。同样在 1 月初投入 100 万元，利润率也是 25%，则 3 月底公司的收入为 125 万元；然后在 4 月初再把这 125 万元投入下一个周转周期，6 月底的收入为 125 万 ×1.25（即 156.25 万）元；以此类推，到当年 12 月，公司的收入为 100 万 ×1.25×1.25×1.25×1.25（大约 244.14 万）元。同样在年初投入 100 万元，A 电视机年末的收入为 125 万元，B 电视机则约为 244.14 万元。B 电视机因为其高周转性，最终带来的投资回报约是 A 电视机的 1.95 倍。由此可见，高周转产品能够为公司带来显著收益，有助于降低公司的盈亏平衡线。

硬件公司之所以重视销售部门和财务部门有关产品周转率的考核，正是基于这一原因。然而，在产品定义阶段，我们无须详尽解释这些因素，只需明确产品的周转周期即可。

2. WHO

明确产品的目标受众至关重要，这直接关系到产品能否精准定位并吸引合适的消费者。用户画像应详细且准确，以便能够清晰地识别出最有可能使用和受益于产品的人群。在此基础上，我们可以借鉴之前的用户研究成果，整合相关结论，构建一个详细且精确的用户画像。

3. WHERE

WHERE 指的是该产品主要针对哪些区域和渠道进行销售，这是制订市场策略时的重要考量因素。例如，是聚焦于国内市场，还是面向更广阔的海外市场，如北美洲、欧洲，还有中东等地？在渠道选择上，是倾向于线上销售，还是更看重线下渠道的铺设？甚至，我们可以更具体地定位在中国东南沿海的发达城市等特定区域。

不同区域的市场环境、消费习惯及竞争态势各不相同，这些都将直接影响我们的产品策略和销售策略。

同时，我们必须注意到，不同区域的产品执行规范和标准也存在差异，这直接关系到产品研发方案的选择。比如，面向欧盟的产品，我们必须确保其符合 CE 和 RoHS 等安全环保标准；而对于销往北美洲市场的产品，则需要符合 FCC 标准等。

4. WHAT/HOW

这个部分是 PRD 的核心内容，详尽地定义了产品的外观、结构、硬件构成、软件功能、包装方式及测试流程等细节。这些内容因产品特性而异，各有侧重。为了让 PRD 更加清晰、有条理，我们将其划分为三大主要类别，具体类别如表 5.6 所示。PRD 的具体写法参见 8.2 节。

表 5.6　PRD 类别

类别	文档	简述
文档信息记录	文档信息	记录文档版本号、编号、保密级别、产品名称
	项目计划	预研、研发设计等的起止时间
	变更记录	记录变更，方便追溯
产品需求描述	产品信息	全面描述产品功能和参数
	硬件需求	描述关键器件的参数指标
	软件需求	描述设备端软件需求
	产品功能列表	描述产品功能（方便快速浏览）
	使用流程	描述如何操作和使用产品
	产品功能需求	详细描述产品功能和性能要求
互联网平台	App 功能列表	App 的功能说明
	App 原型图	App 交互图
	云平台	云端功能描述，如存储、设备管理等

5. WHEN

在综合考虑市场需求和客观预估的项目周期后，需要明确产品的量产上市时间，并设置多个关键里程碑节点，以确保项目能够顺利进行。这些里程碑节点的设定不仅有助于项目经理对项目进度进行有效管理，还为团队成员提供了明确的工作目标和时间节点。

详细的项目计划通常由公司的项目经理负责制订，但在某些情况下，硬件产品经理也会兼任项目经理的角色。无论是由谁主导，硬件产品经理都需要密切关注项目的进展和变化，以便及时应对可能出现的突发情况。

6. HOW MUCH

产品的交付数量（即物量）是我们在产品定义中必须精确把握的关键要素。对于硬件产品经理而言，这主要涉及对首批订单的数量预测，同时也会对后续的月度销量进行初步预估。后续物量主要由供应链管理（SCM）部或计划物料管控部主导。首批订单之所以尤为关键，是因为它涉及渠道的首次交付和铺货策略，因此必须准确。我们通常在量产前便下达订单并准备相关物料，以确保生产线的顺畅运行。而后续的月度销售量预测，我们称为 FCST（Forecast），其准确性直接取决于我们所掌握资料的完整性和正确性。为了降低库存成本，公司通常会采取滚动备料策略。尽管不同公司的运作方式可能有所差异，但在 FCST 的管理上，大多数公司都遵循相似的原则。

在 MRD、PRD 的产品定义中，5W2H 为我们提供了一个清晰的结构框架，帮助我们全面阐释产品。然而，这并不意味着我们必须面面俱到，而是要根据实际情况进行灵活调整。对于那些在 5W2H 中没有涵盖的内容，也要根据实际情况进行补充和完善。

虽然不同的公司对 PRD 的格式要求可能存在差异，但其核心始终是确保每个项目团队成员都能清晰理解产品的目标和定位。硬件产品经理在定义产品时，需要用结构化思维，将产品分解为不同模块，并通过逻辑思维来组织这些模块之间的关系。比如，在分析产品需求时，首先从功能需求出发，进而推导出硬件要求、工业设计及交互设计要求。这种从上到下、从整体到局部的分析方法，有助于我们逐步深化对产品的理解，并最终进行收敛性验证。

PRD 的核心内容是设计研发的关键点，它将为设计师和工程师提供明确的工作方向。下面我们以智能电视为例来说明。

1）突出画质的核心卖点。

2）通过新材料 / 新工艺体现产品的高端品质。

3）利用独立副液晶屏和灯光效果增强产品科技感。

4）解决遥控器操作不便的问题。

5）解决便捷安装的问题。

这些关键点为设计师和工程师指明了工作方向，使他们能够明确哪些问题是必须解决的。这些框架和标准在产品设计之初就已经确定，因此在设计效果图或手板评审阶段，评审人员可以依据这些关键点逐一核对并确认，从而实现了设计研发评审内容的具体化。为了确保设计需求的准确传达和对关键点的深入理解，硬件产品经理还需组织项目启动会议，邀请高层领导和设计研发人员共同参加，以便在会议中就设计需求和关键点达成共识，并形成会议记录，存入档案。

本章详细阐述了产品准备阶段在产品规划和产品定义中所采用的一系列方法，并提供了富有实战意义的指导建议。同时，通过简要展示多个实际案例，提供了更为直观的说明，以便加深读者理解。

第 6 章

实战指南：产品落地

一项研究表明，粗略估计，一个产品从创意诞生到设计研发、原型制作、手板样机制作，再到正式批量生产和营销，每个阶段犯错的成本大约是前一阶段的 10 倍。成功的产品落地不仅可以为企业建立相应的竞争优势，还可以在一定程度上节约生产成本，降低新产品面市的风险。如果一个公司不能根据目标用户的需求按时推出产品，而仅仅依靠市场营销来推销产品，那么这样的公司很难建立核心竞争力。按时推出新产品的好处在于能增加公司的销售额和利润，在不断变化的市场中创造新的业绩增长点，有利于公司产品结构的调整。因此，在快速变化的竞争环境中，产品落地是硬件产品经理工作中非常重要的一环。好的产品落地不仅与合作、进度和预算有关，而且涉及公司不同部门之间的协作。通过这种跨部门的紧密合作，可以确保各个部门高效运转，从而保障产品后续能够顺利进入市场并满足客户的需求，最终实现公司的整体战略和目标。如果产品落地工作执行得当，它可以使每个目标和可交付成果在预算范围内按时完成。这不仅能够促进团队之间更好地沟通和协作，提高团队对产品的洞察力，还能帮助高层管理者做出更好的商业决策。

6.1 产品设计与研发

首先明确设计（Design）和研发（Research and Development，R&D）的区别。设计是指通过精心策划和周密计划，利用多种感觉形式将一种设想传达出来的全过程，是创造性工作；而研发指的是为了获取新的科学技术知识，创造性地应用这些知识，或对现有的技术、产品和服务进行改进而开展的一系列创新活动。设计和研发是硬件产品从 0 到 1（从概念到实物）的关键环节。在这个过程中，概念（Concept）是起点，它指的是产品的创造性想法，内容包括市场分析、用户调研和产品定义等。

基于第 5 章的内容，我们基本上已经明确了为什么要做这个产品，以及它会是什么样子，也就是说 WHY 和 WHAT 两个方面已经明确。接下来，为了将概念转化为现实，我们需要传递给设计和研发人员关键性文档——PRD，它是产品研发过程中从上游到下游的关键性输入文档。此时，产品仍然停留在概念阶段。在产品概念化的过程中，我们的重点任务是确保产品定义能够准确落地，即确保 PRD 中的各项需求都能得到准确的理解和实现。当然，在 PRD 最终确定之前，硬件产品经理需要与相关设计和研发人员充分讨论项目的可行性，以避免 PRD 凭主观臆断制定，导致后续无法顺利实施，从而浪费项目周期和资源。

接下来，我们看看产品的设计与研发涉及哪些环节。虽然每个公司的流程机制不同，但总体思路和环节应该是类似的。

6.1.1 工业设计

工业设计是指基于美学、工程学和经济学的工业产品设计理念，融合了社会学、心理学、人机工程学、结构力学、机械工程、材料学、工艺学、色彩学等学科的知识。工业设计近几年在国内因为政策支持和协会推动获得了空前的发展。下面先来说一说其流程。之前在国内流行的工业设计有以设计驱动的 Philips High Design Process（飞利浦高级设计流程）和以产品管理驱动的 Motorola（摩托罗拉）M-Gates 门径管理流程。

图 6.1 展示了荷兰飞利浦公司所倡导的高级设计流程。这一流程融合了科学原理、技术创新和商业洞察，由设计驱动，包含从启动、分析、概念、定稿到评估等环节。在完成初步的设计流程后，飞利浦的设计团队会进行反向推演，通过反复迭代和优化，最终设计出满意的产品。

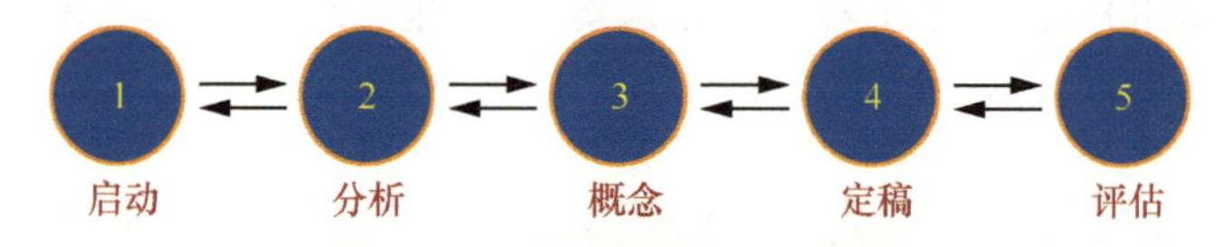

图 6.1 飞利浦高级设计流程

飞利浦高级设计流程强调以人为本、以研究为基础和多学科交叉 3 个方面。具体来说，以人为本的设计研究包括以下 3 个方面。

- 消费者研究与趋势分析，专注于全球文化驱动下的消费者需求。
- 视觉趋势分析和文化扫描，关注于未来一年内的造型、材料、色彩、表面处理的趋势及其文化价值。
- 未来战略预测，即预测未来 2 ～ 5 年社会、文化和生活方式变化的驱动力和趋势。

上述 3 个方面以具体问题为导向贯穿并作用于整个设计过程。飞利浦的设计部门汇聚了来自不同领域（如社会学、心理学、语言学、哲学、人类学、技术、人体工程学、市场营销、公共传播等）的专家，这些专家组成了小组，针对“人”进行深入研究，为设计流程提供多维度的视角和专业的见解。

飞利浦的设计遵循非常严格的制度和程序，该公司在确定设计部门在企业中的地位和制订设计程序方面非常严谨。以下是与飞利浦产品设计阶段紧密相关的因素。

- 工业设计因素：包括美学、社会及文化背景、视觉趋势、环境、人机工程等。
- 营销因素：是产品设计概念的核心考量。
- 设计新产品并将其投入生产的规划因素：包括经济形势分析、市场研究分析、技术分析、销售渠道分析、销售目标制订、产品或产品组合规划、生产方式选择、产品线或产品体系确定、环境研究、未来技术研究等。
- 流程关系：涉及专题，如概念确定、OEM 计划等。
- 简要总结：包括目的规范、特征规范等。
- 研究：涵盖情报研究、研究安排等。
- 设计：包括草图绘制、效果图制作、沟通协调、早期规划等。
- 展示：涉及手板制作、评审、优化、改进等环节。
- 决策、交付、测试和跟踪：包括 IP 控制、营销反馈、促销活动等。

图 6.2 展示了 Motorola M-Gates 门径管理流程，该流程以产品管理驱动设计进程。Motorola M-Gates 门径管理流程看上去比较复杂，其中包括很多核查门径，这些核查门径确保了产品从最初的概念创意阶段一直到完整的产品生命周期结束，都在通过精细化管理不断推进。该管理流程适用于产品设计、研发及上市的整个过程。对工业设计来说，该流程提供了一种可以套用和借鉴的框架。

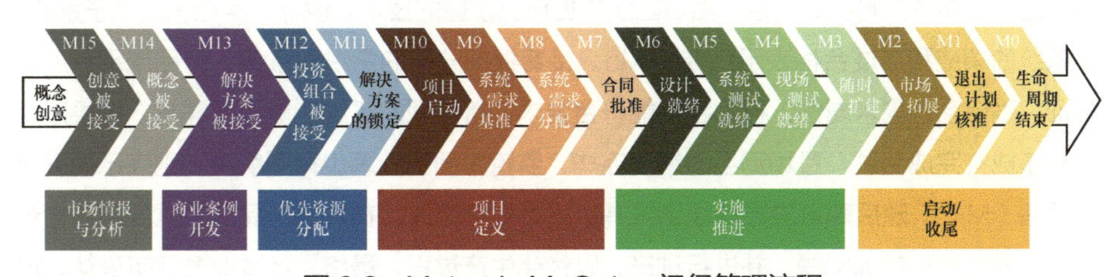

图 6.2　Motorola M-Gates 门径管理流程

Motorola M-Gates 门径管理流程实质上是摩托罗拉产品整个生命周期的管理流程，包括从最初的想法直到其最终退役的全过程。它为设计、测试、制造和营销提供了一个统一的框架，以确保所有环节的一致性和质量。制定 Motorola M-Gates 门径管理流程是为了给公司提供一个明确、统一的方法来协调各个职能部门，并在市场和产品规划过程中加强各部门之间的沟通，特别是硬件产品经理与其他相关部门之间的协作。Motorola

M-Gates 门径管理流程可以分为 6 个阶段：市场情报与分析、商业案例开发、优先资源分配、项目定义、实施推进及启动 / 收尾。在每个阶段结束时，硬件产品经理会与核心团队或高管团队进行核查，以了解项目状况和风险。

1）M15-M14 为市场情报与分析阶段。在这个阶段，营销人员需要持续收集市场信息，进行市场细分，并且评估公司内部的能力。所有收集和分析的内部和外部信息都需要在数据库或数据中心进行管理。此外，团队要对创意和概念进行评估，直到它们被接受。

2）M13 为商业案例开发阶段，此阶段由跨职能部门团队的成员共同寻找机会点。一个商业案例一旦获得批准，就会衍生出更详细的商业案例内容。要根据商业案例对机会点（包括客户反馈、技术可行性、标准、财务分析和产品路线图）进行更深入的分析。

3）M12-M11 为优先资源分配阶段，也称项目组合规划阶段。该阶段包括两项重要工作，其一是确定商业案例及其相关路线图，即锁定解决方案，其二是评估特定解决方案的市场需求，以确保投资组合的可行性。项目组合规划还包括将特定的机会引入正式的 M-Gates 门径决策流程，并持续管理项目组合。

4）M10-M7 为项目定义阶段。这个阶段的重点是研究整个系统详细的需求。这些需求包括采购、制造、分销策略、客服和售后支持、营销方案、销售渠道布局、技术架构设计、组织架构设计、测试策略以及平台选择等。这个阶段以立项书（有些以合同的形式呈现）的批准（或者不批准）为指标，立项书是公司内部对项目规划和承诺的文档。

5）M6-M3 为实施推进阶段。在这个阶段，项目团队首先要对需求进行进一步的细化或分配，并准备开始设计门径。然后团队根据自己掌握的技术来设计、实施和测试子系统。子系统的集成和测试合格表示完成了 M5。接着根据分配的需求对系统、产品或平台进行验证，确保系统需求属性、行为和性能符合要求，所实现的系统能够满足需求。如果系统顺利集成并完成测试，且场测手册编制完毕，监管方面的问题也得到解决，则表示现场测试就绪（M4）。随后即可进行现场测试并进行必要的修改。在制造产品时，需要确定物料清单，解决产能瓶颈问题，并进行试产，以优化生产过程。最终，经过业务评审确认，项目已经完全具备随时扩产条件（M3）。

6）M2-M0 为启动 / 收尾阶段。该阶段的重点是确定部署的机会点，并确保项目的正式退出和决策管理能够顺利进行。对于批量部署而言，关键在于分析批量部署的可控性以及制造升级的实施情况，确保启动、制造、支持 / 服务、市场拓展等各个环节均已准备就绪。营销和产品规划在评估机会点的可行性方面发挥着至关重要的作用。否决机会点并非仅在批量部署后才考虑，而是贯穿整个投资组合的决策过程。这意味着，产品在生命周期的早期阶段就可能因为战略调整或整体资源需求的变化而被否决，这也代表了产品生命周期的结束。

前面介绍的国外两种流程各有优缺点。随着产品品牌化推进力度的加强，也演化出了适合国内企业的工业设计流程，具体如图 6.3 所示。

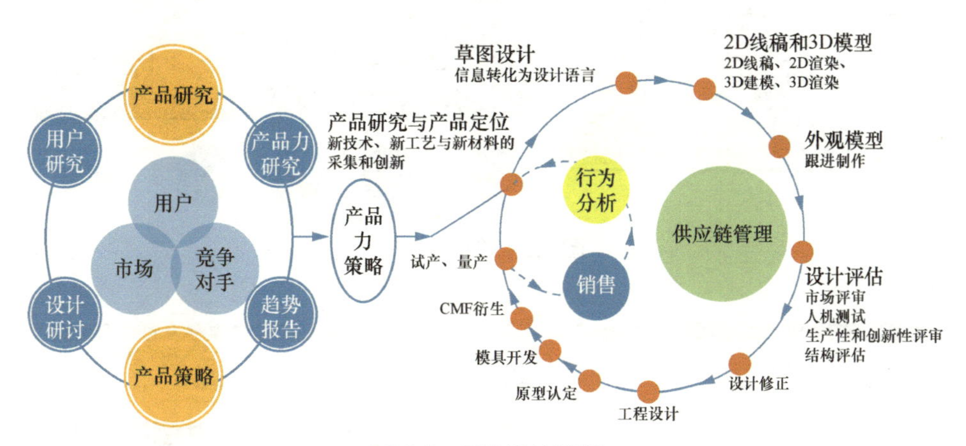

图 6.3　工业设计流程

在图 6.3 中，右侧部分多数公司在执行，这里简要说一说左侧部分。关于用户、竞争对手和市场的分析，涵盖了趋势报告、用户研究、设计研讨、产品力研究等多个方面，通过分析，我们可以提炼出产品策略，为设计人员提供指导。在研究用户和竞争对手时，重点关注用户使用场景、用户具体的操作以及产品的设计趋势。在研究市场和竞争对手时，会涉及产品定位、价格段、用户故事示例和产品设计方向等内容。相关示例图如图 6.4 至图 6.7 所示。经过大量的产品研究和设计研讨，最终形成一套完整的产品力策略。

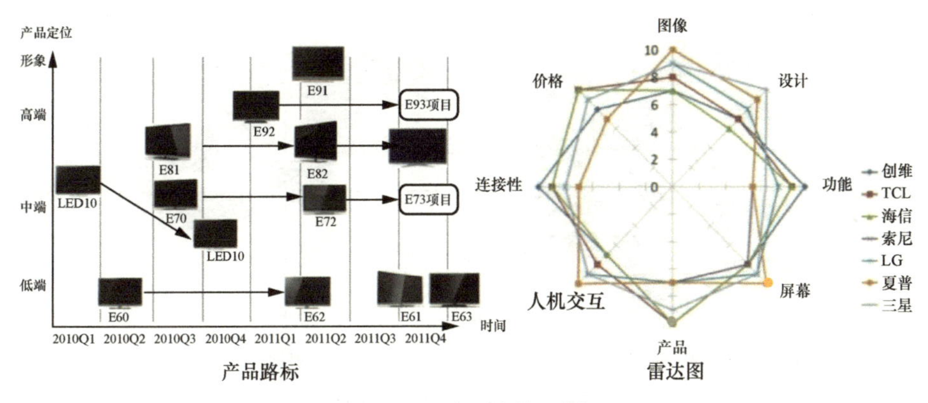

图 6.4　产品定位示例

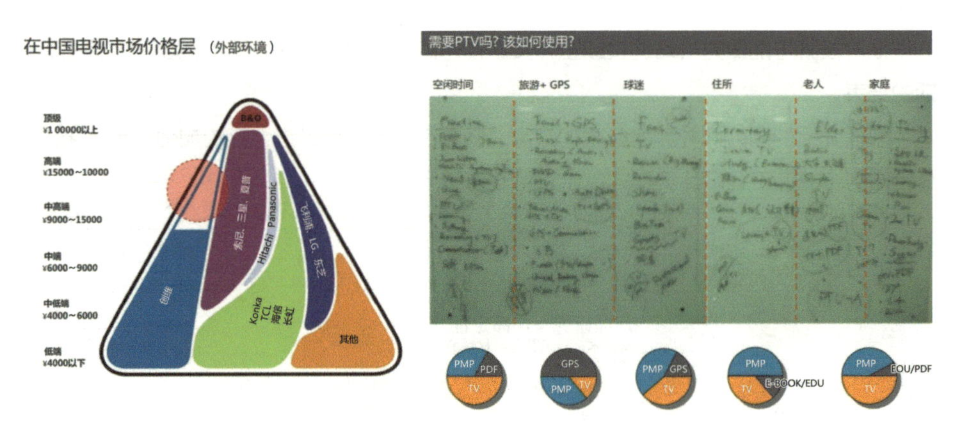

图 6.5 价格段示例

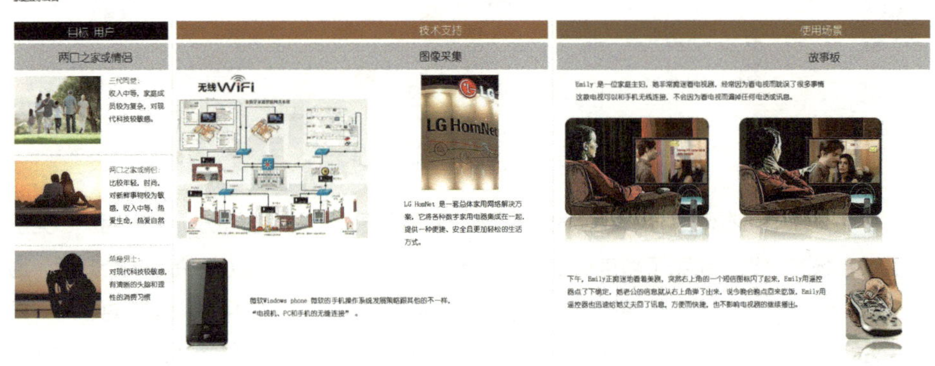

图 6.6 用户故事示例

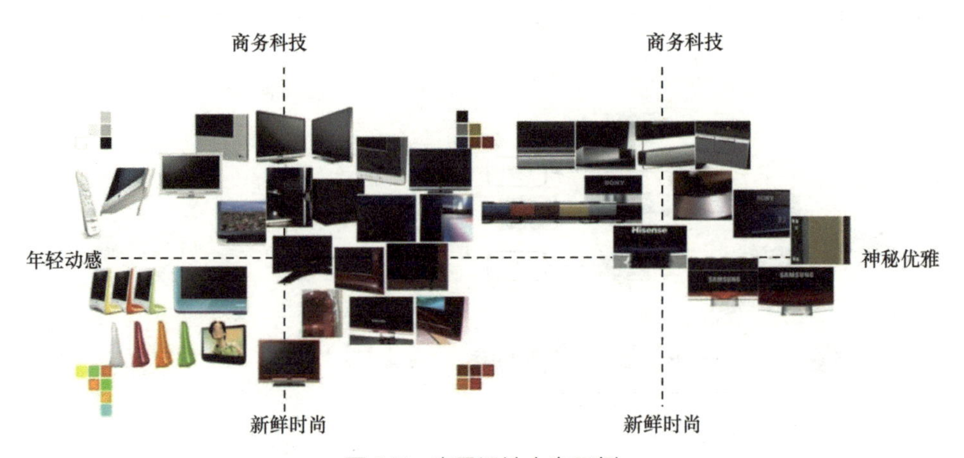

图 6.7 产品设计方向示例

图 6.8 展示的是后端销售支持示例，图 6.9 展示的是购买行为分析示例。销售支持主要涵盖包装和终端展示，包括物料的设计和制作等环节；购买行为分析侧重于对已购买产品的用户行为进行深入研究，以验证销售前公司所做用户研究的准确性，并据此优化后续策略。

图 6.8　销售支持示例

图 6.3 所示的工业设计流程，是广义上的设计流程。如果公司拥有独立的设计中心或者设计院，则可以独立开展全流程工作。一个新产品的设计流程（从 0 到 1）可以大致分为外观设计和内部构造设计两个部分。外观设计主要负责构建产品的外形框架，剩下的细节还需要由结构工程师、模具工程师、软硬件工程师等人员协同完善。

对于 ID 工程师来说，为了更高效地与工程团队对接，需要使用工程软件来进行创意表达和设计工作。常用的软件包括 AutoCAD、Pro/E、UG 等，也有人使用 Rhino、3ds Max 等。

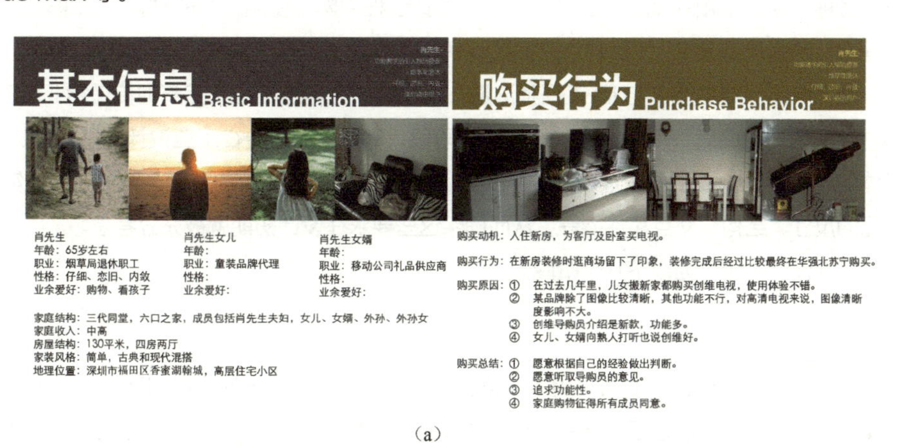

（a）

图 6.9　购买行为分析示例

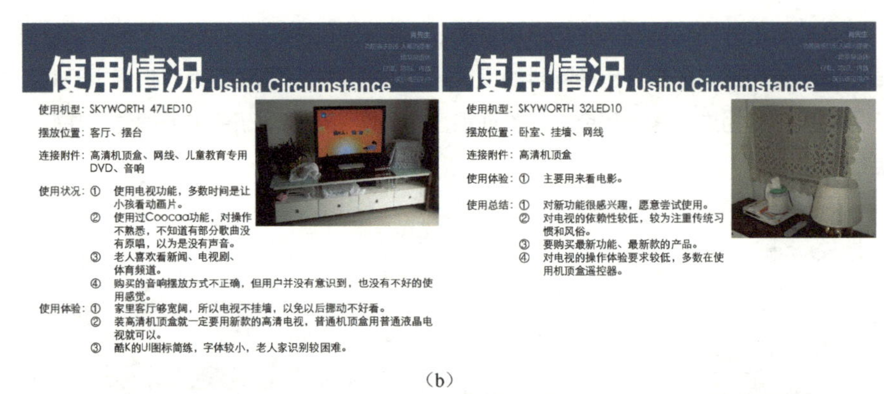

（b）

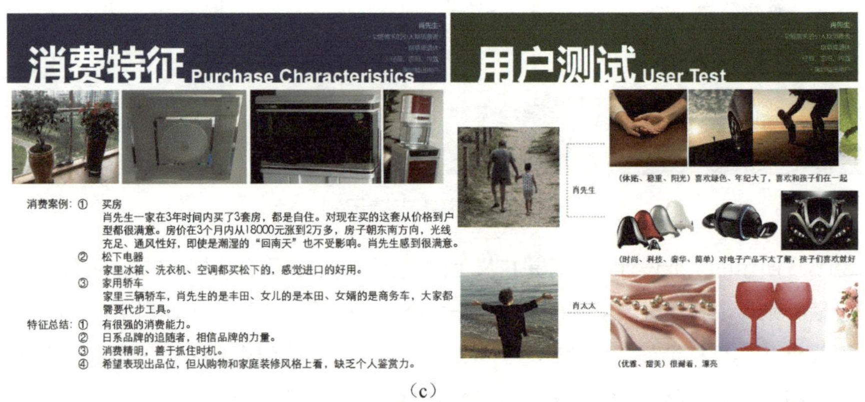

（c）

图 6.9　购买行为分析示例（续）

ID 工程师一方面需要具备丰富的创意能力，以产出好的产品创意；另一方面，也需要熟悉各种外观效果和外观设计工艺，能够在设计过程中熟练使用恰当的材料工艺来表达设计理念；最重要的是 ID 工程师对产品的理解要足够深入，能够让设计直指产品本质。因此，硬件产品经理需要多与 ID 工程师沟通，确保将产品理念和定义完整地传递给 ID 工程师。外观设计完成后，项目将进入结构设计阶段，MD 工程师要在工业设计的基础上进行具体的结构设计。在工业设计阶段，MD 工程师、硬件工程师也需要参与，多方共同沟通产品的尺寸、结构、交互和性能等，从而确保这些要求在设计初期就被充分考虑。

工业设计一般分为以下几个阶段。

1. 草图阶段

在这一阶段，设计师通常采用手绘草图的形式快速记录自己的大量创意。这个阶段非常重要，因为草图将决定后续产品设计的主要方向。草图作为设计师灵感的直接视觉表现，虽然可能不包含准确的尺寸和几何信息，但能有效地传达设计概念与初步构想。在这一阶段，设计师一般会归纳出多个设计方向，然后从中选择几个进入下一阶段的深入设计。建议设计师在这一阶段广泛搜集资料，比如多从杂志、网络上寻找素材，用马克笔和 A4 纸进行构思和草图绘制。草图示例如图 6.10 所示。

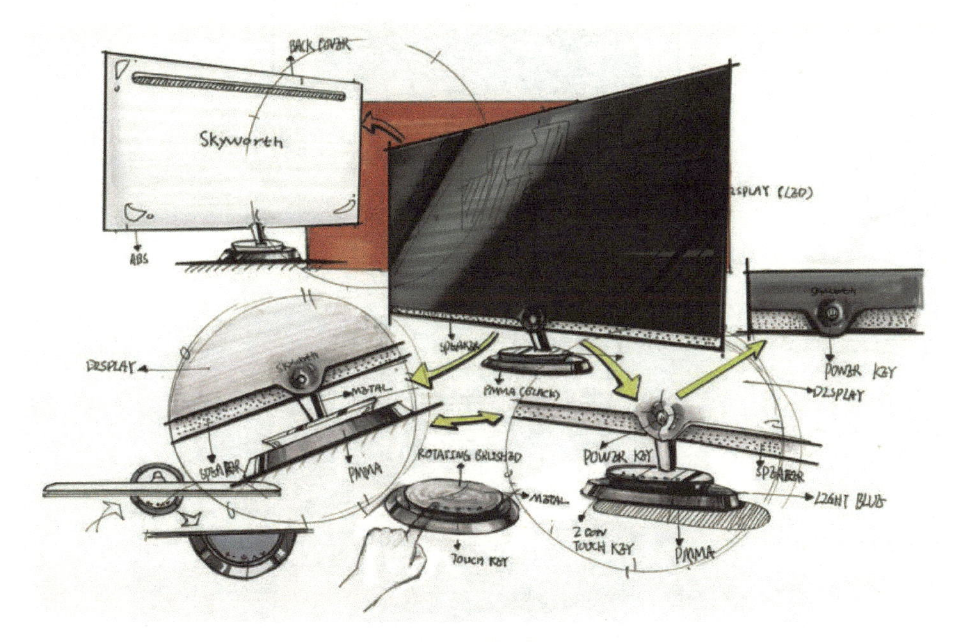

图 6.10　草图示例

2. 2D 线稿阶段

草图绘好后，下一步是进行 2D 视觉表达，即绘制 2D 线稿。这一过程可以通过 CAD 软件完成，目的是将草图中模糊的设计概念转化为清晰、规范的图形。在 2D 线稿阶段，设计师需要根据实际尺寸来绘制，并通过线条的分割和布局来调整各部分的比例。相比于草图，2D 线稿能够更准确地传达产品的尺寸信息及整体的视觉效果。推荐使用 AutoCAD、CorelDRAW、Photoshop 和 Illustrator（AI）等软件完成 2D 线稿的绘制。2D 线稿示例如图 6.11 所示。

3. 3D 建模阶段

在这个阶段，设计师通过 3D 建模技术在三维空间中从多个角度更直观、真实地展现产品的形态，清晰地呈现设计师的创意和大部分细节。通过 3D 建模所获得的效果应当尽可能接近最终实物。这个阶段可以使用犀牛（Rhino）、3ds Max 等软件建模，但推荐使用在工程领域更为常用的 Pro/E、UG 或 SOLIDWORKS 等软件建模。因为多数公司在接下来的流程中，会让设计师与机械工程师进行对接。为避免出现对接不顺畅的情况，所以最好使用工程软件来建模。工程 3D 建模示例如图 6.12 所示。

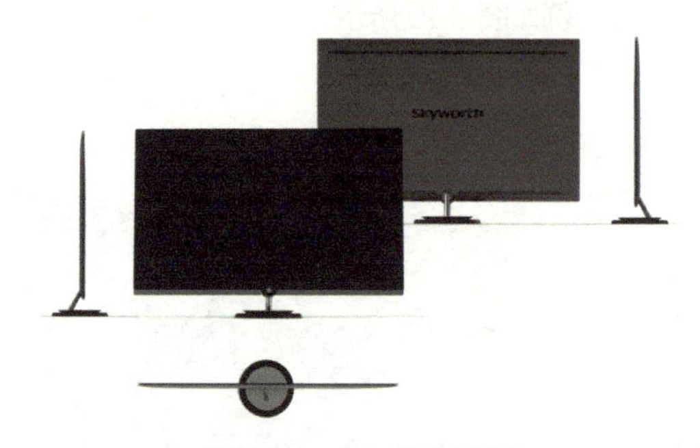

图 6.11　2D 线稿示例

图 6.12　3D 建模示例

4. 渲染阶段

使用渲染软件，可以为所绘制的设计图渲染出真实的光影、颜色、材质、纹理和场景，从而清晰地展示产品的真实状态。在这个阶段，比较常用的软件有 HyperShot、KeyShot 及 Photoshop。渲染示例如图 6.13 所示。

图 6.13　渲染示例

6.1.2 CMF 设计

战国时期记述官营手工业各工种规范和制造工艺的文献《考工记》中曾提到："天有时，地有气，材有美，工有巧，合此四者，然后可以为良。"这句话的意思是，只有当自然界的时机适宜、地理环境提供的资源得当、所用材料优质以及工匠技艺精湛这 4 个方面完美结合时，才能制作出精良的器物。这段话表达了要将自然资源与人工技艺完美结合才能造出好产品这种先进的造物思想，这一思想至今仍对现代产品设计具有积极的指导意义。现代产品设计中非常重要的一个环节是 CMF 设计。所谓 CMF 设计，就是对 Color（色彩）、Material（材料）和 Finishing（表面处理与成型工艺）的设计。

1. 色彩是产品外观设计综合考量的第一要素

色彩是视觉体验中极其重要的一环。因为每个人的视觉感受存在差异，很多公司都会借助专业的潘通色卡为设计师提供一致的品牌色彩建议。不同的色彩可以向用户传达不同的情感，我们以克拉因色彩感情价值表为例来说明色彩与感情的关系，如表 6.1 所示。

表 6.1 克拉因色彩感情价值表

颜色	客观感觉	生理感觉	联想	心理意识
红色	辉煌、激烈、豪华、跳跃（动）	热、兴奋、刺激、极端	战争、血、大火、仪式、圆号、长号、小号	威胁、警示、热情、勇敢、庸俗、有气势、愤怒、野蛮
橙红	辉煌、豪华、跳跃（动）	烦恼、热、兴奋	最高仪式、小号	暴躁、诱惑、有生命力、有气势
橙色	辉煌、豪华、跳跃（动）	兴奋（轻度）	日落、秋、落叶、橙子	向阳、高兴、有气势、愉快、欢乐
橙黄	闪耀、豪华（动）	温暖、灼热	日出、日落、夏、路灯、金子	高兴、幸福、有生命力、保护、有营养
黄	闪耀、高尚（动）	灼热	东方、硫磺、柠檬、水仙	光明、希望、嫉妒、欺骗
黄绿	闪耀（动）	稍暖	春、新苗、腐败	希望、不愉快、衰弱
绿	不稳定（中性）	凉快（轻度）	植物、草原、海	和平、理想、平静、悠闲、健全
蓝绿	不稳定、呼应（静）	凉快	湖、海、水池、玉石、玻璃、铜、埃及、孔雀	异国情调、迷惑、神秘、茫然

续表

颜色	客观感觉	生理感觉	联想	心理意识
蓝	静、退缩	寒冷、安静、镇静	蓝天、远山、海、静静的池水、眼睛、小提琴（高音）	灵魂、天堂、真实、高尚、优美、透明、忧郁、悲哀、流畅、回忆、冷淡
紫蓝	静、退缩、阴湿	寒冷（轻度）、镇静	夜、教堂窗户、海、竖琴	天堂、庄严、高尚、公正、无情
紫	退缩、阴湿、离散（中性）	稍暖、屈服	葬礼、死、仪式、地丁花、大提琴、低音号	华美、尊严、高尚、庄重、宗教、帝王、幽灵、豪绅、哀悼、神秘、温存
紫红	阴湿、沉重（动）	暖、跳动的抑制、屈服	东方、牡丹、三色地丁花	安逸、浓艳、绚丽、华丽、傲慢、隐瞒
玫瑰	豪华、突出、激烈、耀眼、跳跃（动）	兴奋、苦恼	深红礼服、法衣	安逸、虚荣、好色、喜悦、庸俗、粗野、轻率、热闹、爱好、华丽、唯物的

对硬件产品经理来说，在沟通中准确理解和表达色彩的概念至关重要。色彩对于我们而言是一个再熟悉不过的词，凡是在我们面前出现的事物都具有色彩，它们每时每刻都在影响着我们的感官体验（生理感受和心理感受）。色彩时时刻刻刺激着我们的视觉感受。正如德国诗人歌德认为，色彩作用于灵魂，刺激了感觉，唤醒了那些使我们平静或兴奋、悲伤或幸福的情绪。可以说色彩刺激着我们全身的每一个细胞。我们可以从色彩感知、色彩的范畴、色彩基本要素和潜在色 4 个方面来全面了解色彩的含义。

（1）色彩感知

我们看到的色彩事实上是以光为媒介的一种感觉。色彩是人在接受光的刺激后，视网膜上的感光细胞产生的兴奋信号传送到大脑中枢而产生的感觉。色彩感知示例如图 6.14 所示。心理学家认为，人的第一感觉就是视觉，而对视觉影响最大的则是色彩。人的行为之所以受到色彩的影响，是因为很多时候人的行为容易受情绪的支配，而色彩会直接影响人的情绪。色彩源于大自然，如蓝色的天空、鲜红的花朵、金色的阳光……看到与大自然中的色彩一样的色彩，我们自然就会产生相应的感觉体验，这是色彩最原始的影响。

图 6.14 色彩感知示例

所有色彩都是建立在有光的基础上的，当光线逐渐减弱或环境变得黑暗时，色彩也会随之发生变化。硬件产品经理学习色彩的目的，不只是为了观察对象本身的颜色，更重要的是要观察它与周围环境的关系——包括时间、空间，以及它与观察者（主体）的相关关系。也就是说，硬件产品经理感兴趣的是，眼前的色彩现象是如何发生的。

（2）色彩的范畴

色彩可分为无色彩与有色彩两大范畴：无色彩指无特定单色光的色彩，即黑、白、灰；有色彩指有特定单色光的色彩，即红、橙、黄、绿、蓝、紫。学习绘画的人通常会经历一个从无色彩到有色彩的学习过程。在无色彩画面中，借助光我们可以看到物体的黑、白、灰这 3 种色调，其中明度最高的色为白色，明度最低的色为黑色，中间存在的则为灰色色调。素描画通常为黑、白、灰这 3 种色调。在有色彩画面中，色彩相对来说丰富许多，它所表达的内容更为贴近我们在现实生活中看到的场景。无色彩与有色彩的对比示例如图 6.15 所示。硬件产品经理需要经过长期的积累和实践，才能加深对色彩的理解和体会。

图 6.15 无色彩与有色彩的对比示例

（3）色彩基本要素

色彩有 3 个基本的要素：色相、明度、纯度。

色相就是色彩的相貌，图 6.16 为色相对比图。它包括红、黄、蓝三原色和这三原色相互混合形成的其他色彩。

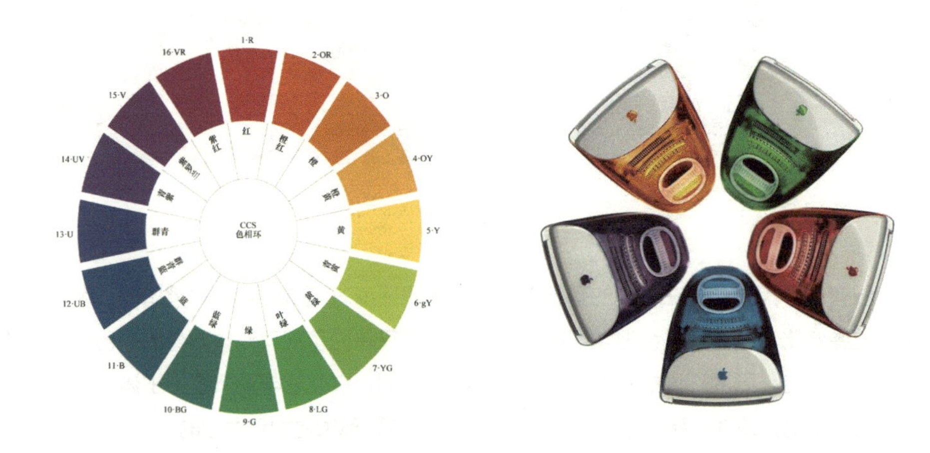

图 6.16 色相对比图

明度是指色彩本身的明暗程度，图 6.17 为明度对比图。色彩的明度有两种情况：一是同一色相的不同明度；二是不同色相的明度差异。以黑白色为例，白色明度高，黑色明度低。对红色来说，加入白色后明度就会变高，反之加入黑色则明度变低。任何一种色彩加入白色后，其明度都会提高；加入黑色后，其明度都会降低。因为白色属于反射率相当高的色彩，而黑色则是反射率极低的色彩，所以明度是表现物体的立体感和空间感的重要手段。

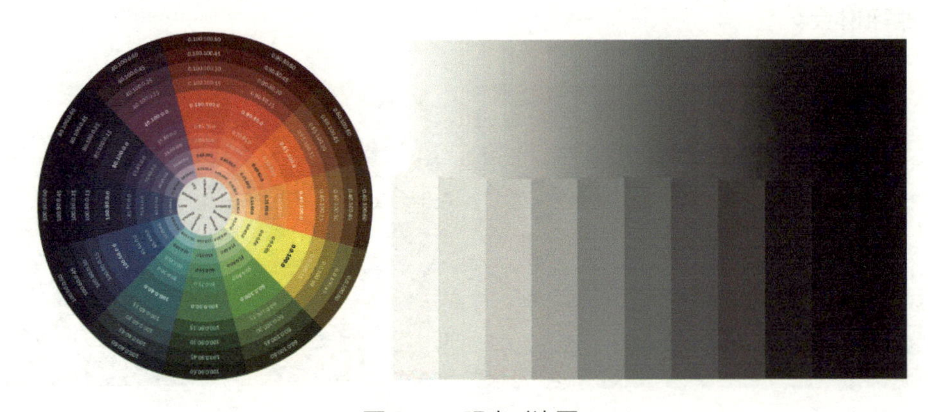

图 6.17 明度对比图

纯度是指色彩的纯净度，也可以说是色彩的鲜艳程度，即色彩的艳度、彩度和饱和度。比如一个大红色，在没有与任何颜料调和前，它的纯度就是 100%。与其他颜色调和越多，其纯度就越低。再比如，新鲜的苹果色泽饱满、鲜亮，而放久了的苹果就会失去原有的色泽，变得黯淡无光。纯度（或饱和度）对比图如图 6.18 所示。

图 6.18　纯度对比图

（4）潜在色

潜在色是指物体在特定的光线下呈现出的不同于其固有色的新色彩效果，如图 6.19 所示。为了提升产品的档次，除了精心设计包装，巧妙地利用光也是一种非常有效的手段。硬件产品经理可以在展示产品终端时，通过打光技巧突显产品的潜在色，从而增强其吸引力和价值。光是一种很奇妙的媒介，任何物体在它的照射下，都可以呈现出令人意想不到的效果。

图 6.19　潜在色示意图

潜在色的定义包含两个层面：首先，它指的是那些在特定环境和光照条件下，才能被肉眼观察到的独特颜色；其次，潜在色指那些隐藏在物体内部，需要通过开采、切割、打磨等人工处理才能逐渐展现出来的颜色。比如天然玉石的加工，它在不同的阶段会呈现出不同的颜色，经历一系列复杂的工艺处理后，最终展露出它的内在美。图 6.20 展示了玉石的人工雕琢过程。

图 6.20 玉石的人工雕琢过程

2. NCS

使用色彩的难点在于如何精准描述色彩，这常常会在硬件产品经理与其他专业人士沟通的过程中引发争论。比如有人说绿色需要调淡一些，但调淡一些的具体含义并不容易通过简单的描述来明确表达。想要解决这一难题，可以采用 NCS（Natural Color System，自然色彩系统）这一工具。NCS 的品牌 Logo（标志）如图 6.21 所示。

NCS 是目前世界上最负盛名的色彩体系，它不仅是国际通用的色彩标准，还是国际通用的色彩交流语言。对NCS的研究始于1920年，经过数十年的发展，到20世纪60年代，已有超过 100 位来自不同领域的专家（包括建筑师、设计师、心理学家、物理学家、化学家和色彩学家等）参与相关研究。

我们在上小学时学过色彩三原色，但是在欧洲，设计师们普遍使用的色彩语言都是 NCS。我们看到的很多国外的优秀产品设计，其用色往往是基于 NCS 的。

对设计师和硬件产品经理而言，仅了解颜色本身及其色彩倾向是不够的，还需要对颜色的编号有一定的了解和认知。了解色彩及其编号，对于产品设计、平面包装设计、UI 设计等都具有重要的意义。

图 6.22 展示的对比图生动地描述了两种截然不同的色彩倾向。左侧的色系偏紫色；右侧的色系偏蓝色。

在与设计师沟通色彩细节时，若硬件产品经理只是简单地说色彩要偏蓝一些，那么设计师是得不到明确指示的。这时就要用到 NCS 色相环，如图 6.23 所示。按顺时针方向查看 NCS 色相环，其由 Y（黄）、R（红）、B（蓝）、G（绿）4 种基本色组成。在一个 360 度的完整色相环中，每种基本色占据 90 度的区域，每个区域又被细分为 10 等份，每等份代表 10% 的色彩变化。

图 6.21　NCS 的品牌 Logo　　　图 6.22　偏紫色 VS. 偏蓝色

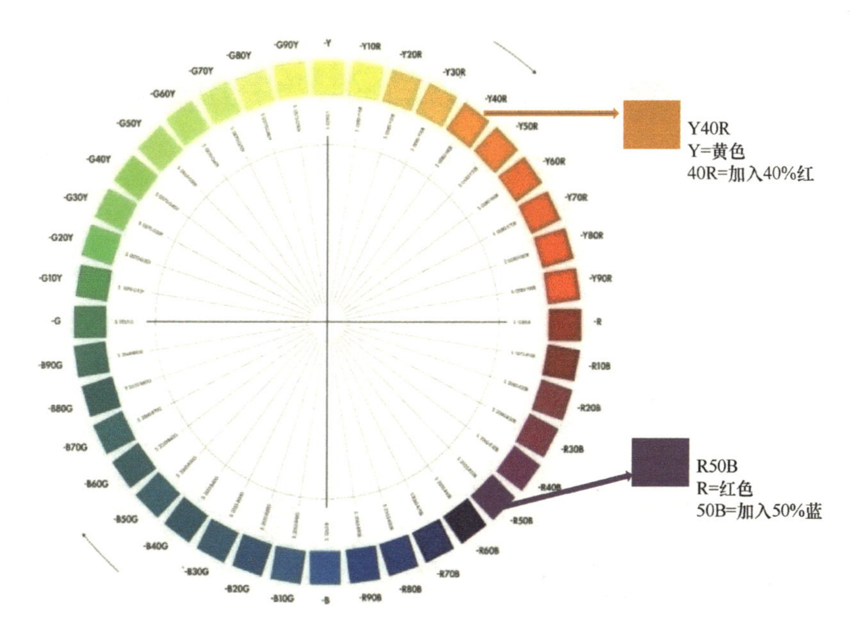

图 6.23　NCS 色相环

NCS 的基本原理如图 6.24 所示，左侧的图是一个坐标轴，在这个坐标轴中，主要展示了色彩的两个基本属性：明度和纯度，色相对比在此图中未体现。

以明度为 50% 的紫色为例，当明度进一步提高时，它的纯度也会相对较高，反之则相反，图 6.25 为明度、纯度示意图。

色位、色相、明度、纯度的对比和联系如图 6.26 所示。

在 NCS 中，任何我们能够看到的颜色，都有一个明确的编号，比如 S2030-

Y90R。该编号指的是明度 20%，纯度 30%，色相为 10% 的黄色和 90% 的红色，如图 6.27 所示。

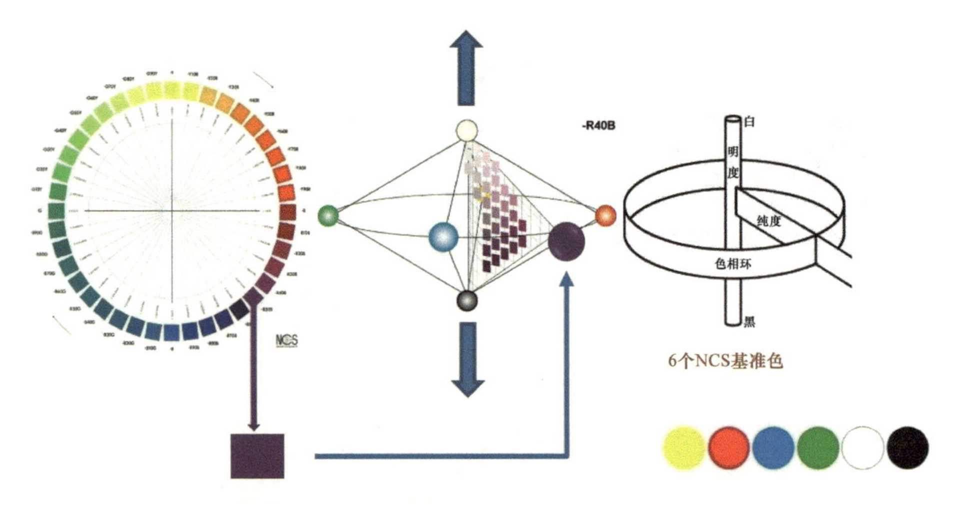

图 6.24 NCS 系统基本原理

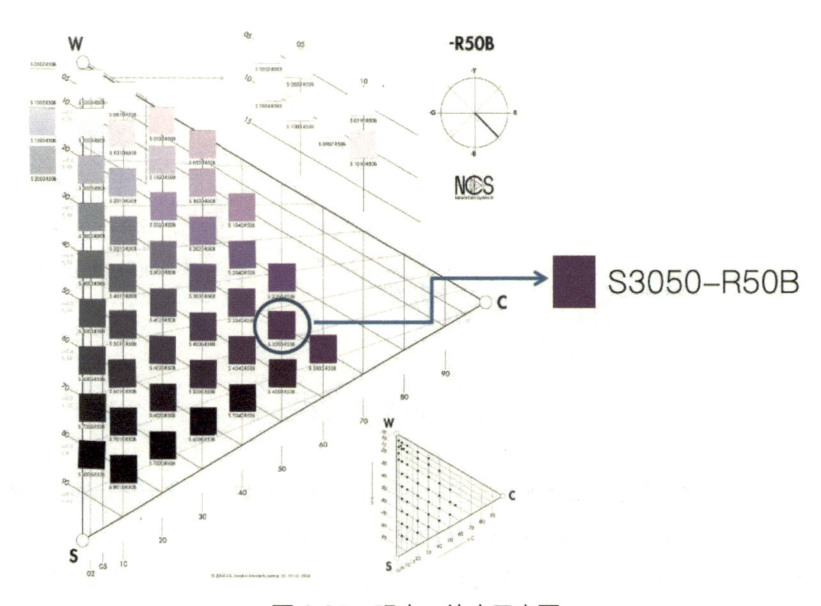

图 6.25 明度、纯度示意图

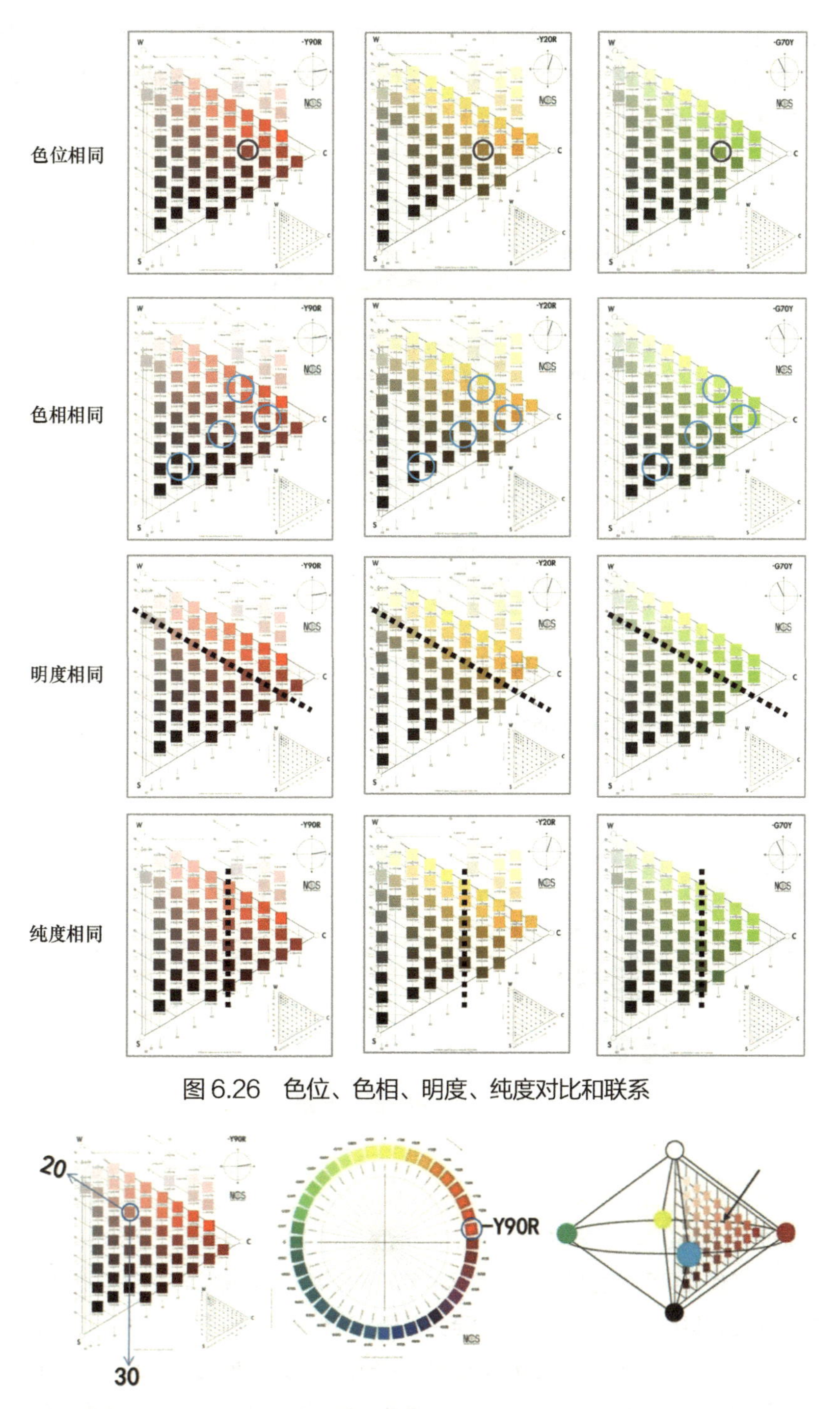

图6.26　色位、色相、明度、纯度对比和联系

图6.27　S2030-Y90R

在家电和消费电子领域，人们根据 NCS 色彩理论在 NCS 色彩卡上划分出 5 个色调。在进行产品设计时，从这 5 个色调中任选一组色彩来搭配，都能达到非常和谐的效果。这 5 个色调的示例如图 6.28 所示。

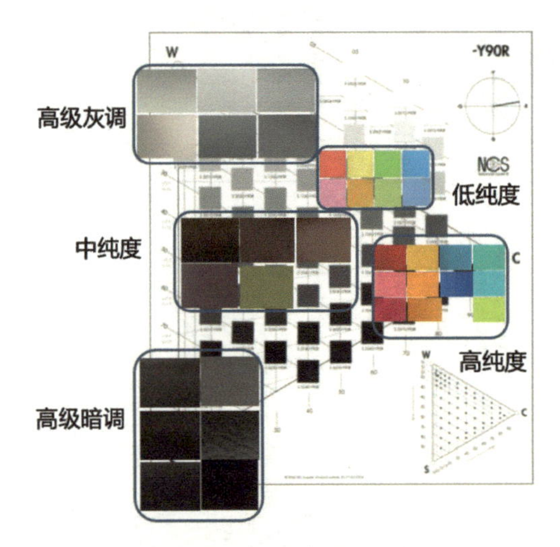

图 6.28　5 个色调的示例

图 6.29 所示为电视机配色的两种方案。

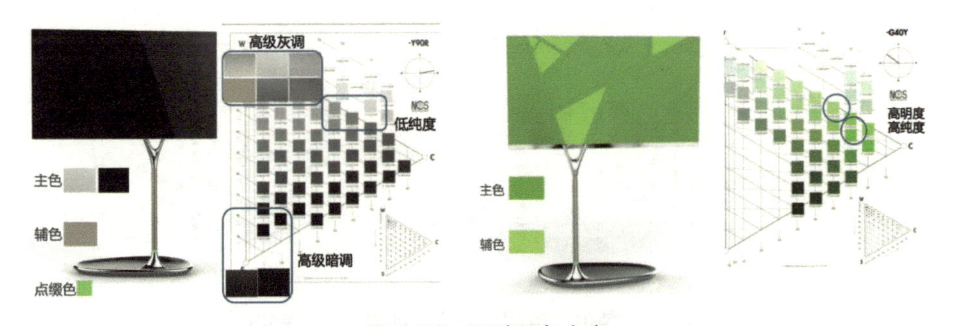

图 6.29　两种配色方案

3. 材料在产品设计中至关重要

我们通常会有这样的切身感受，不同的色彩用在不同的材料上，会给人带来不同的心理感受。即使是相同的材料，如果搭配了不同的颜色，也可能会产生完全不同的视觉效果。由此可见，材料在整个产品设计中至关重要。不同的产品选择不同的材料，或同一产品选择不同的材料时，产品所呈现出的形象、气质也会大不相同。在近年来的工业设计中，家电产品在材料的选择上变化不大，以金属、塑胶材料为主。不过，随着环保理念的普及，绿色材料和新型材料等也在逐渐用到家电产品中。

在金属材料的使用方面，家电产品常用的冲压件材料包括钢铁类材料（如板材、棒材、管材、型材等）、铜铝等有色金属，以及耐腐蚀（或耐热）材料 3 大类。在塑胶材料的使用方面，约 90% 为热塑性塑料，其余为热固性塑料。在热塑性塑料中，大部分是通用塑料，如聚丙烯（PP）、聚苯乙烯（PS）、聚氯乙烯（PVC）、聚乙烯（PE）等；而工程塑料主要有丙烯腈 - 丁二烯 - 苯乙烯共聚物（ABS）和丙烯腈 - 苯乙烯共聚物（AS）等。此外，陶瓷、玻璃等材料也常用于某些特定场合。较少使用的材料包括皮革、纺织面料等。图 6.30 为电视机 CMF 设计示意图。

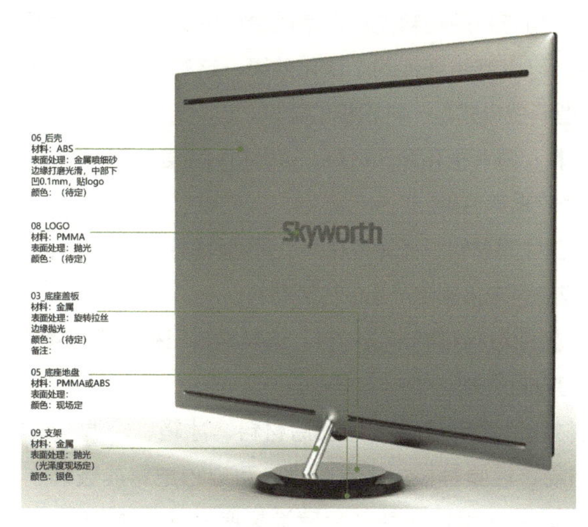

图 6.30　电视机 CMF 设计示意图

家电产品的材料分类如图 6.31 所示。在该图中，把应用材料大致分为八大类。

图 6.31　家电产品的材料分类

1）替代材料：以铝代铜或以塑代钢。铝合金取代铜，多用于制作空调和冰箱的冷凝管、热水器的水箱等部件。工程塑料代替钢材，多用于黑色家电中，如电视机、音响、摄像机、照相机等的制作。

2）新型材料：3D 打印、木料、皮革。3D 打印技术在不断升级，有些家电品牌已经开始尝试将其应用于产品设计和制造中。此外，将自然材料（如木料）与现代材料结合，成为产品设计中的一大亮点。木料作为天然有机材料，是家电材料中的绿色选择。不同的木料具有不同的颜色和纹理，与家电产品上的金属、塑胶材料结合，既能增添产品的自然亲近感，又能彰显出复古、高贵的气质。木料多用于黑色家电产品，未来有望在家电产品中发挥重要作用。网布在小家电中应用较为广泛，其颜色丰富、纹理多样。除了装饰功能，网布还常用于制作中小型音箱的透音层。目前，家电产品对网布的应用还处于被动选择阶段，主要依赖上游面料加工厂提供的资源。但随着网布材料的广泛应用，预计会促成家电产业与布料原材料生产厂家的合作创新。皮革、大理石等材质与金属等其他材质搭配使用，可以产生强烈的个性化效果，这对于未来家电的定制化服务和以用户体验为导向的新型消费模式是一种积极的尝试。

3）隔音降噪材料：隔音棉和泡沫材料。这类材料主要应用于空调、洗衣机、冰箱、电视机等家电上，可消除噪声污染。

4）绿色材料：生物基材料、无毒性材料、可回收材料、低碳材料。绿色材料可重复利用，可循环再生，或成为未来家电产品的主流材料。

5）抗菌材料：抗菌母料和纳米铜材料。这类材料已被广泛应用于洗衣机、冰箱、空调、电饭煲等家电的内胆及外壳上。

6）特殊外观材料：家电玻璃和免喷涂材料。冰箱、空调、洗衣机等家电上使用的玻璃外壳经过印刷、镀膜等技术工艺处理，可以形成彩晶玻璃、层架玻璃、盖板玻璃等。免喷涂材料直接利用特殊色彩免喷涂树脂来注塑成型，它可以使制品呈现珠光、闪烁珠光等效果，可用于电视机底座上。彩钢玻璃在白色家电（如洗衣机、微波炉等）和黑色家电中应用较早，经过特殊加工的彩钢玻璃坚固耐用，表面造型工艺丰富。透明 PC、PMMA、玻璃的应用让家电产品更具现代感和科技感。彩钢板已经被用于制作冰箱的门壳和侧板（U 壳）、冷柜侧板、热水器的外筒、电视机的背板、洗衣机的围板、空调的侧板和外挂机等家电类产品部件，并且人们还在不断开拓彩钢板的应用领域，如用于船舶内饰件、小家电（如豆浆机、电取暖器、电饭煲）等。未来，随着家用彩钢板的研发技术升级和客户个性化需求的提高，家用彩钢板的应用将越来越多样化，功能化。PCM 预涂板的相对平整度较覆膜板差，且颜色效果比较单一，不适合制作高档冰箱的面板，主要用于制作侧板。PPM 辊涂彩板是第四代彩钢板，它完美地将钢铁、化工及印刷技术融合在一起，为现代社会的环保需求提供了完美的解决方案，是现代家电外观设计的新标杆。VCM 覆膜板广泛应用于冰箱、洗衣机等家电产品，成为豪华与时尚的象征。压花板是通过压花等特殊工艺改变覆膜板（VCM/PEM）或预涂板（PCM）的力学性能，提高其结构强度而形成的一种新型复合材料。PEM 覆膜板是绿色彩板，已经成为家电和装饰彩板行业发展的新趋势。

7）涉水材料：食品级塑料、水过滤材料，用于饮水机的多层复合滤芯。

8）家电涂料：粉末涂料、电泳漆、油漆。传统的油漆喷漆工艺正逐渐被粉末喷涂和电泳漆喷涂等更为环保的工艺所取代；粉末涂料在洗衣机等白色家电，吸油烟机、热水器等厨房卫浴电器甚至小家电领域均有广泛应用。

4. 不同材料对应不同的成型 / 表面处理工艺

成型是将原材料加工成零件的关键步骤，如将颗粒状、粉状、条状和块状的基本原材料加工成产品零件。常见的成型工艺有注塑成型、真空成型（也称吸塑成型）、吹塑成型、挤塑成型、滚塑成型等。吸塑成型的一般加工过程是先将塑料片加热软化，然后将其放置在凸起或凹陷形状的模具上，通过真空吸附方式将塑料片黏附在形状上。这种工艺与注塑成型工艺明显不同，相应的产品设计方法也存在一些差别。由于吸塑成型工艺是通过加热塑料片使其软化并吸附于模具之上的，因此壳体壁的厚度通常由塑料片的厚度决定，且利用该工艺制造的部件每个区域可以具有不同的厚度。然而，注塑成型部件结构中的肋或柱等是不能直接通过吸塑成型实现的。理论上，为了保证顺利脱模，吸塑件和注塑件都需要设计适当的脱模斜度，但吸塑件的脱模斜度要比注塑件更大。

表面处理是指在材料加工成型后对其表层进行的一系列机械、物理、化学处理工艺，以进一步提高其性能或装饰效果。简言之，成型过程负责塑造产品的基本形态，表面处理过程则赋予产品精致的外观和质感。我们可以根据不同材料表面的性质和状态对其应用切削、研磨、抛光、冲压、喷砂、蚀刻、涂饰、镀饰等表面处理工艺，从而获得不同效果。在家电产品设计领域，目前人们倾向于通过基于 CMF 的设计来实现产品的差异化和品牌识别度的提升。表面处理是最能体现产品细节和品牌优势的，产品的表面质感、纹理是否与设计风格相匹配，甚至是否能够体现品牌的调性，这些都是对产品进行“二次设计”的重要考量因素。表面处理不仅源于设计师的创意，也可以模仿自然界中的纹理，比如木纹、皮纹、石纹等。不同的材料或产品可能需要采用不同的表面处理工艺，如图 6.32 所示。举例说明如下。

- 在白色家电和小家电的表面处理中，喷漆和烤漆工艺的应用较为广泛；而在黑色家电的表面处理中，金属漆和 UV 涂料的喷涂工艺则更为常用。喷涂工艺因其具有成本低、色彩丰富、生产良率高等优点，在家电产品制造领域占据了重要的地位。
- 免喷涂工艺特别适用于白色家电和小家电，通过直接注塑即可获得带有各种颜色或珠光等特殊效果的外观。
- 氧化主要用于金属表面的处理，能够赋予产品强烈的质感和高品质的外观，因此常用于高端产品的制造过程中。

- 电泳涂层凭借其优良的性能和高度环保的特点，正在逐步取代传统的油漆喷涂工艺。
- 电镀工艺如同化妆品中的“高光粉”，可以显著提升产品外观的吸引力。电镀工艺无论搭配白色、黑色还是其他颜色，都会产生引人注目的效果，是塑造具备时尚感的家电产品的重要手段。
- 拉丝纹是近年来家电产品中的“宠儿”，精致、细腻的拉丝纹不仅能提升产品的光泽度，还增强了产品的力量感。
- 丰富多样的纹理提升了产品的细节表现力，成为实现产品差异化的重要手段。各大品牌每年都会在电子展上推出新的纹理作为卖点。纹理的设计反过来也推动了造型工艺及生产技术的改进和创新。
- 印刷工艺常用于家电产品的 Logo 及 Icon（图标）的制作，提供多样化的色彩和效果选择，是一种成本效益高且应用广泛的处理方法。
- 镭雕工艺虽然相较于印刷工艺成本略高，但同样常用于 Logo 和 Icon 的加工。彩色镭雕技术的成熟使镭雕工艺得到了更为广泛的应用。
- 含镍片的装饰工艺和批花工艺在大小家电中的应用较为广泛，尤其是在 Logo 处理方面，能实现较强的视觉冲击力。对于大型家电而言，这类工艺特别有助于强化品牌形象。

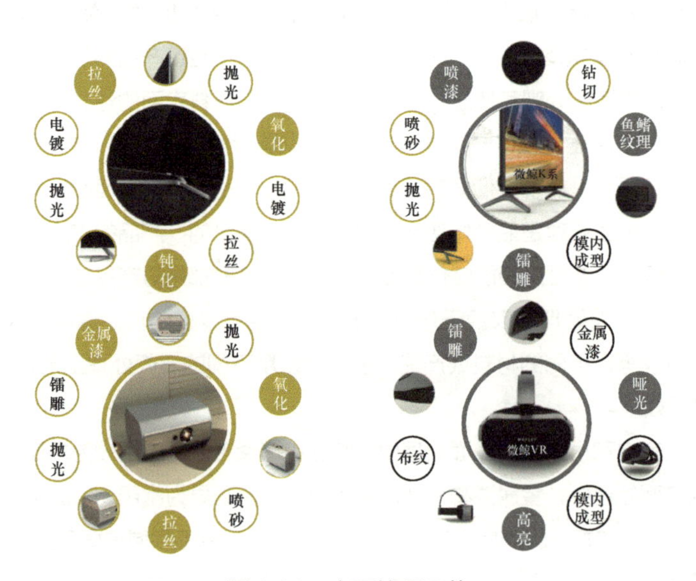

图 6.32 表面处理工艺

除 CMF 的 3 个元素外，纹理（Pattern）也是设计中一个极其重要的组成部分。比如著名企业家罗永浩先生有一段时间一直在推广的 Sharklet（鲨纹）抗菌黑科技，其实就是一种纹理技术，如图 6.33 所示。因此，在当前的 CMF 设计领域，CMFP（CMF 加 Pattern）比 CMF 更受重视，很多公司也专门设置了 CMFP 设计师岗位。

图 6.33 鲨纹

在上述设计过程中，硬件产品经理需要参与创意的挖掘和碰撞。ID 和 CMF 设计的困难之处在于虽然我们都知道该做什么，但我们不知道该如何做。有时，不同的设计师在解决同一个问题时，有些提出的创意或表达方法会让人觉得缺乏新意，而有些则会给人耳目一新的感觉。更好的方法是采用模块化创新设计思路，针对每个设计模块开发多种设计方案。为每个模块选择 2 ～ 3 个有亮点的备选方案，然后对所有模块的创意点进行排列组合，从而产生更多整体方案。这样通过组合形式产生的草图方案比绘制多个总体草图要好得多，因为可以在一个方案融合许多好的想法或亮点。根据草图方案，硬件产品经理可以组织相关部门和管理层进行初步的方向性沟通，比如草图中表达的方案或方向是否符合预期，是否具有亮点，需要强化或者需要弱化的地方有哪些，等等。

6.1.3 结构设计

1. 结构评估及设计

工业设计评审并确定之后，就进入了结构设计阶段。产品结构设计是产品外观设计和生产之间的桥梁。结构设计的特点在于其涉及的内容较广，硬件产品经理需要对工艺、零件、组装、开模注塑、功能测试和项目管理等都有所了解。在结构设计阶段，ME 根据工业设计和产品功能的交互来进行产品内部结构排布的研发工作，其核心工作涉及前面提到的堆叠和干涉。堆叠指的是确保所有零部件能够合理地放置在限定的空间内，并且可以顺利装配，比如液晶屏、电路板、喇叭、线材等都能够得到妥善排布；干涉指的是除装配外，部件之间不能有任何重叠（部分零件有过盈配合的除外），比如不能出现装配时线材塞不下、后壳与喇叭重叠、运动结构堵塞等情况。当然，在正式进行结构设计之前，建议硬件产品经理组织 MD 先进行一轮评估，提前发现并解决潜在的问题，这样既可以减少后续设计的修改工作和重复性劳动，也有利于与工业设计团队的协作。结构评估表如表 6.2 所示。

结构评估的主要工作就是精确评估工业设计的可行性，以及注意可能存在风险的地方，涉及空间、材料、强度、表面工艺、生产工艺、装配、模具设计等多方面的内容。硬件产品经理可以不具备手工作图的能力，也可以不了解各种粗细线的制图规范，但至少需要了解正视图、侧视图、第一视角、第三视角等相关概念，能通过图纸看懂零件的长、宽、高尺寸和关键特征。

表 6.2　结构评估示意表

<table>
<tr><th colspan="9">结构评估</th></tr>
<tr><td colspan="2">项目
阶段</td><td colspan="2">E90 旗舰机
ID 转结构</td><td colspan="5">评估记录人 AMG-Alex
评估日期 6/30/2012</td></tr>
<tr><th rowspan="2">序号</th><th rowspan="2">评估项目</th><th rowspan="2">评估内容</th><th rowspan="2">评估要点</th><th colspan="3">状态</th><th rowspan="2">状态描述</th><th rowspan="2">措施</th></tr>
<tr><th>Y</th><th>N</th><th>NA</th></tr>
<tr><td rowspan="2">1</td><td rowspan="2">外观检查</td><td rowspan="2">与工业设计效果图的相符性</td><td>塑料外壳模具上的文字是否正确，方向是否正确，字符是否会引起误解，最小宽度是否有0.25mm，并且需要有责任人确定</td><td></td><td></td><td></td><td></td><td></td></tr>
<tr><td>…</td><td></td><td></td><td></td><td>…</td><td>…</td></tr>
<tr><td rowspan="2">2</td><td rowspan="2">结构整体干涉</td><td>静态干涉</td><td>结构件不允许存在干涉</td><td></td><td></td><td></td><td>底座与电路板存在干涉</td><td>需要调整电路板大小，要避空</td></tr>
<tr><td>…</td><td>…</td><td></td><td></td><td></td><td>…</td><td>…</td></tr>
<tr><td rowspan="3">3</td><td rowspan="3">与电路及电子器件相关的结构</td><td rowspan="2">规格书核对</td><td>喇叭、传感器、麦克风等需要符合规格书要求</td><td></td><td></td><td></td><td></td><td></td></tr>
<tr><td>LCM 的 3D 图和 2D 图得合适，尤其是元器件的位置和高度</td><td></td><td></td><td></td><td></td><td>供应链管理部与供应商确认最新图纸</td></tr>
<tr><td>…</td><td>…</td><td></td><td></td><td></td><td>…</td><td>…</td></tr>
</table>

整个结构设计阶段的主要工作由 ME 承担，硬件产品经理只承担少量工作，但他们需要了解结构设计的相关流程事务。

- 根据工业设计模型拆解零件，确定每个部件的安装方法，包括产品的使用方式和运动部件的实现机制，同时确定产品各部分的 CMF 等。
- 在结构设计过程中需要综合考量产品的外观设计、成本、性能、可制造性、可装配性、维修和物流运输等诸多方面。

结构设计完成后，通常会进行评审，针对结构设计中的问题进行探讨并修正。比如，在产品结构设计中，出模问题是需要经常关注的重点，它往往会影响产品的外形，并且可能限制产品外观设计。如果不了解这些注塑模基础知识，ME 是难以胜任塑料件产品结构设计工作的。除了注塑，塑料件的加工工艺还包括吸塑、吹塑、搪塑、滚塑等。吸塑工艺和注塑工艺存在显著差异，相应的产品结构设计也有所不同。如前所述，要注意注塑和吸塑线型的不同之处。有时，吸塑件的外形出模要求与注塑件类似，为了方便取出，吸塑件需要设计比注塑件更大的拔模角。图 6.34 展示的是吸塑、注塑两种拔模工艺。

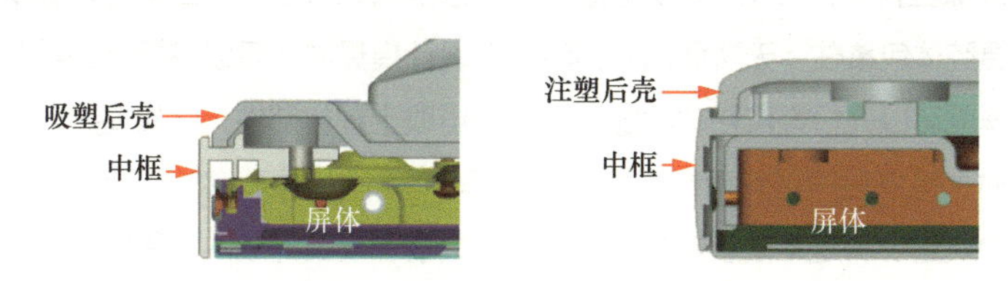

图 6.34　两种拔模工艺

硬件产品经理应积极推进结构设计的进展。有了草图方案和创意后，工业设计便基于草图方案和创意进行概念表达层面的工作，虽然工业设计能确保产品美观，但不能保证结构能实现或尺寸符合要求。因此，硬件产品经理需要推动结构设计部门着手堆叠内部结构，最重要的是根据草图方案堆叠多个结构方案。这些方案要将所有零部件纳入考虑，并充分考量各种结构之间的关系，最终提出几种合理的、可实现的结构模型。有时，为了确保设计方案的正确性和实用性，甚至需要在制作样品的同时边确认边修改结构图纸。此外，硬件产品经理应组织研发部门和工业设计部门在结构模型绘制过程中进行讨论，并进行初步评审。

完成上述两个阶段后，下一步是基于结构模型和草图方案渲染整体的视觉效果。这一环节通常由工业设计团队主导，他们会从已有的方案中选择 2 ～ 4 个在团队内部进行效果图评审。如果难以确定选择哪些方案，硬件产品经理可以召集相关负责人进行评审，然后通过打分和投票来表决。原则上，参加评审的人越多越好，来自不同部门的人越多越好，甚至可以让一些后勤人员参与。当然，管理者的意见也是很重要的，其意见权重较高。一般的经验是，保留 1 ～ 2 个方案进行进一步优化。

2. 模具相关

结构设计完成后，接下来的制造流程中就会涉及模具的使用。这部分内容仍属于结构设计范畴，也是硬件产品经理需要了解的知识。模具是工业生产中使用的各种成型工具，常用的成型方法有注塑、吹塑、挤出、压铸、锻造和冲压等。简而言之，模具是用来制造具有特定形状和尺寸的成品的工具，它由各种零件精密组合而成，不同的模具其零件组合方式也各不相同。模具的主要作用是通过改变成型材料的物理状态来制造出具有特定形状和尺寸的成品。

家电类产品用得比较多的是注塑模具。注塑是通过加热把塑料熔化成液态，然后注入金属模具，待冷却后形成所需形状的塑料件的过程。这种方法比较适合工业化产品的外观件加工。注塑过程涉及三个要点：一是塑料的物理性质；二是塑料的成型特性；三是模具常识。在注塑过程中，当塑料件成型时，模具会在注塑机内被分成两半并打开，所以最基础的模具结构是两板模。塑料件通常是从金属模具中取出的。为了确保塑料件顺利地从模具中脱模，设计时必须确保塑料件外形切线与分模面之间的夹角小于 90° ，否则就会形成倒扣，导致塑料件被模具腔体包裹住，无法取出。当然，在设计模具时，可以将模具的某些部分做成可移动的，这样就可以先打开可移动的部分，然后再取出塑料部件，比如遥控器的后盖。取出遥控器后盖时，可以先通过斜顶或滑块等脱模部件来释放卡扣，然后将后盖从模具中取出。使用斜顶或滑块是要满足某些条件的，并且一定会增加模具的成本，所以在非必要的情况下应该尽量避免。此外，产品的出模过程非常关键，因为它直接影响产品的外观。因此，在进行产品外观设计时，也需要把模具因素考虑进去。如果硬件产品经理不了解注塑模具的基本特点，就很容易在制造环节遇到麻烦。而且，模具的加工周期一般比较长。小型模具可能需要 20 天左右，大型模具可能需要 120 ～ 180 天。

规模较大的公司通常有自己的模具厂（模房）。这些模具厂基本上也是独立的公司或者公司中的大部门。中小型公司通常没有自己的模具厂，需要将模具设计工作外发，因此硬件产品经理需要密切关注整个外发流程。模具外发流程如下。

1）产品沟通：此阶段主要是产品设计方（对接人是结构工程师）与模具厂之间就产品设计和模具研发等进行技术探讨。产品设计方需要把产品图纸（至少是草模）发给模具厂，主要的目的是让模具厂清楚地了解产品构造、结构工程师的设计意图和精度要求，同时也让结构工程师了解模具厂的生产能力和模具制造的工艺性，从而做出更合理的设计。

2）报价、签订订单及付款：模具厂提供报价单，报价单中包括模具的材料、重量、价格、模具的使用寿命、注塑机吨数及模具的交付日期，甚至还包括利用此模具生产的最终产品的尺寸和重量信息。设计方确认报价单后，双方可以签订正式订单，并按行业惯例结算款项（一般定金为 T1（第一次正式试模）款；剩余款项则根据项目进展分阶段支付。常见的支付比例为 4 ：3 ：3 ：0 或 3 ：3 ：3 ：1）。

3）模具设计：模具厂按照沟通的结果及要求进行模具设计。

4）采购材料：对于长周期模坯材料的预订，如果硬件产品经理想缩短产品整体周期，那么可以在这个环节与模具厂商量，使用草模图纸进行评估，提前准备模坯物料。

5）模具加工：这个环节涉及的工序比较多，包括车、铣、电火花（EDM）、线切割（WEDM）、数控加工（CNC）、磨削、坐标研磨（Jig Grinding）、镭雕、抛光、腐蚀、热处理等。

6）配模及模具试模：配模即模具装配，指把加工好的模具零部件装配起来，尤其是运动部件的组装。配模之后，模具厂通常会进行 T0 试模，验证模具是否能正常工作及样件是否可以成型。经过 T0 试模后，模具厂会进一步修改模具，修改后再进行 T1 试模。T1 试模一般要求尺寸、材料、稳定性等都达到设计指标，这样才能确保试制出合格样品。

7）出具样品试模报告、签样及核签：模具厂出具样品试模报告，详细列出各项参数及测试结果。模具厂给产品设计方提供样品和评估报告，结构工程师需要就此样品进行签样并核签报告。

6.1.4　电路设计

与上述结构设计可以同步进行的是电子电路的设计（在电子行业中通常称为硬件设计）。整个电路设计过程包括功能确认、元器件选型、原理图（框图）设计和输出、PCB 的板框设计、工艺文件处理等几个阶段。

一般在收到硬件产品经理提供的 PRD 后，电子工程师应该分析硬件部分的需求，并形成硬件设计方案，以决定如何选择电路的核心部件并设计典型的电路结构。其中，原理图设计是电路设计的核心，设计过程包括元器件的选择和原理图绘制两个阶段。所谓元器件，是指芯片、电阻、电容、二极管、晶振、功率模块、传感器、存储器等，元器件的选择是否合理将直接影响整个硬件电路乃至最终产品的性能，以及电子板块的成本；确定元器件后才能开始绘制原理图。硬件工程师通常使用 EDA 软件作为绘制电路原理图的工具。

原理图输出后，接下来是电子工程师设计 PCB Layout（业内俗称 PCB 垒板）阶段。PCB 垒板如图 6.35 所示。

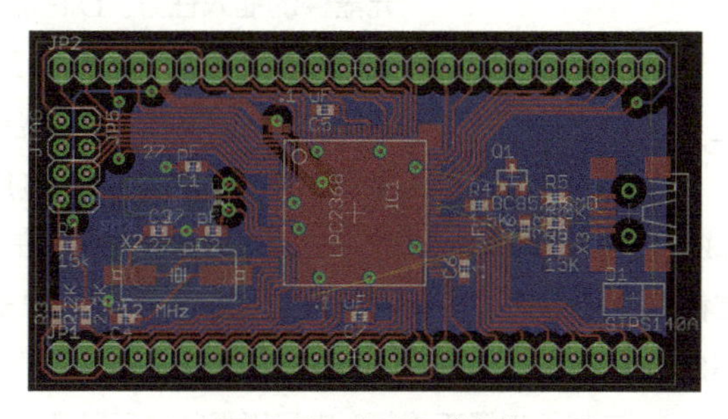

图 6.35　PCB 垒板

PCB 由绝缘型增强树脂基板、印制导线和焊盘组成，用于焊接各种电子元器件，实现各个元器件的电气互连。它根据导电线路的布局方式分为单面板、双面板和多层板。从视觉上很容易对其进行区分：单面板的元器件集中在一面，导线集中在另一面，因此称为单面板；而双面板解决了单面板交叉布线的困难，由于两面都有印制导线，通过导孔连接，因此适用于更复杂的电路设计；多层板一般为 4 ～ 6 层板，复杂一些的还可能多达几十层。

电路设计是硬件产品开发中非常重要的一环，PCB 设计以电子工程师输出的原理图为依据，来实现硬件电路的功能。首先，制作物理框架，这是 PCB 设计的基础；然后，从元器件的布局（包括放置顺序、位置和方向）以及电路板布线（包括位置、宽度、长度和角度）两个方面来细化和完善原理图中涉及的元器件和线路设计。如果说原理图类似于建筑图纸，那么 PCB 设计就类似于按图纸施工盖房。

PCB 设计完成后，一般情况下会进行一个简单的评审，由系统工程师带领电子工程师团队确认设计的准确性（部分公司会由资深电子工程师替代或简化此过程）。之后，电子工程师或者采购人员将设计图发送给 PCB 供应商制作样品（俗称打样），PCB 样品打样数量可根据需求确定，在项目紧急的情况下，通常进行小批量打样。通常，在硬件设计完全确定并通过所有测试之前制作的产品都可以称为样品，比如一轮样品、二轮样品等。

拿到 PCB 样品后，电子工程师或者工程部门会着手进行 PCBA（印制电路板组装）工作，这包括利用 SMT（表面贴装技术，俗称贴片）或 DIP（Dual In-line Package，双列直插式封装）技术将元器件装配到 PCB 上的整个过程。简单来说，SMT 就是通过贴片机在 PCB 上安装一些微型和小型元器件，涉及焊膏搅拌、焊膏印刷、焊膏厚度检测、贴片、回流焊接、AOI（Auto Optical Inspection，自动光学检测）、修复 AOI 检测出的异常或手动检测异常等步骤。而 DIP 则是在 PCB 上插入无法使用 SMT 的大一点的元器件，还有一些工厂会让工人手工完成一些特殊元器件的插入任务。DIP 流程涉及插入元器件、波峰焊接、剪脚、后焊加工、洗板、品检、返修等步骤，最终合格的产品才能进入下一道工序。PCBA 样板如图 6.36 所示。

图 6.36 PCBA 样板

PCBA 制作完成后，进入测试流程。PCBA 测试可分为 ICT（在线测试）、FCT（功能测试）、老化测试和振动测试等。PCBA 的测试方法因产品和客户要求的不同而有所不同。ICT 是对部件焊接和电路连续性的检测，而 FCT 则是对 PCBA 的输入和输出参数的检测。将通过测试的 PCBA 交付给电子工程师，电子工程师就可以开始产品测试了。如果有问题，就返回修改设计，并根据更改的内容决定是从原理图设计、PCB 布局、PCB 打样还是 PCBA 加工环节重新开展。

6.1.5 系统软件研发

现实中的硬件产品均具备自身的控制逻辑。为方便表述，这里把这些与控制和逻辑相关的程序统称为“小系统”，从狭义上讲，它是 Firmware（固化的软件；简称固件），从广义上讲，它是 OS（操作系统）。固件和操作系统广泛存在于各种电子产品中。它们承担着硬件系统最基础、最底层的工作，均可视为硬件的操作系统。随着智能硬件的大量出现，单纯的 PCBA 已经价值不大了，需要配合优良的固件或者操作系统才能发挥更强的竞争力。当然，“小系统”也有大小之分，大的可达数 GB，小的只有几 KB。功能简单的电子产品，比如有些小家电，目前仍采用微控制单元（Micro-controller Unit，MCU）刷固件的方式进行烧录。但这种方式的弊端在于，一旦程序烧录至 MCU 中，后续就无法更改了。如果出现了严重的 Bug，就只能返厂将写好程序的芯片拆卸下来，更换新的芯片后重新烧录。如今，随着技术的发展，系统升级已经慢慢成为部分电子产品的标配需求，比如智能手机、智能电视。随着可重复擦写芯片的出现，当前行业内的通用做法已转变为采用远程更新进行系统升级，固件也随之实现了随时升级。

硬件产品经理（这里也可以是软硬件产品经理）在初步了解用户的需求后，会进行市场调查，并列出计划研发的系统的主要功能模块，以及每个主要功能模块所包含的小功能模块。对于有特定要求的接口，也可以在此阶段进行初步定义。硬件产品经理和项目经理协同软件系统工程师深入理解和分析需求，并根据经验和市场情况创建详细的功能需求文档。该文档将明确列出系统的主要功能模块、小功能模块、相关界面等。硬件产品经理需要对项目需求进行全面评估，并再次确认研发的必要性，以及哪些功能应优先进行第一层开发、哪些功能可能难以实现。

接下来，就进入了系统软件的设计和研发阶段。首先，软件研发人员需要对软件系统进行系统设计，他们需要考虑系统的基本处理流程、系统的组织结构、模块划分、功能分配、接口设计、操作设计、数据结构设计和 Bug 处理设计等，为后续软件的具体研发奠定基础。在系统设计的基础上，研发人员将对软件系统进行详细设计，实现特定模块所涉及的主要算法、数据结构、类层次结构和调用关系。在各个系统级别，都需要说明每个模块的设计注意事项，以便进行编码和测试。详细设计应足够周密，以便根据详细设计报告直接进行编程。在编程阶段，研发人员将根据系统详细设计报告中的要求（包括数据结构、算法分析和模块的实现）开始具体的编程工作。他们将分别实现每个模块的功能，确保最终构建的系统在功能、性能、接口等方面都满足既定的要求。最后，研发人员进行软件测试，包括单元测试、集成测试、确认测试、系统测试和发布测试。这些测试既可以采用白盒测试的方式，也可以采用黑盒测试的方式。当软件测试符合要求后，软件研发人员将提交软件，并存档研发的程序、数据库、用户安装手册、用户指南、需求报告、设计报告、测试报告等。

6.1.6 App 和云平台研发

智能硬件可能还涉及应用程序（App）和云平台研发。用户可以通过移动设备如手机上的 App 对设备进行状态查询、提醒和控制等操作；假如控制终端和设备不在同一局域网内，那么硬件产品可以借助云平台，在广域网环境下控制设备。根据市场分析、用户分析、竞品分析等数据，硬件产品经理需要评估 App 研发的可行性，并与研发人员进行沟通，以确定 App 的功能模块。交互工程师根据这些信息创建应用程序的原型图和功能列表。与此同时，硬件产品经理需要与 UI 设计师协作，根据 App 的功能、品牌色调等确定 App 的风格。然后，UI 设计师负责设计 App 的页面和各种标识，以制作出 App 的最终效果图。

程序员将根据原型图和效果图等信息完成 App 各部分的研发工作。在完成 App 研发和全面测试后，App 即可发布出来，未来还可以通过远程更新进行升级。当然，这些环节都不是串行的，就像工业设计和硬件设计可以并行开展一样，上面所描述的仅为逻辑上的顺序执行过程。

6.1.7 手板制作

在结构设计完成之后，需要制作功能手板来验证产品可行性，包括外观、结构装配、机械性能等。新设计的产品还远未达到最终量产的标准，因此需要制作一个工程手板进行验证，以确保在进入模具设计阶段时结构设计没有问题。手板（有些地区称其为首板、样品、验证件、模板、等比例模型等）是在产品定型之前根据产品外观图和结构图制作的少量样品，用来验证外观和结构的合理性。制作硬件产品的外壳通常需要用到模具，而硬件产品投入资金较大的部分也是模具，因为开模的费用比较高，所以需要确保其质量。根据用途的不同，手板可分为外观手板、结构手板和功能手板三类。外观手板如图 6.37 所示。

图 6.37 外观手板

外观手板主要用于验证产品的外观设计，它在视觉上优于或接近批量生产的产品，但内部结构未经处理，有时甚至是实心体。这类手板的造价也比较高，制作工作主要由 ID 工程师负责。结构手板主要用来验证结构堆叠和干涉的合理性，对产品尺寸和内部结构要求高，而对外观要求则相对较低，造价适中，制作工作主要由机械工程师负责。功能手板既要满足外观要求，也要满足结构要求，其外观和结构需要达到与最终产品近似的程度。在结构设计和硬件设计完成后，可以安排制作功能手板。功能手板的造价高，制作工作可以由 ID 工程师、机械工程师、电子工程师或项目经理负责。

这里要说明的是，设计研发的质量对后续影响极大，有时候效果图与实物存在较大差异，所以必须对打样提出高还原度的要求。打样时，硬件产品经理要注意如下细节。

- 确认打样的输入文件，避免打样错误而造成时间和资金损失。
- 确认手板厂内部的工艺文件符合要求。由于每个手板厂都有自己的工艺文件格式，因此要仔细核实工艺文件。如果工艺文件不符合要求，那么制作出的样品也无法符合要求。工艺文件示意图如图 6.38 所示。

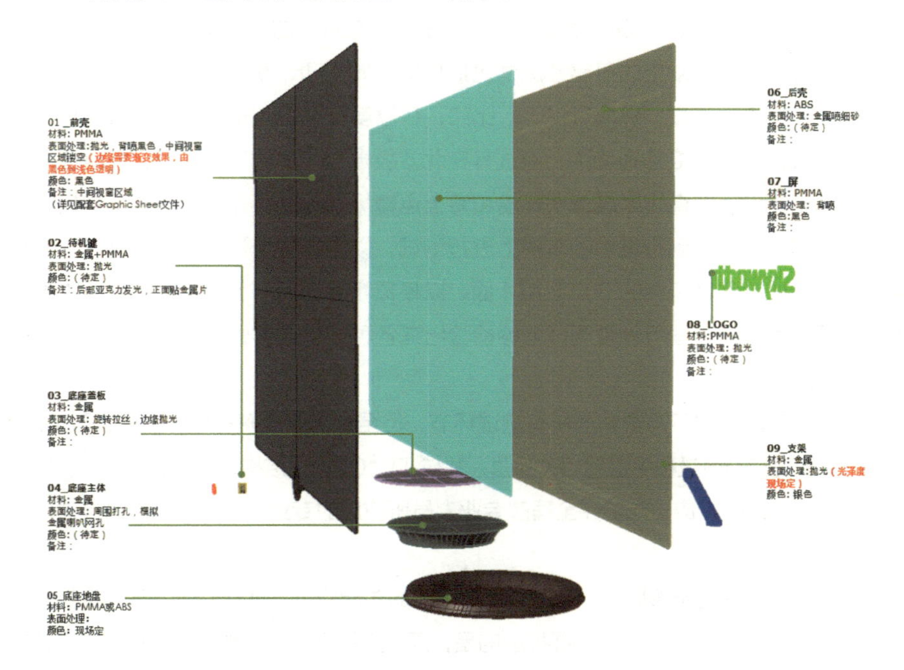

图 6.38　手板工艺文件示意图

- 零部件外观效果试打样。对于特殊的表面处理效果，最好先试制一个小样，确认后再正式打样，这样可以避免返工。
- 开料打样。这道工序交给手板厂完成。手板厂将根据工程师提供的 3D 文件和制作要求编写数控程序，使用数控机床进行开料加工，加工出产品的初步形状。然后手工打磨，去除刀痕、毛刺，并进行表面处理，包括喷油、丝印、电镀、氧化、拉丝等。

- 组装和确认。这是打样的最终工序，需要硬件产品经理或者设计师严格确认样品是否符合要求。如果有偏差，就必须尽快修改。

6.1.8 产品测试

测试工程师从使用者的角度出发，严格测试产品硬件的各项指标，如主板和按键等的功能、性能、可靠性、兼容性和稳定性。产品测试是产品从实验室研发走向批量交付的关键环节，一般可分为三类，且这三类测试是按顺序进行的。第一类是功能测试，主要是测试产品设计的功能是否满足产品定义，是否已实现所有设计要求。例如，按下电视机遥控器上的待机键，观察电视机是否确实进入待机状态。第二类是性能测试，用来检验已实现功能的性能参数是否满足定义或设计值。比如按下遥控器待机键时，控制板上的某处电流是不是 10μA。第三类是可靠性测试，指在特定的环境条件下，测试此产品功能、性能是否完好。常用的可靠性测试包括机械（如振动、跌落）测试、冲击（如冷热冲击、循环冲击）测试、环境测试等。比如，在温度箱中设定相应温度进行测试，或者把电视机放置在 -20℃的环境中，测试其在北方极端气候下的工作情况；将电视放在盐雾箱中测试，以模拟海边区域使用环境和海上运输场景中的工作情况；把电视机放到振动台上测试，甚至放到行进中的车辆上进行测试，以模拟物流过程；还可以在跌落台上测试产品，或者测试包装的 6 点 3 棱 1 面，以模拟粗暴搬运产品或者产品意外跌落到地面的情况，等等。这些可靠性测试能够检验出在各种环境或者情况下产品的功能和性能是否依然完好。

虽然硬件产品经理不需要精通所有测试环节，但至少需要了解每个环节的大致情况。当硬件产品经理在项目过程中遇到相关问题，并与 ID、CMF、结构、硬件、固件和测试等相关人员进行沟通时，应该能够完全理解专业人员所使用的专业术语和行话，这是对硬件产品经理的最基本要求。

完成上述几个关键步骤后，一台可以正常工作的功能原型机就产生了，我们将其称为工程样机（Working Sample）。需要提醒的是，硬件产品经理应重视工程样机，因为工程样机制作是概念产品化阶段中最重要的一个环节：一方面要通过它正确评估关键功能的技术难度；另一方面，需要集中资源，确保关键功能的实现。

6.1.9 样机评审

硬件产品经理需要组织手板样机测评和手板样机的最终评审，其中包括 ID 评审和功能评审。拿到手板后，建议硬件产品经理先找公司内部员工、目标用户或终端导购员进行测评。评审流程和方法如图 6.39 所示。

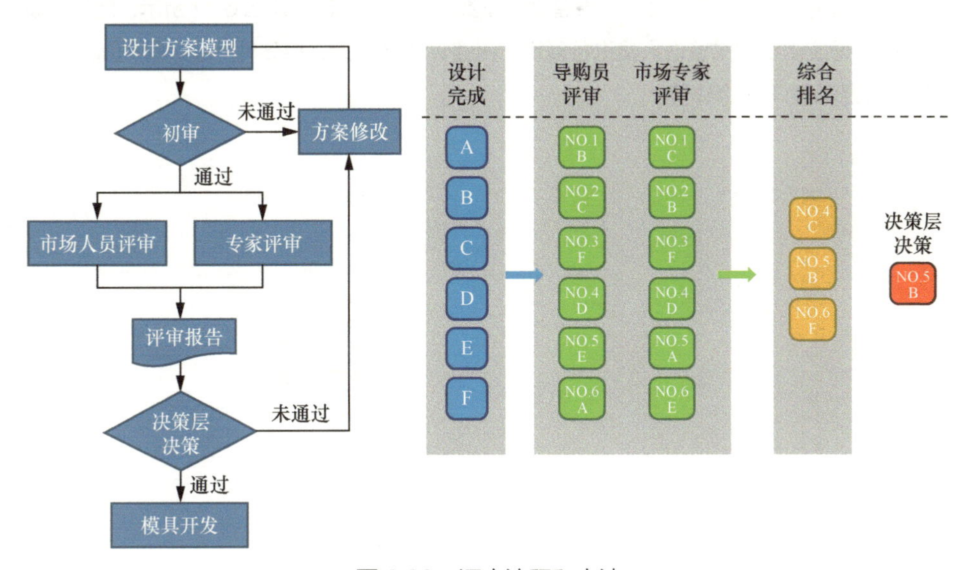

图 6.39　评审流程和方法

图 6.40 展示了组织导购员或目标用户对实物进行现场评审的场景。

图 6.40　现场评审

关于样机评审，有一条经验可供参考：大部分人都认可的东西，应该不会差到哪里去。样机评审原则大致有以下几条。

- 评审应采用盲测方式，不要有带引导性的提示或暗示。
- 最好将样品和竞品一并进行对比评审，以判断样品是否优于竞品。
- 如果有多个手板要评审，最好逐个评审，互相之间不能有干扰。

- 参加评审的人员数量最好不要少于 20 个，便于进行定量统计。

评审结束后，硬件产品经理需要整理评审数据并输出报告，如图 6.41 所示。随后，硬件产品经理应组织相关管理人员进行复审。最终评审通过后，经硬件产品经理确认，方可进入产品流程的下一个环节。

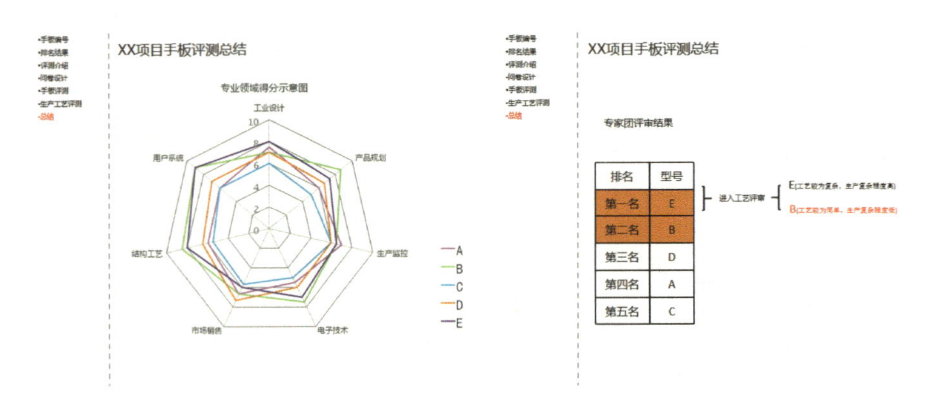

图 6.41　评审数据和报告

6.2 产品项目管理

在产品生产过程中，每个阶段都可以视为一个项目，而我们认为产品落地是项目管理的核心阶段。项目管理在组织中的重要性再怎么强调也不为过。项目管理做得好，可以帮助公司的各部门有条不紊地开展工作，让团队专注于重要的工作，不受任务延期或预算失控的干扰，也能让公司员工看到他们的工作对公司的战略目标所做出的贡献。

在有了正确的产品规划后，就需要确保产品能够在预算内按时交付。硬件产品经理可以从一开始就规划整个项目进程，并提前锁定最后期限，这样可以更有效地分配资源，避免延误或项目超支。团队成员共同工作时，难免会出现不和谐的情况，但通过妥善的项目管理手段，即使是跨团队或跨部门工作，也可以减少合作复杂性，提高透明度，并确保责、权、利清晰分明。在项目管理过程中，根据项目进展的清晰记录，硬件产品经理能更深入地了解资源分配情况，判断任务优先级，适时预测潜在风险。优秀的项目管理不仅在问题出现之前进行预测，还能防止出现流程瓶颈，提高决策质量。结合以往的项目经验和数据分析，硬件产品经理能够评估团队的表现，并通过关键绩效指标观察团队在各项目的研发及生产过程中的表现。

如果没有良好的项目管理，从长远来看，最终可能会导致时间的大量浪费。某项调查表明，80% 的人会将至少一半的时间花在返工或重复劳动上。这原本可以通过一些额外的管理来避免。如果一开始就有一个完整的项目规划，那么就更容易获得公司高层和各部门负责人的支持，从而尽量减少公司内部官僚流程的阻碍。实际上，在项目开始时花一点时间获得公司内部的一致支持，可以为后续开展工作节省大量的精力。要确保团队中的每个人都在同一起跑线上，都清楚地知道自己必须做什么、什么时候做，这样才能避免出现“我以为这件事是由那个人在负责……”这样的错误。项目规划中的风险评估至关重要，硬件产品经理应提前识别关键风险点，这些风险点因项目而异，可能包括：关键截止日期（如果错过，将对其他项目产生连锁反应）；预算超支，这意味着可能不得不从其他地方争取资金支持。一旦明确了需要警惕的风险点，硬件产品经理就能更好地捕捉到偏离方向的迹象，并及时予以纠正。当然，也会出现意外的问题，所以一般的项目规划都会留有调整的空间。最佳实践是从一开始就留出回旋余地，以便在问题出现时根据经验进行调整。

有些公司的项目管理由专门的项目经理负责，而有些公司则由硬件产品经理兼任。这里重点介绍一下硬件产品的项目管理。

6.2.1 硬件产品项目管理流程

由于硬件产品的项目管理涉及多个环节，因此需要协调众多人员。作为硬件产品经理或项目负责人，需要提前为团队其他成员提供所需资源，并了解和控制项目的整个过程。典型的项目管理里程碑如图 6.42 所示。

图中虚线标示出阶段里程碑，便于进行项目的阶段性管理。值得注意的是，硬件产品经理或项目经理在这个阶段需要召开多次评审会议，通过会议统一意见并交付相关成果，比如规格书、设计图、电路相关资料、BOM 表等。在项目研发和执行阶段，经过多次评审和多次产品验证后，才能确定最终的 BOM 成本。这个成本将影响供应链部门与供应商采购合同的签订，以及营销部门的产品定价。在电子电路方面，需要进行多次验证和调试，且工程样机的 EVT 阶段一定不要跳过，因为在 EVT 阶段仍然可以对设计进行修改和调整，从而节省整体调整的时间。在项目管理中，应为这个阶段预留足够的时间，避免仓促推进。项目执行阶段的工作比较多，需要与计划物控部门、采购部门、供应商等进行大量的沟通和确认。建议硬件产品经理多到现场和供应商进行沟通和确认，以便随时控制需求范围，防止出现重大的突发事件。

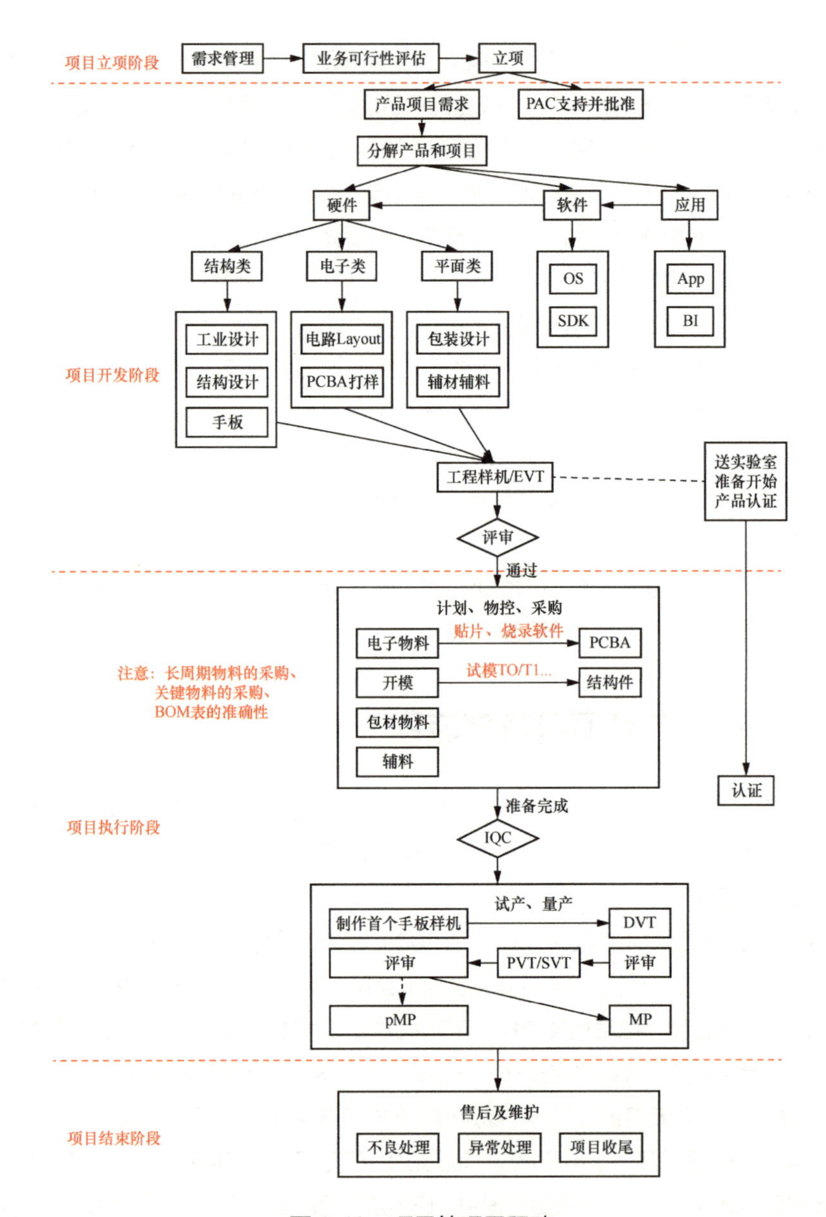

图 6.42 项目管理里程碑

6.2.2 项目管理的 3 条主线

项目管理可归纳为 3 条主线，分别为进度线、成本线和质量线，如图 6.43 所示。这 3

条线相互交织，我们在实际的项目过程中需要做好取舍和平衡，以使项目得以顺利推进。

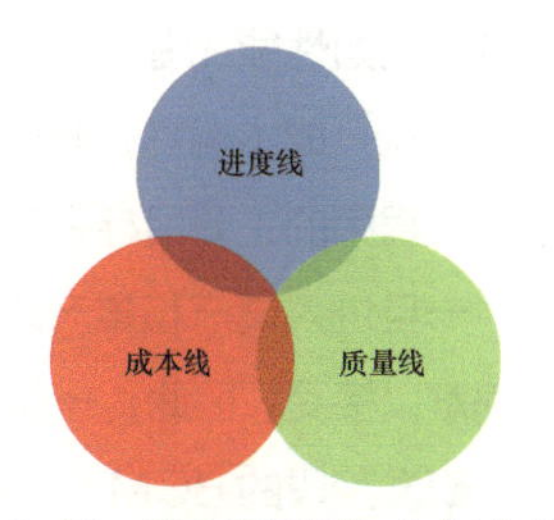

图 6.43　项目管理的 3 条主线

1. 进度线

进度线简而言之就是项目中的时间管理。以智能电视为例，通过硬件设计生产中的典型环节作业周期表（如表 6.3 所示），可以看出硬件产品各环节时间把控的重要性。

表 6.3　典型环节作业周期

环节	时间	要点和风险
外观设计	30 ～ 45 天	如果定位或者定义不明确，设计没有亮点，则评审不会通过
结构设计	7 ～ 15 天	需要和模具厂进行多次评审和沟通
手板	外观手板 10 ～ 15 天，结构手板 4 ～ 8 天	做 1 ～ N 轮的外观手板，对照效果图完善工业设计的细节；做一个结构手板，便于验证结构和组装
包装平面设计	3 ～ 10 天	注意，说明书、贴片等资料不要遗漏，提前核算包装成本
开模	30 ～ 80 天	选择优质的模具供应商，减少风险
PCB	快板 4 ～ 7 天，生产 12 ～ 20 天	不同的地区和供应商需要的时间略有不同
SMT 贴片	验证板 1 ～ 3 天，生产 7 天	注意，供应商要排期，需要考虑提前量
系统研发	30 ～ 180 天	根据实际情况确定
协议对接	30 ～ 60 天	一次联调成功的概率一般比较低
长周期物料	30 ～ 60 天	包括液晶屏、IC、变压器等
包装物料	7 ～ 12 天	需要签样、封样
生产排期	7 ～ 30 天	根据不同机型提前沟通并下单
认证	30 ～ 60 天	不同种类、不同机型所需的时间不同，需要重点关注

一般来说，项目经理在项目管理过程中都经历过项目进度失控的情况。项目越复杂（比如新主板开发或新外观设计），进度管控的难度就越大。总的来说，进度失控主要由 4 方面原因造成：需求变化、模具延期、物料管控失控和认证周期长。

（1）需求变化。需求变化的主要原因包括项目早期验证不足，尤其是硬件设计验证不充分，比如性能或者功能设计未能达标；ID 的工艺实现有所变更或难度较大，如烫金工艺良率太低；成本偏高，修改任何功能都可能导致结构和电路的成本增加。在设计和研发阶段，工程师的主要目标是实现功能并保证其稳定性，因此他们通常较少考虑成本问题。但是，一旦进入试产和量产阶段，产品成本的重要性就会凸显，过高的成本往往令公司和用户都难以接受。因此，一般建议在研发的早期阶段，尤其是手板出来之后，尽快评估成本，输出研发阶段的 BOM（物料清单），针对成本高的子集进行评估并设定第二方案。在此阶段，通常需要生产厂家与工程师共同从量产的角度评估产品的可行性。在这一阶段，有些原设计方案可能只需要稍微修改，有些则可能需要进行重大修正，甚至推倒重来。需求变化是研发过程中的常见情况，所以在实际推进过程中，需要时刻关注产品的研发进展，以及合作供应商的反应和配合能力。

（2）模具延期。相较于需求变化，模具延期是一个更为普遍的问题，特别是对于一些对产品质量要求很高的品牌而言，试模后频繁进行修正也是常见的。在此方面并没有什么巧妙的方法，如果有高质量的模具厂商配合，可以省去不少管理精力。因此，项目经理在确认项目周期时，应对模具延期问题提前做好规划和准备，认真考虑这些不确定因素出现的可能性。

（3）物料管控失控。物料管控失控也是常见问题。当产品涉及多种物料时，不同物料的准备周期和进货检验时间不相同，一些长周期物料甚至需要长达 3 个月才能到货，这往往会导致整个项目的交付日期因这些物料而延迟。对此，供应链管理部或者计划物控部应提前做好风险备料工作（风险备料通常会考验公司全系统的配合度和承受力）。然而，提前做好风险备料通常需要对产品进行一定程度的验证，并确保主要物料基本不变，否则存在全部物料报废的风险。有些公司因资金不足或者无法进行提前备料，致使项目管理很被动。除了来料时间，来料检验也非常重要，这涉及来料质量控制（Incoming Quality Control，IQC）。IQC 直接反映了工厂的实力，涉及供应商自身的供应链管理、进货检验流程，以及问题应对能力。因此，设计研发人员需要在产品研发阶段慎重选择物料，尽量使用常规物料，以避免后期因为特殊物料供应不及时而造成项目延误。需要提醒的是，那些看似毫不起眼的平面资料，如说明书、贴纸、包装箱等，因为涉及工厂、品牌、规格等关键信息，往往在最后阶段才能明确，所以是最后生产的物料。

（4）认证周期长。认证问题相对而言是不太容易控制的。认证机构作为办事单位，实行 5 天 8 小时工作制，所以一般的认证周期都在 30 ～ 60 天，有些项目的认证周期甚至会更长。项目认证周期长往往源于认证样机送测时间没有管控好，送测后的整改没有控制好，送测后的草稿确认延迟，以及线上证书确认不及时等因素。因此，一定要对认证环节予以足够的重视。

2．质量线

为什么硬件产品量产过程中可能会出现许多质量问题？主要原因是硬件产品的量产涉及多个环节，需要多部门的长期协作。几乎每位踏入硬件领域的从业者都需要在工厂中获取经验，因此，初级硬件产品经理应该有一至两个项目的实际生产跟踪经历，这样才能深入了解硬件产品的具体生产流程，这对早期产品定义非常有帮助。

成品是由零部件组装而成的，零部件的质量直接决定了成品的质量。图 6.44 所示是摄像头的零件构成。对于零部件的选择，应根据品牌商所在行业来制定物料选择标准。例如，电视所用的液晶屏，应选择 A 级（无亮点、无黑点）进行评估，这样至少能为显示效果提供基础保障。当然，有些公司为了节省成本会选择 B 级屏幕，因为其目标客户需求不一样，选择 B 级可以降低成本。

图 6.44　摄像头的零件构成

产品的可生产性也是影响成品质量的重要因素，这一点必须在早期阶段评审。初创公司特别容易出现产品质量问题，所以他们一般采用第三方方案来降低质量风险。项目风险一般包括供应链不成熟，内部人员经验不足等情况。针对这些问题，大型公司可以通过管理体系来提供保障。

硬件产品的质量直接影响后续的售后服务。因此，在与零部件供应商或成品供应商签订合同时，必须提出具体的要求，包括交货周期、产品质量标准、抽样检验标准（Acceptable Quality Level，AQL），以及售后服务等，并制定相应的处罚规定。在项目实施过程中，应当积极寻找合适的供应商。

产品出入库的过程也值得关注。在项目周期紧张时，对新供应商尤其需要多加留意。与新供应商合作时，应该加强对他们的管理，千万不能放任不管。如果合作中发生品质问题，应迅速解决。

成品通常需要在出货前进行质量检验。大公司一般有自己的检验人员，而有些公司则会委托 SGS（国际公认的检验、鉴定、测试和认证机构）等第三方机构对成品进行检验。

第三方检验机构的检验标准基于制造商在前期试生产阶段提供的封样样品。此外，检验还会参考质检机构出具的质检报告以及厂家的内控资料，如产品规格、可靠性验证报告等。对于产品来说，如果降低成品检验的标准，最终损害的是品牌的利益。首次交付时，最容易被忽视的部分是产品包装信息的清晰度，对于外贸出口型企业而言尤为突出。一般来说，外包装箱上应该贴有标明产品主要信息的唛头，以及与仓库相关的物料交付清单。仓库在清点货物后需签收。这里还需特别注意付款方式问题：只有当仓库清点好货物数量且确认包装无误时，才能按照约定的交付时间支付最终款项。否则，如果出现问题就比较难以获得理想的解决方案。

质量线中的认证环节往往影响着进度线的进展。对于认证，目前各个国家或地区都有自己的规范或标准，常见的有 3C、CE、FCC、PSE、KC、RoHS、CQC、UL 等，这些认证分别代表着不同品类的产品需要满足相应国家或地区的规范或认证要求。有些认证是自我声明性质的，而有些则是强制性的。公司需要在研发、试产等阶段提前做好规划和排期，因为未经认证的产品是不能上市销售的。

3. 成本线

成本线之所以重要，是因为它与之前的产品规划和定义密切相关，是评估定义准确性的重要指标之一。成品的成本主要与物料采购成本（一般以 BOM 成本来说明）、生产成本、管理成本有关。硬件产品经理在做成本分析时，也要着重分析这三部分。

订单数量与硬件的采购成本直接相关。订单数量小，很多公司都不愿意生产，因为成本会比较高，无利可图。原则上，数量越大，单位成本越低。这个时候，需要设定最小起订量（MOQ）的要求。结算方式通常有预付款、月结、批量结算、现金、承兑汇票等，它们与成本也有密切关系。在未建立信任关系前，很多供应商采用现金全款结算或预付款 + 尾款结算的方式，而在多次合作并建立信任关系后，则一般采用月结或者赊账的方式。建议硬件产品采用预付方式，预付比例可以视情况而定，一般为成品出厂价的 30% ~ 70%。

生产成本主要与工厂的生产流程有关，涉及用工、厂房租金、水电、排污、材料损耗等方面。而管理成本则是指为研发和生产投入的除物料成本以外的资金，以及非生产管理人员的开销。这两部分成本在试产和初期量产后会得到相对固定的准确数据，通常公司都会将其分摊到成品成本中。

通过前面的内容，硬件产品经理可以计算出硬件的 BOM 成本、生产成本、管理成本，再加上整个公司需要留存的运营成本，结合竞争产品和市场条件，基本能准确为产品定价。通常，产品的毛利率为 10%~ 70%，不同行业会有所不同。一般来说，分销渠道的毛利率为 35%，但基于产品竞争力和渠道销售的情况不同，这个比例也可能有所不同。比如，电视的电商渠道的毛利率可能低于 15%，但线下经销商和零售商的毛利率可能高达 35%。如果推出的是新产品，在推广期销售时，毛利率可能高达 50%。这也就是为什么品牌商特别愿意推销新产品，因为新产品就是现金牛。

如果硬件产品经理所处的公司没有自己的工厂，只有销售和研发部门（一部分贸易公司可能连研发部门也没有），那么代工业务前的准备工作就需要硬件产品经理或者选品经理来协调。他们要制订好 PRD，并外发给到相关外协公司。同时，在推进过程中，硬件产品经理也需要关注外协公司的设计与研发进度、成本核算与把控情况，以及生产跟踪、项目管理等工作。

硬件产品经理在对接外协的设计公司或者代工厂时，有一些细节需要注意。

我们把设计研发代工服务分成外观设计类、方案设计类和产品代工类。外协公司通常会根据客户的要求提供不同类型的服务，比如有的客户提供外观要求或具体方案，而有的客户只提需求，其余全部由外协公司负责，或者要求外协公司代工代料。因为研发与设计模块要了解的东西很多，比如主流外观偏好、设计流程、主流产品技术、实现方式、核心元器件、生产工艺等，所以需要硬件产品经理在工作中不断积累经验。硬件产品经理可以通过多种渠道找到相关供应链资源，如参观行业展会，在线上的 1688、淘宝、百度等网站搜索，请教同行，从已有供应商处打听等。另外，还可以利用公司员工或者管理层的人脉关系。人脉作为一种重要的信息来源，对公司极具价值。许多高管早已清楚这一点，他们经常从自己的业内好友那里获取信息，以便更好地做出工作决策。但高管人员通常容易忽视一种更广泛、更有用的资源：公司员工，甚至是初级员工。他们的集体知识和人脉往往也能带来很大的帮助。

现在有部分第三方设计公司，由于对某些行业没有深入研究，做出来的方案有时候虽然好看却不实用，无法切中要害，解决根本问题。因此，不妨寻找一些业内口碑好或得过奖的新锐设计公司或者设计师来设计，这样效果可能更好。同时，在跟设计公司签订合同时，不应确定方案后就即刻支付全款。一定要至少留 10% 的尾款，等待产品开模完成且第一次试模成功后再行支付。另外，结构类设计尽量让代工厂的工程师来完成。因为结构设计的好坏与成本和品质直接相关，外部设计团队可能因缺乏实际生产经验，致使设计出现偏差。

在方案能否实现的问题上，硬件产品经理一定要做好充分的准备。建议多看看代工厂是否有成功实现的订单方案，不要仅听代工厂工程师的口头承诺。新品上线前，要走试产流程，充分测试产品，确保稳定后再进行大批量生产，即使是常做的品类，也可能因为外观不同、结构改变、工人技术差异等因素而带来诸多不确定性。工厂的成本一般会在实际产品成本的基础上加 10% ～ 25% 的管理费用，因此最终的采购价格取决于硬件产品经理对成本的了解和把控能力。关于时间节点，硬件产品经理只要提供一个项目进度甘特图即可，或者让工厂提供（一般工厂都有专门的计划员、项目经理或生产跟进人员负责此事）。硬件产品经理只需按照甘特图上的节点定期去工厂审核进度、讨论问题、解决突发事件即可。

6.2.3 项目管理的 6 个要点

为了保证项目顺利进行，项目管理中有 6 个要点需要特别注意。

1. 成立项目组

没有项目组，项目管理就缺乏组织力度。项目组的组建一般包括以下几个方面：项目背景、目标、领导小组、执行小组、进度表等。项目背景和目标相对容易确定，但领导小组和执行小组的组建就要考验硬件产品经理的智慧和能力了。

（1）确定项目组长或领导小组。一般来说，对于大型项目，会任命一个职位高、权力大的人担任组长，或者找几个高管组成领导小组。领导小组一般不真正参与项目运营，他们只需要对关键节点进行把控，控制项目进展的方向和节奏即可。

（2）项目执行小组的人员安排可能涉及多个部门，因此有必要安排多个部门的负责人和责任成员加入执行小组。需要注意的是，尽管部门负责人负责调度责任成员，但实际上是部门负责人决定安排哪个部门或哪些人员参与项目。因此，项目进展有必要及时通报给部门负责人。如果觉得某些人员执行不力，可以请求更换相关执行人员。

2. 注意公司的动向

项目团队的目标不仅在于完成项目，更在于确保项目与公司的整体战略保持一致。假如一开始公司高层对该项目非常关注，但后来却慢慢变得漠不关心了，此时就应该考虑项目组是否应该调整策略或暂缓进度。另外，项目组的重点工作并非一成不变，硬件产品经理必须对某个阶段需要做什么、重点是什么，以及哪些工作不用再做等问题保持高度敏感。硬件产品经理可以通过公司月度工作会议或者高层的工作简报来了解下个月的重点工作，从而把握公司动向。作为项目负责人，硬件产品经理应该预判项目组的工作优先级和资源分配需求，一旦得知公司战略方向有所调整，硬件产品经理就需要提前跟高层沟通项目状况，并调整自己的工作方向。

3. 项目规划和激励

当项目组成立时，硬件产品经理需要制定项目规划和激励机制。项目规划包括时间和内容规划、项目分工、项目体系架构等。项目启动后，需要明确各项工作流程和节点，例如文件、材料的准备时间，例会安排，营销与渠道推广的时间节点。许多人认为，项目组是由公司安排的，因此不需要任何激励机制。然而，项目对员工来说有可能是一项额外的工作任务，通过激励来正向引导是十分必要的。比如项目组可以设定“小项目小激励、大项目大激励”的措施，以激发大家的工作积极性。有时，甚至对那些参与项目不多的部门负责人也应给予激励，毕竟作为项目参与者的上级，其对下属的支持程度直接影响员工的积极性。硬件产品经理应该高调表彰每个人的工作及成果，阶段性进行奖励和通报，以提高成员的积极性。

4. 严格监督

在矩阵式管理框架下，项目成员可能存在惰性，容易出现拖延现象。这个时候，硬件产品经理就要严格监督，并采用多种方法来督促项目成员积极工作。比如召开项目例会、发出工作提醒、编制并发布进度周报等。硬件产品经理还可以使用 Project 等工具来记录项目进展，包括资源调用情况、任务分配情况、工作沟通情况等；同时，也可以通过这样的方式让领导小组了解哪些事项是硬件产品经理自身难以推动的，从而说服领导小组帮助协调资源，以推动项目顺利进行。

5. 沟通

无论是对上还是对下，硬件产品经理都要勤于沟通，敢于沟通，善于沟通。首先，硬件产品经理一定要经常与项目领导小组沟通，取得领导小组的信任，最好能获得授权。在项目进入正常轨道后，与高层的沟通也不能减少，必须确保他们及时了解项目进展，做到心中有数。在与项目成员沟通时，硬件产品经理应该坦率且大胆。除了监督和要求成员完成工作，还应该有针对性地及时发表意见，并提供必要的支持。另外，还可以申请一些项目基金，用于项目团队聚会、开展交流沟通活动等，从而加深彼此之间的了解。

6. 工作魄力

在开展项目管理时，硬件产品经理不仅需要依靠项目小组赋予的奖惩权力，更需要凭借自身的魄力和专业精神。作为项目小组的负责人，硬件产品经理应以身作则，以高标准、快节奏的工作作风影响并激励项目成员，激发大家的工作积极性。只有硬件产品经理比其他人更专业、更投入，才有可能更好地感染和激励其他成员。

归根结底，更好的产品落地能够彻底改变产品团队的工作方式，并带来更优异的结果。这意味着，公司高层会更满意，团队会更有成就感。如果你从事的是 B2B 行业，那么客户也会更满意，并且会给予更多好评。

本章介绍了产品落地阶段两大重要环节中的诸多具体方法，并给出了具有实战意义的指导意见和建议。此外，还介绍了一些意识培养层面的内容，同时通过多个实例对核心问题进行了深入浅出的阐述。

第 7 章

实战指南：产品运维

硬件产品的运维包含运营与维护两个方面。运营指的是为实现商业目标而进行的活动，比如推广、销售、业务拓展等。维护则是指在产品发生故障时所进行的维修或升级。此外，维护还包括执行预防性维护任务及监测产品的健康状况，比如状态监测等售后服务。以汽车的 4S 店为例，样车展示、导购等活动属于运营范畴，而保养、更换机油、洗车等服务就属于维护范畴。

对于市场和销售部门来说，其核心目标是确保市场和销售流程尽可能顺畅地运行。当产品品质稳定、易于销售时，企业的效益自然会提升，进而会推动整体利润的增长。而客服部门则更注重降低故障率与投诉率等指标，其考核主要围绕响应速度和服务可靠性展开。然而，当产品存在质量隐患时，这两个部门之间就可能出现冲突。通常情况下，客服部门倾向于采取积极措施，比如整体召回；而销售部门可能更愿意采取较为保守的方式，比如仅对个案进行退货处理。曾经，某电视机品牌的玻璃底座出现自爆现象，客服部门建议将所有底座材质都更换为塑料，但销售部门权衡成本后，决定采用“出现一例，赔偿一例”的方式应对。尽管如此，客服部门与销售部门的目标是一致的，他们都期望在不增加过多成本的情况下，保障公司的稳定运营和盈利。

在产品运维过程中，硬件产品经理扮演着重要角色，他们需要遵循特定的流程并承担相应的责任，接下来将对此进行详细介绍。

7.1 产品上市

产品上市是公司通过精心策划，将新产品正式推向市场的重要过程。其目的可能包括满足消费者需求、确立产品市场定位、收集早期用户反馈以优化产品，以及提升公司市场认可度和行业地位等。在此过程中，硬件产品经理需要深度参与物量规划，制订产品上市策略，并辅助开展营销活动。

7.1.1　物量规划

物量规划通常由公司的营销中心或者市场部发起，并由供应链管理部负责组织实施。它是对公司整体产品线订货量的预测和规划，对于公司阶段性经营的成功具有重要意义。

物量规划涉及新品切入市场的时机、推广阶段的物量布局、计划的滚动调整，以及订单的灵活变动等方面。这些规划内容与交付周期息息相关，因为交付周期的长短会影响库存、生产计划等多个方面。

在交付周期方面，销售终端直接将库存产品销售给消费者属于周期最短的一种方式，这种即时交付的方式对于提升消费者满意度至关重要。消费者在终端选择好产品后，由分销商从仓库调货并运送给消费者，这种交付周期相对较长。而最长交付周期则是品牌商在收到订单后才开始生产，待生产完成后再进行发货。显然，在物量规划过程中，需要充分考虑交付周期因素，以确保在满足客户需求的同时，也能优化库存和生产计划。因此，消费者的购买行为、交付周期，以及物量规划之间存在着密切的关联，它们共同影响着公司的运营效率和客户满意度。

以购买手机为例，假如一位消费者去某手机品牌的专卖店，导购表示暂时没有库存，送货需要一周，那么消费者可能会立刻转向距离该店不远的另一家电器专卖店。因此，手机零售商的库存必须充足。对于大件商品（如电视机），由于涉及送货问题，通常不会直接从零售商处发货，而是由分销商从仓库发货给消费者（类似于现在流行的“一件代发”模式）。在这种模式下，交易流程和产品流转变得尤为重要。交易示意和产品流转图如图 7.1 所示。

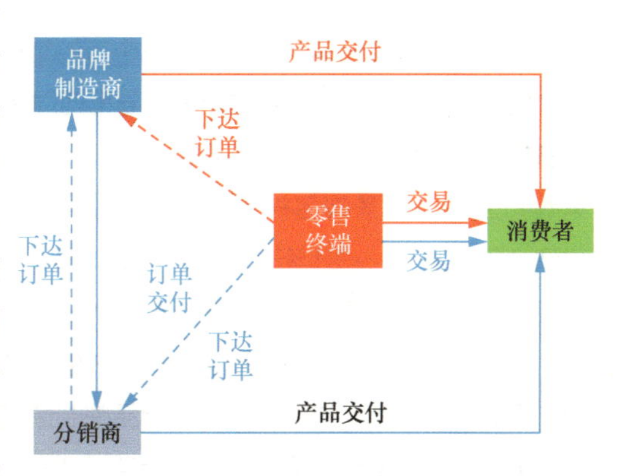

图 7.1　交易示意及产品流转

另外，由于消费者喜欢比较不同零售网点的产品价格，品牌制造商为了满足这一市场需求，不得不为不同的销售渠道生产专供型号的产品。这种策略导致品牌制造商的库存管理方式也发生了变化。他们往往会备有自营店所需的基本型号库存，以确保自营店的正常运营。而对于其他专供型号，品牌制造商则采取按订单生产的方式，即根据零售网点的具体订单需求来进行生产，以避免库存积压和浪费。

在渠道中，大型分销商的仓库通常是主要的库存地。这些大型分销商为了降低运营成本和风险，往往会有意控制库存量（遵循低库存原则）。这就要求品牌制造商必须提高生产效率，缩短成品的交付周期，以便能够灵活应对不断变化的订单需求。

举个例子，大型分销商 A 为了国庆大促活动，提前囤积了一小批 M 产品。大促活动非常成功，然而由于预测的库存数量不够，M 产品很快就出现了超卖的情况。这时，分销商 A 急需补货，品牌制造商需要快速响应其补货订单，并及时交付产品，以满足市场需求，避免失去销售机会。

由此可见，消费者对于购买产品的即时性有着很高的期望，他们希望能尽快收到所购买的产品。这就要求分销商或品牌制造商手中必须保持一定的成品库存，以应对突发情况和满足消费者的即时需求。因此，优化交易流程和产品流转，提高供应链的效率，对于满足消费者需求、提高销售效率至关重要。

在家电行业，大多数物量规划是根据订单和预测来安排的。不同销售额的商品会采用不同的生产和发货策略。例如，高销售额的 A 类产品通常会结合订单和预测进行生产，以平衡淡旺季工厂的产能和满足市场需求。中等销售额的 B 类和低销售额的 C 类产品则一般会根据分销商的订单来生产。

在品牌制造商与分销商的实际合作中，订货模式的选择对于交付周期有着重要影响。通常来说，订货模式分为月度订货和周度订货两种。这两种模式各有其特定的下单、审核、排单和生产周期。

月度订货模式通常是分销商在每个月的第一周下订单，第二周审核订单，并在三到四周内安排生产，然后从次月的第一周到第四周逐渐交付，交货周期为 21 ～ 49 天。在周度订货模式下，分销商通常会在第 N 周的周一或周二下订单，周三与周四审核订单并排单。第 $N+1$ 周的计划通常是被锁定的，第 N 周的订单在第 $N+2$ 周生产，从分销商下订单到收到产品需要 14 ～ 21 天。这里的交货周期是指在排产顺利的情况下的交货时间。如果第 $N+2$ 周已经满产，那么订单将推迟到第 $N+3$ 周生产。

通过缩短成品交付时间和实现两周内的滚动交付，品牌制造商可以帮助分销商快速应对市场波动。然而，这种灵活性也给品牌制造商的生产计划和零部件采购带来了压力，同时也增加了零部件供应商在计划和库存管理方面的压力。国内的家电品牌制造商，如创维和美的，仍然采用传统的月度订货模式，并且会在淡季积累一定的成品库存。

另一个影响交付周期的因素是加工周期。家电行业通常涉及注塑、冲压、喷漆、PCBA（Printed Circuit Board Assembly，印刷电路板组装）和总装等环节，整个过程总共需要 4 到 5 天。家电品牌制造商的实践经验是：根据预测生产 A 级产品，根据订单生产 B 级和 C 级产品；代理商每周下订单，第 N 周下的是两周（即第 $N+2$ 周）以后的订单。

品牌制造商一旦确定了成品交付策略和主计划，接下来便需要精心管理供应商的交付周期，并有效控制库存。零部件交付周期的管理涉及多个关键要素：制造商的总体计划、供应商的生产周期、零部件的种类，甚至还要考虑供应商工厂与品牌制造商之间的距离。

在实际操作中，品牌制造商通常会在某个特定日期（我们设其为第 T 天，T 是各行业的经验值，彩电行业通常为 26 天）发布第 $T+2$ 天的总装计划（这一计划相当精准），并期望供应商能在第 $T+1$ 天完成交货，如图 7.2 所示。

在这种模式下，供应商始终需要维持一定的零部件库存，以应对品牌制造商的生产需求，这往往会导致供应商经常存有大量零部件。品牌方可能认为这种方式有助于快速响应市场变化，而实际上，短期内的市场变化只是在一定程度上可以预测。因此，作为行业的主导者，品牌制造商有责任制订相对稳定的主计划，以减少市场波动对供应链的影响。尽管维持一定量的成品库存有助于平衡市场需求，但单纯地将库存和交付的压力转移给供应商并非明智之举。如果品牌制造商采用 $N+2$ 周的主计划模式，并且 $N+2$ 周的计划在第 N 周周四发布，那么从理论上而言，生产周期短于 7 天的零部件供应商可以根据订单进行生产，而生产周期超过 7 天的供应商则需要根据预测进行生产准备。对于家电行业中涉及的长周期物料，比如液晶屏，品牌制造商只能依靠预测来指导供应商生产，并设定合理的库存。像创维这种大型家电品牌制造商，通常对此类物料进行长达 12 ～ 20 周的滚动预测。

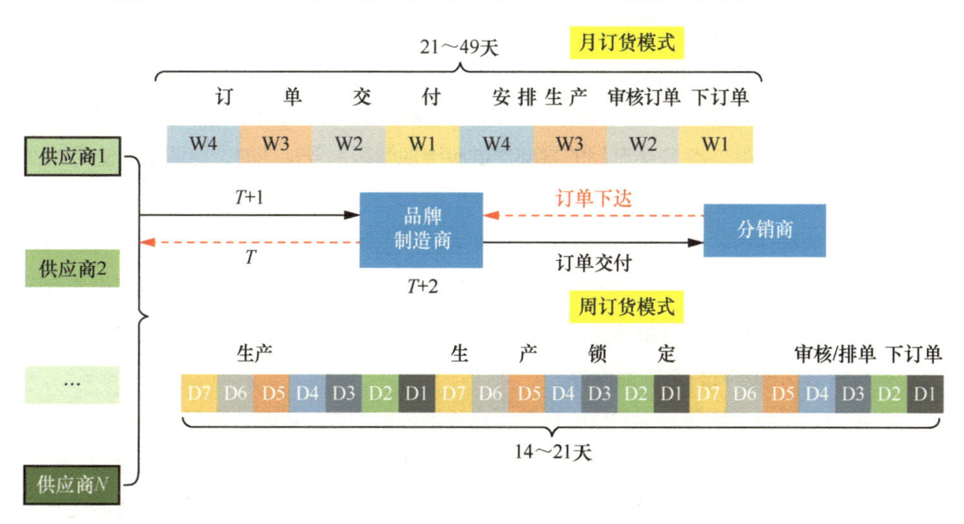

图 7.2　交付周期示意

物量规划的核心目标在于确保按时交付产品并减少库存，而终极目标是让供应商能够根据品牌制造商的主计划每日生产并准时交付。为了实现上述目标，我们面临两大挑战：第一是如何确保品牌制造商计划的稳定性，第二则是如何应对供应商的交付周期及其波动。

对于第一点，如果品牌制造商不能锁定 $T+1$ 周的计划，那么所谓的供应商按计划生产就成了空谈，他们只能依赖于库存备货。即便 $T+1$ 周的计划锁定了，若日常计划产生重大调整，也会对交付造成不利影响。比如，原定于下周生产的产品需要提前到本周五组装，供应商可能因时间紧迫而无法按时交货。

对于第二点，供应商的交付周期涵盖了从订单审核到材料采购、排单、制造及运输的各个环节。在整个周期中，订单审核和确认通常需要 1 天时间；对于一般零部件，可以要求供应商保持一定数量的原材料库存，因此采购周期一般不计入总周期；排单周期可假定为 1 天；运输周期也可按 1 天计算。因此，对于某些零部件，7 天的交付周期可以压缩到 4 天。绝大多数五金件和注塑件的生产都可以满足 4 天交付的需求。对于一些交货不畅的供应商，品牌制造商可以要求采购工程师协助他们分析生产过程，通过加强日常生产管理、库存管理及降低返工率等措施，帮助供应商把交付周期缩短。尽管订单审核和运输周期相对固定，但在生产过程中也会存在不确定性因素，如设备切换和排单优先级调整，都有可能导致交付周期的波动。首先，设备切换需要调度时间，尤其是在面对多种产品时，如何合理安排生产顺序以满足品牌制造商的需求，对供应商而言是一大考验。假如供应商只有 6 台注塑机，但需要生产 10 种注塑件，那么供应商就必须每天灵活安排生产以满足需求。其次，供应商如何安排不同品牌制造商订单的优先级，也将影响交付的及时性。例如，在工人不足的生产旺季，供应商可能会优先向大型品牌制造商提供产品，而将其他订单延后。

锁定周订单相对容易，但调整日订单的难度较大，因为供应商在质量、人工等方面的任何问题都可能导致计划调整。我们的经验是，在安排主计划时，尽量将特殊规格的零部件安排在周一和周二生产，A 类产品安排在周三和周五生产。同时，还可要求供应商为常规品类设立安全库存。当 C 类产品的零部件供应出现问题需要延期时，可调整为使用 A 类产品来代替。

然而，值得注意的是，对于京东、天猫等主要线上销售渠道，国内的家电品牌制造商在供应商选择方面普遍存在一定的局限性。此外，家电行业的利润水平也限制了供应商严格实施更高等级质量管理体系的能力。对于家电行业来说，除非是标准件，否则供应商最多只能维持 3 天的零部件与成品库存。

物量规划是供应链管理中的核心环节，它关乎公司的生产效率、库存控制、市场响应速度及盈利能力。作为硬件产品经理，我们需全面把握市场动态，深入参与物量规划的制订与执行。这一过程不仅涉及线上 / 线下实际的销售能力与未来的销售预测，还涵盖产品结构优化、计划协调会等多个关键方面。在接下来的内容中，将重点阐述物量规划中的两个核心因素，即线上 / 线下实际的销售能力与未来的销售预测，同时也会简要提及产品结构分析和计划协调会的重要性，以确保我们对物量规划有全面且深入的理解。

1. 物量规划的两个因素

（1）线上 / 线下实际的销售能力

- 整体销售额：需要分析单店的整体销售额，并计算全区域的平均值，同时考察各渠道的整体销售表现。这些数据能够提供市场需求的宏观视角。

- 各区域的实际销售能力：通过对过去 3、6、9、12 个月的实际销售数据进行深入分析，能够更精确地了解各区域的销售能力及其变化趋势。
- 新 / 老款销售占比：这一数据有助于判断市场对新品的接受程度，以及老产品的市场生命力，从而指导未来的资源投放方向。
- 折扣销售占比情况：分析参与打折促销活动的产品占比，有助于了解市场需求对价格的敏感度，以及促销活动对销售的拉动作用。
- 销售结构、库存结构对销售的影响：高毛利产品与以销量为主的产品如何搭配，以及库存的消化策略，都是制订物量规划时需要考虑的重要因素。
- 竞争对手的销售情况：了解主要竞争品牌的销售情况，有助于明确新品在市场上的定位，并可以针对竞争对手的薄弱环节制订有效的竞争策略。
- 竞争对手运营能力的评估：结合营销部门对主要竞争对手运营能力进行评估，从而帮助我们更好地预测市场竞争态势，并制订相应的应对策略。
- 库销比：通过对过库销比进行分析，我们可以找出库存积压或短缺的原因，从而调整订货策略，优化未来的物量规划。

（2）线上 / 线下的销售预测

- 预计销售额：设定合理的销售额目标，并逐层汇总，如从线下单店汇总到片区，再汇总到分公司，最后汇总到总部，从而确保目标的清晰性和可操作性。
- 大促计划：对于元旦、春节、6 月 18 日、国庆节、11 月 11 日等重要的时间点，应提前考虑开展重大促销活动对销售的影响，并设定相应的销售预测。
- 店铺整改计划：采用店铺装修、更换门头、品牌升级计划、签约新的形象代言人等举措，都可能对销售产生积极影响，因此也应纳入销售预测之中。
- 运营水平提升：公司运营团队建设和能力提升的计划和预期效果，也是设定销售预测不可忽视的因素。
- 销售增长趋势预估：基于市场趋势、消费者需求变化等因素，对未来销售增长进行合理预估。
- 市场的自然增长预测：在无推广、无资源投放的情况下，预测自然流量可能带来的销售增长。
- 预测增长的调整：考虑在增长过程中可能需要对定价和订货量做出调整，以确保销售预测的准确性和灵活性。

2. 产品结构分析

- 销售量前 10 的产品分析：分析近 3 个月内销售量排名前 10 的产品，确定未来物量规划中的重点产品。

- 售罄前 10 的产品分析：逐个分析近 3 个月内销售断货的前 10 款产品，找出断货原因，优化未来的订货计划。
- 畅销款与滞销款的特点分析：分析两类产品的共同点和差异，找出导致两类产品销售差异的原因。硬件产品经理也可据此分析并总结先前产品规划中的问题。

我们可以根据价格、品牌推广、促销驱动等因素，找到进行物量规划的参考依据。

3. 参加计划协调会

计划协调会（或订货会）是确保公司运营顺畅和各部门间高效协作的关键会议，硬件产品经理一定要参加。营销部门或者供应链管理部门通常会每半月或一个月召开一次公司层面的计划协调会，通过会议对物量规划进行宣导、锁定和滚动调整。这样，销售、计划、采购、储运、售后等相关人员以及硬件产品经理都能对产品的型号、组合及定位有清楚的了解，并可以据此调整预下单及存货处理，确定重大事项（如尾单处理、新品上市、推广投放，甚至产品退市）。此外，在这个会上，对于已经退市产品的零部件，硬件产品经理还需提出合理的物量规划建议，确保售后服务得到保障，从而维护好品牌口碑。

7.1.2 上市策略

考量产品是否符合公司整体策略，是筹备产品上市计划时很重要的一环。不同产品在公司策略中扮演着不同的角色，有些新产品的使命是强化公司的发展方向，而有些则旨在引领变革。当前，业界更倾向于使用 GTM（产品上市）策略这一术语来描述这一环节。GTM 策略是指一家公司将新产品或服务推向市场的综合计划，包括产品定位、目标市场选择、定价策略，以及产品 / 服务的推广和运营方式等方面的详细规划。

在日常交流中，我们经常听到 GTM 策略、营销策略、商业计划等名词，尽管这些概念的含义并不相同，但在实际应用中却经常被混淆使用，因而需要通过对比对它们进行明确的区分，如表 7.1 所示。

表 7.1 GTM 策略、营销策略、商业计划三种概念的对比

类目	GTM 策略	营销策略	商业计划
关注点	针对特定产品或服务的营销，是营销策略的一部分	公司整体业务的市场推广与品牌管理，是商业计划的一部分	设定公司的业务目标及制订实现这些目标的具体规划
目的	将产品成功推向市场	建立品牌知名度，吸引客户，提高客户留存率	通过为客户提供价值，实现公司整体的长期营收增长
时间线	短期且有限，在产品发布后结束	长期执行，并根据市场变化持续优化和调整	长期的战略规划，通常不需要频繁调整

1. GTM 策略的 4 个重要性

（1）为业务增长奠定坚实的基础

GTM 策略的首要焦点是确保公司为实现业务增长做好充分的准备。这涉及确定产品发布的最佳时机，确保产品能够满足目标消费者的需求等内容。制订 GTM 策略时，需要确保以下几点：产品解决了目标消费者的问题；市场对产品存在需求，且未来可能会有更多需求；客户理解并愿意为产品支付合理价格；产品的利润将推动公司持续发展；市场还未过度饱和；与竞争对手相比，公司产品具备显著优势；公司已为增长做好了运营准备或扩展计划。

（2）有效规避市场风险

与促进业务增长相辅相成的是，GTM 策略还能够帮助公司有效地规避市场风险。如果产品发布失败，产品或品牌可能很难重新站稳脚跟，因为负面评价可能会持续存在。尽管这种问题对于像苹果公司或特斯拉公司这样的大公司来说影响较小，但大多数公司预算有限，难以承受产品发布失误所带来的严重后果。

（3）确保公司与产品发布步调一致

GTM 策略的另一个重要作用是确保全公司协同作战，节奏一致，共同为产品发布做好准备。产品发布往往会导致公司日常管理的暂时混乱，没有一家公司希望出现这种混乱。为有效获取其他部门的支持，需要明确方法与策略，同时也要有具体的管理措施来应对用户或团队对产品发布的期望，还要调整公司的工作节奏，确保每个人都知道即将发布产品，并为组建 GTM 团队做好准备。因此，营销部门应及时提供所需宣传材料，销售团队应充分了解产品卖点，售后团队也应掌握公司内部的最新信息。这种协作有助于减少发布过程中可能出现的混乱和误解，提高整体工作效率，确保产品顺利推向市场。

（4）合理评估和保护资源

GTM 策略中还涉及对资源的合理评估和保护。在产品发布之前，需要确保有足够的时间和资金来支持整个策略的执行。通过 GTM 策略，可以对所需资源进行全面评估，并制订相应的预算和计划。这有助于避免资源的浪费和短缺，确保产品发布过程的顺利进行。同时，还应关注资源的信息保密，避免在竞争激烈的市场中暴露敏感信息或核心竞争力。

总之，GTM 策略就是公司将产品推向市场的整体方案。成功的 GTM 策略通常需要产品、销售、品牌、客服、市场等多个部门的紧密配合。产品上市并不意味着产品生命周期的结束，硬件产品经理需要确保产品上市后的持续价值传递，以获取更多市场回报。这包括协调所有相关部门做好产品上市和发货的准备，为每个区域市场制订出具体且可执行的上市计划，充分利用区域市场的成功案例驱动整体销售的复制与推广。许多大公司会在各地设置产品营销（Product Marketing）这一职位，以便更好地进行本地化服务，让当地部门了解新产品各项功能的价值，并推广产品。如果公司未设产品营销的职位，那么硬件产品经理就需肩负此职责，将产品的价值传递给客户。GTM 策略对 B2B 的产品来说更为重要，因为 B2B 的市场更依赖销售和客服向用户解释产品的功能，传递产品的价值。

2. 产品上市前的准备

为帮助硬件产品经理系统性地制订 GTM 策略，我们梳理了产品上市前所需准备的关键事项，确保他们在产品推向市场前能够思路清晰、计划周详、团队得力、目标明确。在制订 GTM 策略之前，硬件产品经理必须通过 3W1H 分析法进行全面思考，以确保产品能够顺利上市并取得成功。制订 GTM 策略时所用到的 3W1H 分析法如表 7.2 所示。

表 7.2　制订 GTM 策略时所用的 3W1H 分析法

分析维度	关键考量
WHY	**这里应该把“为什么要做这个产品”写清楚。包括我们是否在做产品规划时想好了为什么要做这个产品 / 功能；产品 / 功能能够满足市场的需求吗？为什么是现在而不是以后做这个产品 / 功能？** **制订 GTM 策略时要把这几个问题进一步整理成宣传材料。GTM 策略中需要明确产品的差异化优势以及市场空缺情况，从而帮助制订精准的市场宣传策略**
WHAT	**产品 / 功能由什么组成？它能解决什么问题？下一代的规划是什么？给用户传递的价值是什么？用户有其他的替代产品可以选择吗？另外，还需考虑产品 / 功能合理的定价区间**
WHERE	**产品分销区域在哪里（本地、国内还是国外）？配送区域有什么特殊限制？该产品在哪里首发？此外，还需确定为用户提供配套售后维护的合作伙伴**
HOW	**用户如何使用本产品？产品与用户互动 / 交互的方式是通过应用程序、软件、硬件还是数据？用户多久使用一次产品？需要内部团队合作吗？产品是如何为用户服务的？是否需要指导用户使用产品**

在制作产品 GTM 策略的过程中，硬件产品经理的首要任务是明确目标用户。通过对 GTM 策略的梳理和复盘，我们可以更加精准地锁定目标用户。首先，团队可以组织头脑风暴会议，集思广益，列出所有潜在的用户群体。接着，对每种用户群体进行深入评估，从而实现精准的市场定位，确保产品能够有效触达目标用户。此外，提炼一句简洁有力且易于记忆的口号对于产品推广至关重要，它能让产品在众多竞品中脱颖而出。例如，以前电视行业有一句广告语“不闪的就是健康的”，它将电视超高扫描频率的功能与视力健康的效果联系起来，准确传达出产品的价值点，深入人心。这里给出一个常用的定义产品价值的套路：对于【XXX】用户来说，他们需要【XXX】，我们的【XXX】能够提供【XXX】，帮助 / 实现【XXX】。例如，对于老年用户来说，他们需要容易搜索频道，并且能够根据爱好推荐片源，我们的智能电视能够提供语音搜索和关键词个性推荐，帮助他们快速找到想

看的内容。

基于上述分析，硬件产品经理可以将所思考的内容整合成一张**价值主张画布**，以明确新产品 / 功能的价值、用户的核心需求及市场上现有产品的替代方案等。这张画布不仅是未来产品改型 / 升级 / 迭代的前期准备工具，更是确保产品规划与定义紧密围绕用户需求的关键所在。典型的价值主张画布如图 7.3 所示。

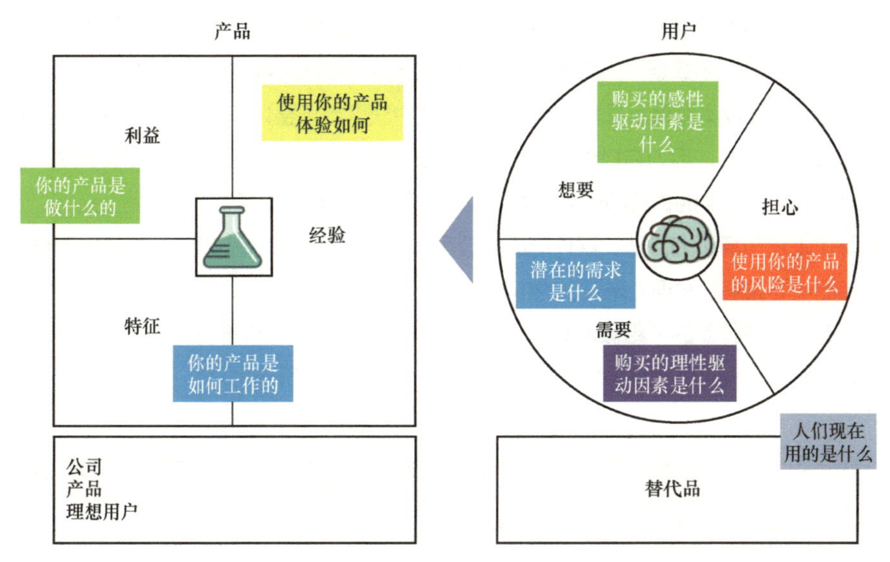

图 7.3 价值主张画布

在构建价值主张画布时，硬件产品经理需要关注以下几个关键方面。

1）深入了解目标用户群体的需求和痛点。这包括对产品功能的期望、情感需求及社会目标等。通过深入了解用户，确保产品规划和定义紧密围绕用户需求进行。

2）分析市场上现有的替代方案。了解竞争对手的产品特点和优势，发现市场空白和创新机会，从而打造出具有竞争力的新产品。在整合这些信息时，硬件产品经理需要思考如何将产品规划和定义与优秀的商业模式相结合，以确保产品不仅能满足用户的基本需求，还能帮助用户实现情感和社会目标。

3）关注未满足的用户需求。聚焦那些尚未实现的目标与需求，通过产品创新来满足，使产品具有独特的竞争优势。

4）识别愿意为解决问题付费的用户群体。通过解决某些痛点和痒点，来打造能够超越对手且不易复制的优势。

总之，价值主张画布是硬件产品经理进行产品规划和定义的重要工具。通过深入分析用户需求、市场替代方案以及商业模式等因素，硬件产品经理可以确保产品规划紧密围绕用户需求展开，从而在市场竞争中取得成功。

3. 制订 GTM 策略的 8 个步骤

尽管无法准确预测所有事情，但精心策划的产品推出流程能够显著影响后续结果。因此，与其盲目行动，不如分步骤制订一个明确的 GTM 策略。以下是制订 GTM 策略的 8 个关键步骤。

（1）确定市场和竞争对手

产品成功离不开准确的数据支持，所以市场调研数据至关重要。营销部门需要全面收集和分析一手与二手数据（由第三方调研公司完成），数据内容包括行业报告、统计数据、白皮书等。这是成本最低且最快的方式，可以从中获取市场整体环境的概述。在家电行业，可以参考奥维报告，因为它提供了全球家电行业的营销分析数据。同时，还需要深入研究竞争对手，明确自身的优势和劣势，为 SWOT 分析提供有力支撑。

除了上述市场研究方法，硬件产品经理可以通过访谈、焦点小组等方法进行调研，获取独特的市场见解，发现尚未开发的市场潜力。

以智能电视行业的一组假设数据为例，硬件产品经理可将市场研究的结果与假设数据联系在一起，并根据研究结果填写市场研究简表（如表 7.3 所示）。

表 7.3　市场研究简表

市场类别	智能电视
市场增长	年增长率 3%
主要应用场景	家庭、教育、会议
主要市场参与者	TCL、海信、创维等
主要市场趋势	整体规模缩减、技术迭代减缓、毛利率降低
最接近的竞争对手	TCL
用户类型（企业 / 个人）	个人
用户地理位置	中国、东南亚、非洲

（2）识别用户

在了解市场的基本情况和竞争对手的态势之后，还需明确产品的目标用户群体。准确识别用户是制订有效 GTM 策略的关键一环。以下是两种识别用户的方法。

1）识别潜在用户。基于已完成的市场调查，可以筛选出潜在的用户群体，并与他们进行深度交谈。这些潜在的用户可能包括品牌的忠实拥护者、产品体验者，或者对产品表现出浓厚兴趣的个体或组织。通过与他们进行深入的对话和沟通，可以更准确地了解他们的需求、痛点和期望，从而为产品定位和策略制订提供有力的依据。

2）通过用户画像识别。在这个阶段，还可以巧妙地结合竞争对手的数据与其他来源的数据来丰富用户画像。比如，根据竞争对手在网站上的销售数量和单价，使用爬虫工具找到类似购买行为的用户数据。用户画像可以将用户的购买过程可视化，帮助我们了解用户以及他们的购买目标。对于 B2B 业务来说，用户画像的构建相对比较复杂，因为用户画像可能是一个包含多个角色和职能的集合。例如，在营销总部采购促销赠品物料的场景中，用户画像可能包括发起采购的项目经理、使用物料的市场推广人员、负责预算的市场部人员、审批购买的部门总监及最终审批的营销总裁等多个角色。了解这些角色的职责和决策过程，对于制订具有针对性的营销策略和沟通方案至关重要。用户画像集合如表 7.4 所示。

表 7.4　用户画像集合

集合角色		示例：购买促销赠品	
发起人	购买过程的执行者	发起人	促销项目的项目经理
用户	产品的最终使用者	用户	市场推广组
购买人	有预算的人	购买人	市场部
决策人	批准购买的人	决策人	市场部总监
审批人	管理层	审批人	营销总裁
运营人	信息流转和管理人	运营人	营销总经理

（3）确立产品定位和定价

在制订 GTM 策略的过程中，产品的定位和定价至关重要，它们直接决定了产品在市场上的接受度和竞争力。正确的产品定位和定价策略可以更好地满足用户需求。

1）产品定位是市场营销中非常重要的概念，美国的营销战略家杰克·特劳特在其著作《定位》中指出：定位就是为了使一家公司的产品或服务在用户心目中占据最有利的地位，并从用户那里获得优先选择，从而让品牌代表某种类别或特征。为什么只有一个优先选择？因为在信息爆炸的今天，产品和品牌都需要依靠简明易记的信息来脱颖而出。定位并非创造崭新或不同的东西，而是影响用户心中已有的认知。

产品定位常借助定位图来直观展现。在创建定位图时，我们需要定义产品坐标维度，并确定产品在该坐标中的位置。这可以利用影响消费者购买决策的因素和潜在用户需求研究等数据对产品进行评分，然后将评分结果统一绘制成定位图。一幅典型的定位图如图 7.4 所示。

在确立产品定位时，我们需要遵循一些基本原则。首先，定位必须与目标用户的关注点相吻合，不能是用户完全不感兴趣的内容。其次，我们需要明确传达产品的独特价值和竞争优势，让用户明白为什么要选择我们的产品。再次，需要确保产品的功能符合用户的期待，并解决他们在使用过程中的痛点。最后，需要密切关注竞争对手的定位策略，确保公司产品的定位能够与之区分开来。确立产品定位是一个复杂而细致的过程，需要硬件产品经理在长期工作中逐步摸索和实践。

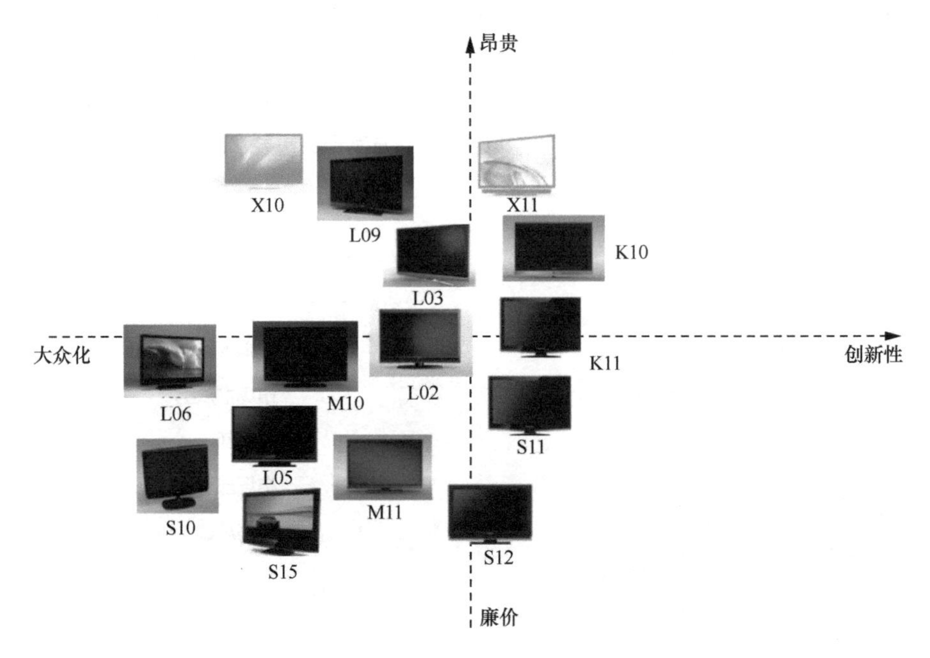

图 7.4 产品定位图

2）产品定价应该是对产品定位的直接表达。定价不仅涉及产品的成本和市场接受度，还需兼顾利润空间和市场竞争地位。如果想让用户认为产品的价格既合理又可以接受，那么定价就应该与用户的支付意愿相契合。那些直接以价格战方式入市的新产品是柄双刃剑，需谨慎对待。在确立定价策略时，需要综合考虑产品的成本、市场需求、竞争状况及公司的战略目标。通过市场调研和竞争分析，可以了解同类产品的价格水平和用户的购买意愿，从而制订出具有竞争力的定价策略。

值得注意的是，产品定位和定价是相互关联的。产品定位决定了产品的独特价值和竞争优势，而定价则需要在充分考虑产品价值的基础上，结合市场需求和竞争状况来设定。因此，在制订这两个策略时，需要进行充分的沟通和协调，确保二者能够相互支持、相互促进。有一个实用的工具可以帮助我们进行产品定价，那就是定价策略矩阵（如表 7.5 所示）。当然，也可以把竞争对手的定价罗列出来，跟公司产品进行对比分析。

表 7.5　定价策略矩阵

条目	高价	同价	低价
更多价值	更多价值，价格贵	更多价值，价格相同	更多价值，更便宜
相同价值	/	/	产品相同，更便宜
较少价值	/	/	价值低，价格更便宜

（4）确定产品信息和核心营销策略

1）产品信息。产品信息的作用在于吸引目标用户的注意力，并让他们初步了解产品。从运营的角度来看，产品信息是公司与消费者之间沟通的主要桥梁。产品信息矩阵可以为目标用户提供清晰的视野，为广告、公关（PR，Public Relations）、产品培训和电商网页提供有力的内容支持。典型的产品信息矩阵示例如表 7.6 所示。在规划和传播产品信息时，应该聚焦于产品的独特之处，用简洁明了的语言传达核心信息，不要试图去覆盖所有用户。

表 7.6　产品信息矩阵

产品名称	微鲸投影仪		
用户画像	租房年轻人		
价值主张	轻便、续航时间长、高亮度、可投屏、有影视会员打包服务		
用户场景	观赏海量影视内容	通过投影仪把手机内容投射到大屏上	搬家
产品如何提供帮助	有影视会员打包服务，赠送两年；内置大容量电池，停电也可以再使用 2 小时	提供针对 Windows、Android 和 iOS 的解决方案，能够稳定、快捷地进行投屏显示，内置 WPS（Word Processing System，文字处理系统）的投屏显示，方便召开小型会议时使用	重量轻（0.8kg）；不用另外添加幕布，白墙就可以投影
信任的理由	影视会员集合了腾讯、优酷、爱奇艺三大平台的内容，全网唯一，并且 UI 设计简约，操控简单	实验室评测：投屏速度和稳定性高，几乎适配所有型号的智能手机	便于携带和收纳
卖点	全网影视资源最全的投影仪，足不出户即可畅享海量片源	行业中最佳的投屏投影仪	毕业后的第一台投影仪

2）核心营销策略。核心营销策略是将产品成功推向市场的关键所在。有效的营销策略不仅能够提升产品的知名度和曝光度，还能够增强用户对产品的认知和信任，从而促进销售增长。虽说酒香不怕巷子深，但仅仅酿出好酒是远远不够的，还需要让用户知道巷子在哪里。这就是营销策略派上用场的地方。在设定营销策略时，可以从两个方向入手。

- 借鉴。首先了解类似的公司是如何推出产品的，或者从我们认为不错的公司、营销人员那里获得灵感；然后看看他们已经取得了什么成果，以及他们为实现这一目标投入了什么资源；最后重新整合、改进并为我所用。可以借鉴的资源有：促销渠道、广告形式、营销材料类型、内容类型、网站布局、搜索引擎优化策略等。当然，在借鉴的同时，也要注重原创性和个性化，特别是在创意文案、企业形象标志和独特价值提案等方面。
- 独立创作，定制独特策略。尝试独立创作时，需要跳出既有框架，从不同角度看待事物，并尝试新的思考方式。首先，需要设定明确目标，例如目标为在产品发布后的一个月内销售 50 000 台；其次，思考为了实现这一目标需要满足哪些要求，如何进行推广活动，消费者可能来自哪些渠道，以及需要多少资源（尤其是钱）来支持这些活动；最后，通过深入思考和精心策划，制订出具有独特性和针对性的营销策略。

（5）定义产品销售策略

销售是向消费者提供产品或服务的过程。在确定产品销售策略时，公司需要根据产品特性、市场状况及自身资源情况来选择合适的销售模式。常见的销售模式有以下几种。

1）直销模式：直接向用户销售产品。无论是通过电商平台还是实体店，公司都能直接与用户建立联系并完成销售交易。这种模式的优势在于公司能够直接掌握用户需求和反馈，提升品牌形象，并建立起长期的用户关系。然而，直销模式也需要公司投入更多的资源和精力来管理销售渠道和用户关系。

2）分销模式：通过合作伙伴来扩大销售渠道。选择合适的分销商，公司能够以相对低的成本快速将产品覆盖至更多的市场和渠道，从而提高市场渗透率。虽然为了激励分销商，需要给他们一定的毛利空间，但从长远来看，这种模式可以快速将产品展示给更多用户，进而通过提高销量来增加公司收入。

3）定点销售模式：产品只在特定地点销售，通常适用于能提供附加值的部门或门店，比如售后服务部门。售后服务部门也可以通过电商销售相关配件类产品，如遥控器、挂架等。这种模式能够充分利用现有资源，提升客户满意度，并增加额外的销售收入。

4）独家销售模式：通过与少数合作伙伴签署协议，授予其在特定地区的独家销售权，这通常也意味着在该地区对其他销售伙伴具有排他性。例如，在某省市场，A 公司可以独家销售学校使用的电视。

5）OEM 模式：适用于公司有多余产能的情况，通过为其他品牌用户提供定制产品来实现销售。这种模式能够充分利用公司产能，拓展业务领域，并提升公司的盈利能力。

在设定产品销售策略时，公司还需要综合考虑市场环境、用户使用习惯和竞争对手情况。如果市场上普遍采用第三方分销模式，且该模式具备较强的市场优势，直销的操作空间可能会受到限制。可见，硬件公司应灵活调整销售策略，以适应市场变化和满足用户需求。

（6）与研发、市场、销售和售后服务部门同步

在推出新品时，硬件产品经理必须确保研发、市场、销售和售后服务部门之间的紧密协作。在 GTM 策略的制订过程中，硬件产品经理需要积极收集各部门的需求，了解各部门同事发布产品所需的支持，并创建一份基本文档，其中包括新闻稿、产品手册、定价表、销售信息和常见问题解答等，以便为未来的工作提供便利。以下是关于合作与同步的几点建议。

1）信息透明和价值共享。建立共享文档中心，借助腾讯文档或者钉钉等平台来确保售后、销售和市场部门等能够轻松访问共享材料。目前，共享在线平台已经考虑到了销售人员外出时的工作特点，无需内网环境，即可随时在移动终端和 PC 终端上查看。但是，要注意区分外部和内部共享文件。若共享文件需要发送给客户，应确保客户接收到的文件既不涉及公司机密又易于理解。

2）提前制订计划并做好准备。在产品规划的早期阶段，硬件产品经理就应该为制订 GTM 策略做好准备。产品路线图一旦确定，产品上市的方向也就相对清晰了。提前思考、提前准备，可以简化后续流程，使产品上市工作更加完善。

3）换位思考，用户至上。当硬件产品经理与各个部门合作时，需要考虑如何将上市的工作与各个部门的绩效联系起来，确保各方都能自发性地共同努力。当遇到分歧时，多从用户的角度出发，确保产品能满足用户需求，这也是推动各部门达成共识的一种有效手段。GTM 策略是产品上市之前的指导方针，各部门应在产品推广过程中依据此策略发挥各自的优势。如果公司没有 GTM 策略的执行者，则应由硬件产品经理负责推动各部门更好地向用户传达产品价值。

产品上市不是硬件产品经理一个人的事情，而是全公司的共同任务。公司应明确各参与部门的具体职责，同时，各部门也可以根据实际情况明确自身职责。产品上市各部门的职责如表 7.7 所示。

表 7.7 产品上市各部门的职责

部门	产品部	市场部	销售部	售后部
职责	• 明确产品发版内容、价值、宣传语 • 撰写产品上市材料 • 组织讨论是否在发版前申请专利和商标 • 更新报价单 • 提供竞品分析，其中包括竞品的同种功能、产品概览、价格、销售模式、市场覆盖率等 • 更新用户手册和文档等	• 针对产品上市材料进行包装，将其转化为销售术语 • 优化产品宣传语 • 制作产品小视频 • 撰写公众号文章 • 拟订市场推广计划和目标 • 进行渠道推广 • 组织客户见面会等活动	• 参加产品发版培训 • 确定销售目标 • 拜访客户 • 进行拜访后的问题反馈等	• 参加产品发版培训 • 制作产品新手入门学习计划 • 发放调研问卷 • 收集用户反馈并与硬件产品经理沟通

（7）确定所需的预算、时间表以及资源

为确保新品成功推向市场，硬件产品经理需提前规划并明确所需的时间表、资源和预算，这一过程往往需要跨部门合作，甚至可能涉及管理层。在预算有限的情况下，合理制订营销策略和分配团队任务是确保项目按计划进行的关键。然而，如果存在较大的灵活性，硬件产品经理则需要在做出一些评估后再启动项目，以确保项目顺利进行。以下是一些可供参考的评估方法。

- 借鉴类似项目的预算数据。
- 利用已知变量进行计算。例如，单台销售成本乘以目标销售数量。
- 将预算细化到各项具体内容中，详细列出预算、时间和资源需求。预估每个小项相对容易，结果也会比较准确，最终汇总得出整体预算。
- 应用平均值法则。针对不同情况（乐观、保守、悲观）分别进行预估，然后计算平均值。这三种情况的预估也可选用上述方法之一进行。当然，可以预留适当的余量，以应对实际状况的变化。

（8）定义成功指标

产品上市的成功指标是衡量项目目标与公司预期达成目标的重要指标。产品上市常见的成功指标包括销售额、收入增长率、客户满意度等，公司也可以根据自身特定情况来设定具体的指标。

综上所述，制订一套完善的 GTM 策略是一项繁重且关键的任务。可以使用 Excel 等工具来管理产品上市相关事项，如部门任务、负责人、时间规划和完成状态等，以便有效推进产品上市进度。用项目管理的方式推动产品上市的各事项，有助于确保产品成功发布。表 7.8 为产品上市任务管理表。

表 7.8　产品上市任务管理表

GTM 负责人			销售负责人						
市场负责人			售后负责人						
成功指标									
任务清单	负责人	开始时间	结束时间	状态	9.1	9.2	9.3	9.4	…
产品									
确定新产品的名称、价值、推广用语（一句话）				完成					
确定产品专利、商标				完成					
确定报价单更新				完成					
定义产品上市后的成功指标				在进行					
上市后的跟踪及运营数据报告				未开始					
产品改型 / 升级 / 迭代计划				未开始					
更新产品库内容				未开始					
目标市场和竞争力									
确定目标用户群体（行业、群体等）				完成					
定义目标市场规模				在进行					
主要竞争对手				未开始					
主要竞争对手新产品的销售方式、价格、目标市场，以及销售策略				完成					
针对主要竞争对手的情况，考虑如何提升销售团队的能力，有效对抗竞品				未开始					
报价和行销									
报价中添加新品				完成					
与销售、售后沟通新的报价				在进行					

续表

GTM 负责人			销售负责人						
市场负责人			售后负责人						
成功指标									
任务清单	负责人	开始时间	结束时间	状态	9.1	9.2	9.3	9.4	…
报价和行销									
与销售沟通，确定销售目标				完成					
合同									
审核现有合同是否安全				完成					
与法务和智能商业（Business Intelligence，BI）工程师合作，更新并签署合同				完成					
助力销售									
制作新产品的 PPT，着重介绍产品的新功能、使用方式等				完成					
介绍新产品的市场价值、未来发展方向，以及着重规划				未开始					
收集最初销售团队的反馈，尽早解决问题				未开始					
…									

4. 3 种定价方法与 4 种定价策略

（1）3 种定价方法

在企业经营中，盈利是最核心的目标。企业可以通过多种方式实现这一目标，例如提升产品质量、优化生产流程、开展精准营销等。然而，对于消费者而言，产品价格是影响其购买决策的重要因素之一。即使销售人员讲解得再充分，消费者在决策前还是会理性思考，综合评估各种因素来避免非理性消费。如果在这一刻，我们能精准把握消费者的痛点，让他们觉得价格合理，那么更有可能达成交易。

因此，如何定价就成了营销中非常重要的环节。制订定价策略是销售部门的主要职责之一，硬件产品经理应积极参与定价过程，以便更好地了解价值与价格之间的平衡关系。常用的定价方法主要有 3 种：需求定价法、竞争定价法和成本定价法。

- **需求定价法**指的是根据市场需求和消费者对产品价值的感知来确定价格。所定价格应是消费者为满足自己的需求而愿意支付的金额。比如，对于一台显示器，大多数人的心理价格可能在 1200 ～ 2000 元，而 4000 元的定价则可能超出大多数人的心理预期。
- **竞争定价法**指的是公司根据自身的实力，通过分析竞争对手的研发水平、生产水平、服务水平和定价策略等，结合成本与供求关系来确定商品价格。多数平价优品的定价策略是“相同功能的产品，我们的价格更低；相同价格的产品，我们的功能更丰富”。部分公司还会采用区域性的竞争定价策略。在使用竞争定价法时，所定价格不能显著高于同类型、同功能的产品，否则很容易被在线比较后放弃购买。
- **成本定价法**指的是根据产品成本和预期利润来设定价格，这是最简单也是使用最广泛的定价方法。通常情况下，公司会考虑自身的运营成本、广告投入、损耗等因素来测算产品的成本，并在此基础上加上预期的利润，从而确定最终价格。这种定价方法要求企业必须准确核算成本，确保价格能够覆盖成本并实现预期利润。同时，在研发产品的过程中，硬件产品经理也应根据目标价格来控制成本，以确保产品的竞争力和市场表现。

（2）4 种定价策略

1）价格差异化策略。德国管理大师赫尔曼 · 西蒙在 *Confessions of the Pricing Man* 一书中提到，同一罐可乐在不同地点的最低售价和最高售价的差异可能高达 5 倍。为什么同样的产品在不同场合的销售价格却不一样？这是因为销售公司采用了区域价格差异化的定价策略。价格差异化策略是基于消费差异、时间差异和地点差异来定价的，所以同一商品可能以不同的价格出售。

例如，游客在旅游景点游玩时，到了吃饭时间，往往不得不接受当地便利店出售的高价方便面。尽管这一价格远高于当地普通超市的标价（如图 7.5 所示），但游客通常别无选择，因为他们迫切需要解决饥饿问题。这一典型的价格差异化示例反映了消费者在特定情境下的支付意愿弹性。同样地，我们在不同区域的线下商店中也会发现价格的差异，尤其是在汽车、汽油这类商品上。通过巧妙地运用价格差异化策略，企业可以针对不同区域、不同消费者群体设定不同的价格，从而充分挖掘每个消费者的消费潜力，促使其以可接受的最高价格购买产品。这种策略不仅能够提升销售额，还能够增强企业的市场竞争力。

图 7.5 价格差异化示例

2）尾数定价策略。将产品价格设定为以 9 结尾的奇数是一种经典的尾数定价技巧。比如，将一台料理机的售价定为 399 元而非 400 元，虽然仅相差 1 元，但这种定价方式却能在消费者心理上产生显著影响，如图 7.6 所示。这种策略被证明是有效的。首先，消费者对价格的绝对数值非常敏感，399 元相比 400 元，让人感觉更实惠，尽管实际差价微乎其微。这种心理现象称为“左位效应”（即消费者倾向于将价格四舍五入到整数），因此 399 元在心理上被视为比 400 元低一个价格档次。其次，消费者可能受到“尾数忽略效应”的影响，即在购买时容易忽略价格的尾数，从而低估了商品的真实价格。由于日常生活中接触到的价格信息繁多，消费者很难记清每个价格，因此当看到尾数为 9 时，自然可能会认为这个价格更低，从而产生该商品价格远低于 400 元的心理预期。最后，“数字偏好效应”也会发挥作用。在消费者的普遍认知中，价格尾数为 9 的商品通常被视为打折或特价商品，这种印象同样能增强消费者的购买意愿。需要注意的是，若过度使用此策略，可能导致消费者审美疲劳，削弱策略的有效性。通常，在产品打折或促销时采用尾数定价策略，能更好地吸引消费者注意，激发他们的购买兴趣。

图 7.6 尾数定价策略示例

3）三栏定价策略。三栏定价策略又被称为“金发姑娘定价法”，其灵感源自童话《金发姑娘和三只熊》。虽然人们对这个故事有多种解读，但在定价策略上，我们关注的是如何让消费者在众多选择中找到“刚刚好”的产品。这种策略基于一个观察：消费者在购物时倾向于自己做出决策，并寻找最适合自己的产品。在应用三栏定价策略时，通常会提供三个不同选项的产品组合，让消费者感觉是自己主动发现了其中的最佳选项。这种策略可以通过图 7.7 所示的超市可口可乐陈列案例来说明。在超市中，有三种不同容量的可口可乐：350 毫升装售价 2.5 元、500 毫升装售价 3.5 元、2 升装售价 7 元。大多数顾客在不考虑口味的情况下，会倾向于选择容量和价格都适中的 500 毫升装可乐。这是因为他们在心里会下意识地认为 350 毫升装的虽然便宜但可能不够喝，而 2 升装的虽然量大但过多，因此他们会选择一个折中的方案。以图中所示方式陈列可口可乐，销量最多的往往是中间价位的那款。利用消费者的这一心理特点，我们可以有效地通过三栏定价策略来推广目标产品和其他两种规格的产品。当三种不同规格的产品同时展示时，目标产品的销售机会将大大增加。这种定价策略会让消费者感到满意，因为他们认为自己做出了明智的选择。

图 7.7　三栏定价法示例

4）锚定法。锚定法的例子如图 7.8 所示。在该例中，若限定 3 秒内判断 A 和 B 的计算结果哪个更大，你会如何做出判断？

$$A=1\times2\times3\times4\times5\times6\times7\times8$$

$$B=8\times7\times6\times5\times4\times3\times2\times1$$

图 7.8　锚定法例子

仔细观察后会发现，A 和 B 实际上是两个完全相同的公式，只是数字的顺序有所不同，两者的计算结果是一样的。然而，在如此短暂的时间内，很少有人能够准确地计算出答案，大多数人会依靠直觉迅速做出判断。这种直觉往往受 B 式初始大数字的锚定效应影响。也就是说，人们在快速判断时倾向于认为 B 的计算结果数值更大，这是因为较大的数字，如 B 式中的 8、7 和 6，已经在人们心理上形成了锚点（如图 7.9 所示）。这就是心理锚定效应的作用方式。

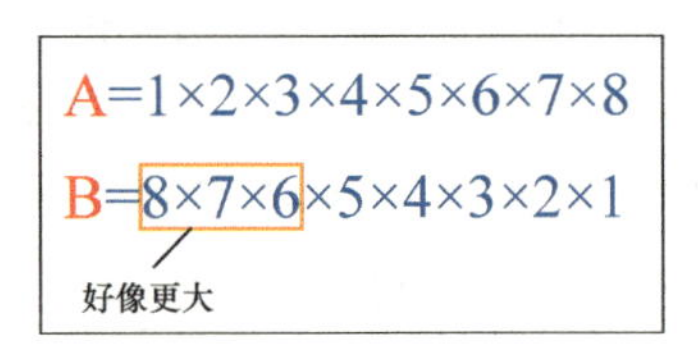

图 7.9　心理锚定的锚点

事实上，锚定效应在当今媒体中无处不在。例如，一些自媒体在报道新闻前往往会选择性呈现数据，以此引导读者的判断，试图让舆论走向他们预设的方向。在直播购物中，主播一开始就会设定一个高价锚点，比如京东或天猫旗舰店的官方报价，然后在直播过程中强调他们家的同类产品功能更强、品质更优，但价格更低。在一声声“下单”的催促声中，消费者很容易相信只有在当前时刻才能享受到这样的超值优惠，从而激发出购买欲望。因此，企业可以在产品初期定价时设定价格锚点，后续通过各种折扣、促销和返利活动来吸引消费者。这样，消费者的注意力就会集中在最初的高价格上。当他们看到折扣后的价格时，就会觉得自己捡到了便宜。

此外，企业还可以利用已经具有一定市场认知度的产品来突出自己产品的优势，小米公司在这方面做得非常出色。在小米手机的发布会上，他们经常将苹果公司的 iPhone 作为比较对象。iPhone 一直以高品质和高价格著称，小米通过这种对比有效锚定自己产品的市场定位。加上小米手机的价格远低于 iPhone，这一策略成功吸引了市场的关注，并最终引发了购买热潮。小米手机与 iPhone 的对比示例如图 7.10 所示。

图 7.10　小米手机对比 iPhone

7.1.3　硬件产品经理辅助营销

营销活动虽然主要由市场部门或者品牌部门负责，但硬件产品经理在这一过程中同样不可或缺。每个产品都如同硬件产品经理的孩子，他们对产品的了解最为深刻。在产品营销中，硬件产品经理需要不断强调产品的优势，以激发营销和销售团队对产品的热情。多数情况下，通过讲述引人入胜的故事，硬件产品经理可以为产品理念赋予背景内涵，形成独特且易于记忆的卖点，这些正是产品差异化策略的关键所在。卖点不需要多，可精挑细选后在内部不断强化，确保内部人员真正能够理解并信任产品的卓越之处，以便自信地向外界推介。基于此，硬件产品经理在营销方面的辅助角色显得尤为重要。

1. 辅助用户运营

许多品牌正将用户运营作为其核心战略，他们经常通过二维码或手机注册等方式吸引用户加入各类用户社群；通过提供礼品或优惠等方式，吸引用户关注官方账号，并以会员权益为激励，引导用户加入用户社群。在这些社群中，硬件产品经理能够更紧密、更直接地与消费者互动，为他们答疑解惑。利用这些用户社群，硬件产品经理可以开展以下活动。

（1）进行用户调研

硬件产品经理可以通过用户社群深入了解用户的真实需求，收集关键信息，以便决定哪些功能或项目值得进一步开发。

（2）新产品试用

新硬件产品在上市前需要经过实际用户的测试，以便发现并解决潜在的问题。这时，社群中的老用户可以发挥重要作用。买过品牌产品的消费者通常会对品牌有一定的忠诚度，即使产品在测试中出现问题，他们也会主动指出问题，为硬件产品测试提供很多有效的意见。此外，试用报告和试用活动可作为新品上市前的指南或品牌传播的素材，为新产品上市铺路，使用户真切感受到品牌对自己的尊重。

（3）吸引老用户购买新品

在新品推广中，老用户的购买力是不容忽视的。如果能够吸引老用户购买，则不仅可以增加营业额，还可以通过他们的社交关系影响潜在用户。特别是当老用户在社群中分享所购产品的图片和购买体验时，往往可以更好地激发社群中其他用户的购买欲望。

（4）获取日常传播素材

现在很多品牌在整合营销传播（Integrated Marketing Communication，IMC）中经常利用与老用户的日常交流记录，如聊天记录截图，来展示用户好评。这些素材不仅表现出品牌对用户的尊重，也展现了品牌与用户建立友好关系的诚意。此外，品牌可以通过日常互动活动展现对用户的关怀，比如，当用户感到身体不适或情绪低落时，可以向用户送上一些贴心的小礼物，让用户感到关怀，这也是一种变相的品牌广告。无论是与公司内部的广告部门还是与外部的广告代理商协作，硬件产品经理都需要对各种广告推广手法有基本了解，这样才能有效地评估不同广告文案或媒体策略。

（5）辅助品牌服务

用户社群中的讨论经常涉及产品的维护和售后问题。例如，有用户反映产品某功能操作复杂，容易因误操作导致产品损坏。若能充分利用用户社群进行良性互动，群里的一些意见领袖有时也能够解答其他用户的问题，从而减轻企业客服的压力。此外，即使产品存在个别缺陷，也可以私下解决，从而能够尽量避免消费者在电商平台的评论区刊发差评。硬件产品经理应当积极参与用户社群的互动，积极与用户交朋友，及时回答群里有关产品的问题，借此直观地了解用户痛点，便于在产品定义中做出适当调整，提升产品质量和用户体验。

2. 提炼产品昵称、标语和卖点

在产品营销和品牌建设中，硬件产品经理应主导提炼产品昵称、标语及核心卖点。虽然品牌部门有责任积极组织讨论并进行优化，但硬件产品经理对产品的深刻理解有助于归纳出更准确的产品形象，毕竟他们是最了解产品的人。建议使用易于记忆、富有创意且与产品核心卖点或系列定位紧密相关的昵称。昵称在家电、手机、汽车等行业中得到了广泛应用，比如酷开、Find、秦等。这些昵称可能会随着时间的推移发展成为子品牌，进一步加深品牌在消费者心中的印象，帮助消费者快速识别目标产品。产品的一句话标语应当是易于记忆的词句，用于推广和传播，以此占领消费者的心智。如果品牌能在消费者心中建立独特定位，那么该公司的推广无疑相当成功。例如，“充电 5 分钟，通话两小时”，这样的标语清晰地传达了产品的核心竞争优势，并且易于传播。当下，一些品牌商非常重视这类标语设计，并在这方面做得非常好。如果品牌部门对产品认知深度不足，那么两者应合作共同完善产品，确保产品和营销的一致性。

在提炼产品卖点时，理应突出产品与其他竞品的差异化特征。卖点不一定等同于产品的优点，有时候明确地告知产品的缺点也能成为一种销售策略。以下是 5 个提炼卖点的思路。

（1）从产品自身属性挖掘卖点

产品的核心功能应与消费者的需求紧密相连，这些核心功能往往会成为影响消费者购买决策的关键。产品的卖点也必须紧跟消费者的需求，例如智能电视的色彩表现力是消费者关注的重点，索尼公司在这方面的良好口碑一直延续至今。从产品本身来看，产品中使用的技术、产品质量、包装、服务等是潜在的卖点。

- 技术：以产品中使用的创新技术作为卖点。业内经常讲的“黑科技”，指的就是产品具备的创新技术特性，如智能电视的超高分辨率及先进的硬件解码技术。
- 质量：强调产品的品质高，例如“只换不修”的售后承诺，能够极大地吸引消费者的关注。
- 原材料：优质的原材料是制造优质产品的基石。比如，介绍净水机使用的是食品级 PP 材料、高品质滤芯或高级内外壳材料等，这些都是净水机值得宣传的卖点。
- 包装：外包装是消费者接触产品时首要的视觉元素，其设计至关重要。一个具有视觉吸引力的包装设计不仅能作为产品的一大卖点，还能有效地提升品牌辨识度。图 7.11 展示的果汁包装盒就十分亮眼，其独特的设计不仅传达了产品的高品质，同时其醒目的外观在超市中也有超高辨识度，让消费者能够迅速地注意到并识别出来。

图 7.11　果汁包装盒

- 服务：在家电行业，使用寿命是消费者关注的重点，因此，企业提供终身保修服务可能会成为消费者购买决策的一个关键因素。这样的服务承诺不仅展现了企业对产品质量的信心，也传递了对消费者长期支持的承诺。当消费者了解到产品能够享受终身保修服务时，会更倾向于选择这样的品牌。

（2）抢占市场先机

在营销中，如果，若某品牌能更早或更强势地表达一个普遍存在的产品特点，便可抢占先机，成为市场上首个强调这一特点的品牌。这种策略若执行得当，其效果会非常显著。比如海信的 Hi-View Pro 超高清画质引擎、创维的 AI 画质引擎、小米的大师画质引擎等，都是通过早期的市场推广策略，成功占据了消费者心中的位置。

（3）提炼差异化卖点

一个真正的差异化卖点，无论是基本特性还是核心特性，都应该是独一无二的。若能提炼这样的卖点，一定会让产品在市场上脱颖而出。例如，产品具备反射式 5.1 音效特性，这个卖点就难以被竞争对手模仿和超越，消费者也能从中获得独特的听觉体验。

（4）以情感卖点打动人心

为了满足人们深层次的情感需求，可以将情感和精神价值融入产品的卖点中。现代社会，人们的情感交流需求日益迫切，因此，将情感需求作为产品的一部分，可以加深消费者对产品的认同和喜爱。比如，具备视频通话功能的电视，不仅满足了在外打拼的子女与远在家乡的父母沟通的需求，还能触发情感共鸣。视频通话电视正是这种情感卖点的生动体现，如图 7.12 所示。

图 7.12　视频通话电视

（5）利用代言人的粉丝效应

这个比较容易理解，通过邀请知名度高的明星、行业专家或知名 IP 为产品代言，可以极大地提升产品知名度和吸引力。例如，一款智能家居设备邀请了著名科技博主作为代言人，通过该博主的专业背景和他在智能科技领域的权威，增强消费者对产品科技性和可靠性的信任，从而使其对产品的好感度剧增，促使更多潜在用户随即做出购买决定。

在明确了产品的卖点之后，应当在各个方面加强并突出这些卖点，比如在产品包装、广告宣传和市场推广物料等方面保持卖点的一致性。在提炼和强调卖点的过程中，需要注意以下几点：卖点数量不宜过多，以免消费者难以记忆，传播时缺乏焦点；卖点应与产品紧密相关，不能太过牵强；卖点宣传必须遵守法律法规和伦理道德标准，避免出现以次充好，夸大产品功能或功效的现象，这不仅违反了基本的商业道德，也损害了品牌的长期形象。

在进行深入的市场调研和制订新产品上市策略的基础上，恰当地提炼产品的卖点，并对其进行有效的突出和强化，可以显著提高产品销售的效率。提炼产品卖点的常见方法如下。

1）看外观：从设计风格、造型、色彩、材质、工艺、纹理等方面审视产品外观，从中发掘可能的卖点。外观是吸引消费者注意力的首要因素，一个独特且吸引人的设计往往能够成为促进销售的关键。

2）看功能：为了确保产品的功能卖点具有独特性，可以采用“田忌赛马”策略。在家电行业，由于许多产品使用相同的芯片供应商，因此需要在相同的芯片能力基础上挖掘产品的独特之处。不同系列的产品可以根据其功能来进行差异化定价，运用近似性原则，用公司的中等产品对抗竞争对手的高端产品，以此来干扰对手的产品线。通过这种操作，可以在市场中创造优势，吸引消费者的注意力，并提升产品的销售表现。如图 7.13 所示，虚线框中是 B 公司采用与 A 公司相似的芯片方案开发产品，但该产品的功能卖点不同，且定价远低于 A 公司，严重干扰了 A 公司在高端市场的布局，类似于“田忌赛马”中的用中等马对抗上等马。

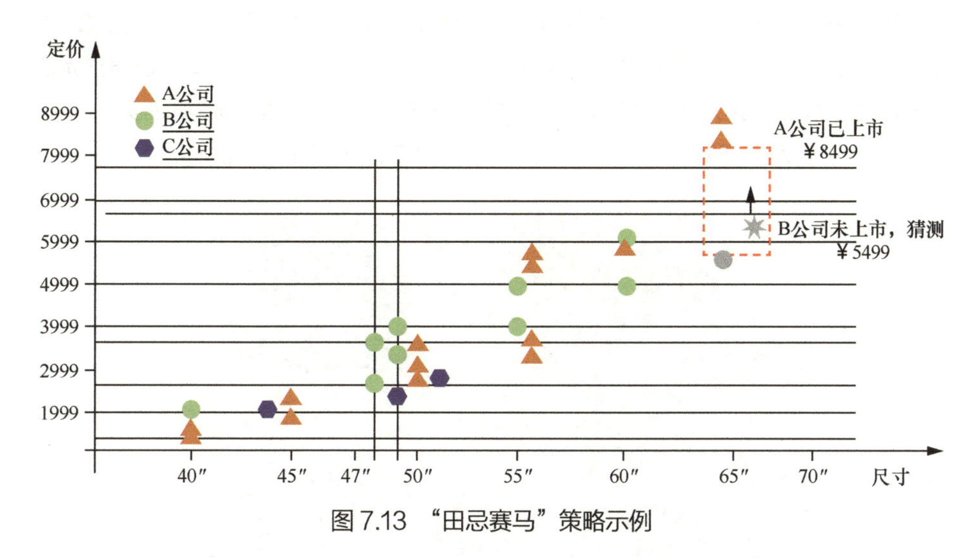

图 7.13 “田忌赛马”策略示例

3）看参数：在手机发布会上，经常能看到一系列技术参数的罗列展示。在提炼技术参数作为卖点时，重要的是要将这些参数与消费者的实际需求相结合。比如，对于喜欢拍照的消费者来说，512GB 内存容量会直接击中他们的痛点，因为这样的容量可以储存大量的照片和视频，从而引起他们的共鸣。

4）看对手：品牌需要对自身的产品定位和消费者心理需求进行全面的分析。每个品牌都应该拥有自己独特的消费者需求概念，为了使这些概念更具吸引力，并在竞争品牌中清晰地突显出来，品牌需要从竞争对手那里收集大量新的市场推广概念和方法，并结合自身产品的特点进行全面而系统的分析，以便提炼出更具竞争力的概念。通过这种方式，品牌可以在消费者心中建立起独特的形象，并在市场中获得优势。

3. 配合营销活动

（1）适度给营销活动提建议

为了增强产品和品牌的市场影响力，适当的营销活动是必不可少的。这些活动应与产品特性紧密相连，以确保活动的效果。比如，针对一款主要功能是缓解黑眼圈、去除眼袋的笔式眼部按摩仪，硬件产品经理应向加班和熬夜的人群、电脑重度依赖人群等提出营销建议。通过专注于白领活动日等场合，可以更好地吸引目标群体。最终的营销计划应依据品牌部或广告部的策略来制订。当然，硬件产品经理可以提供相应的参考建议，并在活动中更新产品资料和素材以支持营销活动。

（2）留意并提供与产品相关的素材

在产品研发过程中，会产生很多有价值的资料，如设计草图、研发手板、研发会议纪要、现场生产照片、工厂流水线视频等。硬件产品经理应在产品研发的每个关键时刻留意并记录这些资料。例如，图 7.14 展示的是生产现场的照片。这些素材能够向消费者展示产品的真实生产流程和团队的工作情况，增加消费者对产品的信任感和认同感。

图 7.14 Whaley K 系列生产现场

（3）做好产品培训

硬件产品经理应为公司内部的品牌和营销团队提供产品知识培训，确保他们了解产品的使用方法，激发他们对产品的兴趣。如果内部人员对产品充满热情，甚至想要购买并推荐给身边的亲朋好友，那么当产品推向市场时将显著提高消费者的购买意愿。

（4）上市跟踪、反馈和改型 / 升级 / 迭代

产品上市后，硬件产品经理需密切跟踪产品的销售情况、市场反馈及售后反馈。在物流非常发达的今天，第一轮用户体验的收集通常可以在 7 到 10 天内开始。硬件产品经理可以通过用户组、电话回访、旗舰店评论等多种渠道了解并评估用户体验；通过分析 7 天无理由退货率来识别用户不满意的方面；通过不良率来分析产品质量问题。此外，硬件产品经理还应定期与质量部、客户服务部和用户运营部核对产品数据，以便全面了解产品的表现。如果产品销售情况良好，硬件产品经理便可以开始规划产品的改型 / 升级 / 迭代了。在处理用户反馈时，需要注意以下几点。

1）理性对待用户意见。用户的意见非常重要，但硬件产品经理也应理性地对意见进行判断。如前文所说的，一款产品无法满足用户的所有需求，能满足 80% 的需求就算是好产品了。硬件产品经理应保持与用户的接触，同时坚持自己的专业判断，毕竟用户考虑的环节和环境可能要比硬件产品经理少得多。

2）积极面对批评。产品上市后，会收到来自各方的意见和建议，甚至是批评。面对批

评，硬件产品经理应保持积极开放的心态，始终记住开发产品的目的是帮助用户解决问题。硬件产品经理应具备高度的思辨能力，坚持正确的信念和价值观。

7.2 产品维护

尽管许多公司将产品维护人员称为“客服”，但从更积极的角度来看，该团队更准确的定位应是客户规划顾问、客户关系运营专家或客户成长专家。客服的职责范围广泛，包括回复和解决操作问题、了解和搜集用户需求 / 反馈、协助新用户熟悉产品、引导潜力客户探索更高级的功能或产品、识别并挽回可能流失的客户、提供学习资源或公司资源等。

请记住，优秀的客服是卓越产品的重要组成部分。硬件产品经理与客服团队的共同目标是解决客户问题。产品的诞生本来就是为了满足消费者和市场的需求，提供新的价值。当产品上市并拥有一定数量的用户基础后，持续解决客户问题就会成为硬件产品经理与客服团队共同努力的方向。他们实际合作的项目可能包括处理客户紧急或特殊事件，收集客户问题和需求，在发布新功能或重大更新时与客户进行沟通，优化产品流程的易用性，以及提升客户对品牌的信任感等。

在将共同目标分解为多个小目标后，硬件产品经理和客服团队在实际执行过程中仍然可能有许多摩擦。这主要是因为随着沟通对象的不同，硬件产品经理和客服团队在问题的优先级和紧急程度上可能存在看法差异。比如，一个问题是否紧急得需要打断工程师的正常工作去立即处理？新发现的问题和现有功能的优化，哪个应该优先处理？能不能制作 Q&A（问答）手册，以便客服团队自动 / 手动处理客户问题？为了确保硬件产品经理与客服团队的有效合作，以下几点值得关注。

（1）预期管理：确保客服团队心中有数，从容应对

信任是极其脆弱的，特别是当客服遇到问题时。客服团队作为售后服务的前线，理解产品决策的背景和操作细节至关重要。预期管理并不意味着设定刚性指标，而是让客服团队了解产品团队的工作流程和产品现状，以便在突发事件或客户需求出现时做好心理准备，并提前准备好沟通表达策略。针对新产品，客服团队可以协助筛选合适的测试用户来作为第一批体验者，并与硬件产品经理合作进行访谈，以便后续优化。

（2）优化的艺术：不仅优化产品，也优化工作流程

从需求研究到产品上市后的沟通、反馈整理与优化建议，再到紧急事件的处理流程，每个环节都涉及不同阶段和多个团队。在优化产品的同时，找到跨团队合作的合适方式，并随着团队规模和分工的变化不断调整，可维持一个健康高效的产品团队。除此之外，用户遇到的问题不一定只能通过硬件更新来解决，有时也可以通过软件 OTA 升级来解决。

帮助客服快速排除客户问题，这也是优化整体产品体验的一部分。比如，准备一份（电子）说明书或在电商旗舰店里设置 FAQ（Frequently Asked Questions，常见问题解答），可以让用户在遇到操作问题或考虑是否使用某功能时，能够找到更多的参考信息，从而优化了服务工作的流程。

（3）运用同理心：不仅站在用户角度思考，也站在队友角度思考

优秀的硬件产品经理和客服团队通常都具备强烈的同理心，即能够从用户的角度出发考虑问题。但同理心也应用于团队内部，硬件产品经理和客服团队如果能相互理解彼此遇到的挑战和限制，将会有助于解决问题。客服团队面对用户不断抱怨和重复询问时，如果得不到硬件产品经理的及时回应，会感到沮丧，觉得自己成了用户和公司之间的“夹心饼干”。产品团队也需要平衡来自各方（高层、业务部门、客服、产品团队内部、工程与技术团队等）的需求和问题，要进行优先级排序。毫不夸张地说，硬件产品经理也是另一种形态的“夹心饼干”，在实施每一个计划前，需要同时考虑公司目标、问题规模、商业价值、资源限制等因素来进行优先级排序。因为组织架构的问题，有时难免会出现模糊的“三不管”地带。对于这种情况，需要通过内部沟通来确保问题能够得到合理的关注和处理。

硬件产品经理与客服团队应定期讨论不同目标和紧急程度，规划短期、中期和长期的产品目标和路线图，确保整个团队对优先级和紧急程度有共同的理解，以便事情发生时能够有一致的决策方向。

硬件产品经理还需要与客服团队合作，共同建立和维护一个高效的用户反馈流程。这个流程为用户通过电话或即时通信工具向客服团队提供产品反馈；客服团队在了解清楚用户的问题后，对反馈进行详细的注释并分类；分类完成后反馈内容会自动进入公司的服务系统中，等待进一步的处理。硬件产品经理根据这些分类认领与自己负责产品相关的反馈，并对其进行深入的整理和研究。在这一过程中，硬件产品经理能够清晰地看到各种问题被用户提到的频率，并根据问题的重要性和紧急性进行权重分配。通过评估每个问题的修改难度、资源限制，以及问题是否由重要客户提出等因素，硬件产品经理可对这些问题进行排序与筛选，进而调整产品的发展路线图，并与客服团队进行必要的讨论和沟通。

硬件产品经理在处理客服整理的反馈意见时，对问题进行分类是一项关键任务，它不仅影响客服的工作流程，也影响着硬件产品经理如何高效地认领和处理问题。如果分类不当，可能会导致某些问题成为无人问津的“三不管地带”。因此，需要明确分类的依据和细致程度，并在必要时开设新的类别。例如，按照功能进行分类，有助于针对特定功能的优化。面对涉及整个流程的优化问题，或者用户提出的问题较为模糊，硬件产品经理需要进行更细致的分类和注释。当问题涉及多个部门时，按照流程分类可能更为合适，这需要明确的分工和责任认领。对于描述不清的问题，或者与公司或产品目标不一致的用户需求，可能需要采取以问题性质或目标为基础的分类方法。

经过深入讨论分类问题，我们通常可以认识到，确保产品问题得到有效处理的关键在于硬件产品经理能够认领问题，进行需求研究，并根据不同问题提出解决方案。分类不必过于烦琐，关键是要确保问题能够得到处理。一旦发现问题涉及其他部门的职责，应及时提出并进行跨部门讨论。

有时，用户的问题表述不够清晰，给硬件产品经理的分类工作带来困难。比如，有些问题就算分类完成后，也需要花很多时间重新厘清个别用户的具体使用场景与需求，最后甚至会发现同一个类别中的问题其实并不是同样的问题。为了解决这一问题，客服团队在收集用户反馈时应该更加细致地询问用户的使用场景和痛点，以便更全面地理解用户的需求。通过与客服团队的合作，硬件产品经理可以建立一套详尽的“用户反馈清单”，其中包括用户的原始数据、反馈内容以及客服的整理和分类意见，从而为硬件产品经理提供足够的信息以确立主题、选择深入研究的用户案例，并构建假设。

硬件产品经理和客服团队还需共同应对紧急事件。例如，在进行 OTA 升级时，如果遇到 Bug，导致用户电视无法开机，客服团队会在短时间内收到大量的反馈和投诉。此时，硬件产品经理需要跟客服团队紧密合作，快速响应。客服团队负责与客户沟通，协调补救措施，而硬件产品经理则应与研发和营销团队协作，共同解决问题。

综上所述，硬件产品经理在产品维护方面的工作是复杂且重要的，涉及售后问题的处理（含用户反馈的收集）、竞品功能的分析，以及下一代产品的规划和定义等多个方面。通过与客服团队的有效合作，硬件产品经理能够更好地确保产品的持续改进和客户满意度的提升。

7.2.1 协助处理售后问题

售中、售后服务通常是公司销售部或者客户服务部的基本职责，负责管理客户满意度，处理各类客户投诉，以及减少客户周期性流失。为了提供这些服务，公司通常会建立庞大的服务团队（也可能使用第三方服务团队）。部分公司会将售后服务剥离出来，作为独立业务模块为不同品牌或客户提供服务，比如安时达、十分到家等。

在家电行业，售中服务主要提供额外的服务支持、安装和调试等。而在售后服务方面，部分国外品牌的服务要求比我国的三包政策更严格。其产品的保修期通常分为整机保修期和核心部件保修期，比如电视的整机保修和以液晶屏为代表的核心部件保修。

售后服务是发现产品问题的重要途径，硬件产品经理需要熟悉售后政策、区分问题的紧急程度，并协助处理与产品相关的问题。通过深入了解售后服务的运作和政策，硬件产品经理可以更有效地参与到产品问题的解决过程中，从而进一步提升产品质量和客户满意度。

1. 售后政策

（1）硬件售后政策

保修期内：通常自购买日起算，为期12个月。

1）若产品在保修期内出现故障，售后工程师将在一小时内联系客户，并力争在24～72小时内解决问题。

2）提供7×24小时电话服务，解答产品使用问题并提供技术指导。

3）对于因原材料缺陷或制造工艺等问题导致的故障部件，提供免费更换服务。

4）若故障无法在规定时限内修复，提供备用设备服务，如提供备用电视替换故障电视。部分公司甚至推出产品终身“只换不修”的服务承诺。

保修期外：提供有偿维修服务，收取零部件成本费和上门服务费用。

硬件产品经理需关注售后部门每月或每季度提供的服务报告，内容涵盖产品的开箱合格率、返修率、故障分析、改进措施及重大事故等。

（2）软件售后政策

保修期内：软件的保修范围和期限通常由公司制定。比如，非人为篡改或刷机情况下的软件保修期为12个月。

1）对于系统瘫痪等紧急情况，保证一小时内响应并提供远程技术支持，工程师在到达现场后力争两小时内恢复服务运行，6小时内所有服务指标恢复正常；对于系统严重故障或部分重要服务不正常的情况，保证一小时内响应并提供远程技术支持，力争在到达现场后2～4小时内恢复服务运行，一天内所有服务指标恢复正常；对于系统个别服务不正常的情况，须确保电话联系并提供远程技术支持，6小时内给出修复方案，两个工作日内修复。

2）提供7×24小时电话服务，解答产品常见技术或使用问题。

3）远程服务，一小时内响应客户诉求，通过远程电话/音视频进行调测指导。

4）软件升级服务，对于电视软件的新改进、新增功能或最新运营需求的版本更新，均及时并免费提供给用户。

保修期外：提供有偿服务，根据服务情况收取相应的工本费和上门费。

硬件产品经理需关注售后部门提供的每月/每季度的统计报告。

来看个例子，若客户在微信服务号上报修电视机（主板损坏），售后团队则需要在一小时内响应，并力争在72小时内完成维修；若用户在软件升级过程中遇到困难，售后团队则需要在两个工作日内提供针对性的修复方案，甚至可能需要对所有电视进行OTA升级以修复Bug。家电维修的及时性至关重要，这也要求硬件产品经理在进行产品规划时注重产品的标准化和模块化设计。此类规划对于售后服务非常重要，尤其是在耐用消费品领域，最好能够确保对于多年前生产的产品也能进行及时的维修和保养。同时，建议硬件产品经理定期到公司的呼叫中心接听客户电话或查看微信服务号上的报修信息，因为第一手资料能提供很多宝贵的参考信息。

2. 硬件产品经理的售后协作职责

售后协作并不是要求硬件产品经理直接承担客服或售后工程师的维修工作。在已有的售后政策指导下，客服部门通常能够有效地处理大部分问题。硬件产品经理的角色是利用销售部或客户服务部提供的售后资料和数据，深入分析产品中存在的问题。

这包括对各种问题进行细致分类，明确退货、换货的具体原因和场景，调查是否存在批次性质量问题或重大质量事故。必要时，硬件产品经理还需找到典型用户进行一对一的深入访谈，探究用户投诉的深层原因、用户使用中的痛点，并从中捕捉到产品改进的线索，为下一代的产品规划提供参考。面对用户的投诉、抱怨和建议，硬件产品经理需及时推动相应的换机或返修服务。对于非严重的硬件问题，硬件产品经理可能还需协调团队启动软件 OTA 升级服务，以改善用户体验。

在这个过程中，硬件产品经理需要撰写产品问题分析报告，这既是对产品上市后客户 / 用户反馈的重要总结，也是积累经验、提升专业技能的直接途径。

7.2.2 竞品功能的分析

产品上市后，往往会有竞品出现，这些竞品可能具有相似的市场定位、价格区间和功能特性。这个时期是进行竞品功能分析的绝佳时机。需要深入思考的是，为何不同品牌的产品会选择相近的时间点上市？这背后究竟是大型促销活动的驱动，借助大流量提升品牌知名度，还是产品规划上的巧合？价格区间的设定究竟是基于市场竞争、主流品牌的溢价策略，还是成本考量？竞品选择类似功能的原因是什么？究竟是因为供应链的整合、技术的可行性，还是成本的限制？

在分析竞品时，硬件产品经理需要考虑，为何其他品牌选择实现某个功能而我们没有，或者我们实现了而他们没有。竞品是否存在独特的差异化优势，而我们未曾考虑或未加以实现？竞品在推广上是否有特定的着重点？他们的广告和宣传材料突出了哪些产品特性？有些竞品的某些优秀功能是否可以通过软件 OTA 升级来弥补？

在这一阶段，硬件产品经理应通过实地调研、拆解竞品、对比测试等方法，深入了解彼此的差异。通过这样的分析，可以吸取竞品的优点，弥补自身的不足，取长补短，既可以为下一代产品规划 / 定义打下坚实的基础，也可以为自己的职业发展积累宝贵的经验。图 7.15 就是一个典型的分析实例。通过这样的分析，硬件产品经理能够更全面地理解市场动态和用户需求，从而在未来的产品开发中做出更明智的决策。

暴风2017年新品解析（1）

在推出中高端人工智能系列X5 ECHO（线下型号为R6/R6 Rro）时，为产品配备了智能外设“暴风大耳朵”。
1.硬件并未显著提升，采用ELED/9.8mm，通过“暴风大耳朵”提升产品溢价。
2.“暴风大耳朵”被包装为人工智能外设，其包含摄像头和远场语音模块，可实现免遥控语音功能。

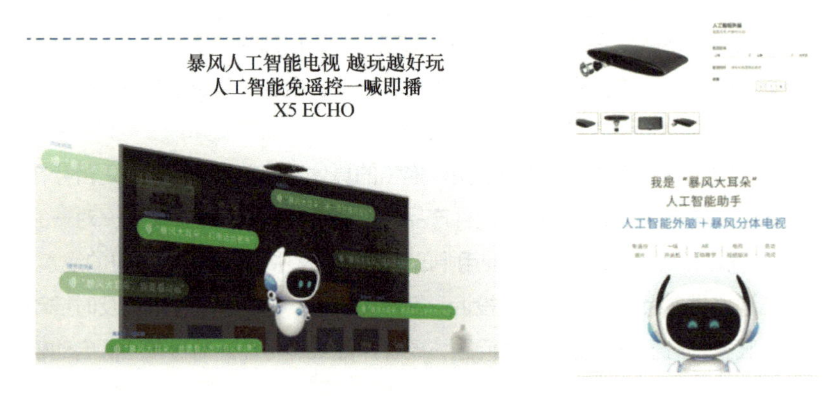

图 7.15 “暴风大耳朵”解析示例

7.2.3 下一代产品规划 / 定义的启动

随着产品从上市到售后反馈的周期逐渐完成，硬件产品经理通常会着手下一代产品的规划和定义。无论是成熟的公司还是新兴企业，产品往往都会以不断迭代方式进行规划。产品上市后，无论市场反馈如何，硬件产品经理都需要从中汲取经验，迅速对下一代产品进行策划，这是硬件产品发展的常态。

由于硬件产品往往受限于物理形态，软件中常用的 OTA 升级可能并不完全适用硬件。因此，追求更快、更好的产品，成为硬件产品经理需要面对和解决的实质性问题。适时推出产品的迭代计划，是硬件产品经理的重要任务。

下一代产品的规划需要考虑以下几个重点。

- 问题解决导向：遇到问题时，不应陷入问题本身，而应专注于解决问题的方法。比如，如果竞品使用相同 IC 却实现了更好的画质效果，这可能涉及多个因素，包括画质工程师的经验、软件工程师的能力、IC 厂家的支持等。重要的是找到对比样机，有理有据地开展改进工作。要相信团队成员都具备出色的能力，关键是要统一努力的目标和方向。
- 多维度管理：产品出现问题的根源有时并不在产品定义本身，而可能涉及生产、供应链、质量管理等多个方面。比如，如果产品出现无声问题，经查明是由虚焊导致的，那么应从加强质量管理这一角度入手来解决。

- 转化挑战为亮点：有时候，一些难以解决的问题可以被转化为产品亮点。例如，在自制曲面电视的过程中出现了偏差，结果制作成了球面电视，尽管技术上无法达到标准曲面，但可以挖掘出“球面是用户观看的视觉黄金点”的概念，并可以以此为推广点。

7.2.4 客情维护的重要性

提到产品维护，这里顺便提一下基于产品的客情维护。客情维护是企业营销策略中不可忽视的一环，虽然这通常被视为营销部门的职责，但硬件产品经理的参与有助于提升产品的市场竞争力和增强团队营销意识。

维护老客户关系的重要性不言而喻，成功的公司和营销人员都会将留住老客户视为公司和自身发展的首要任务之一，因为相比于不断吸引新客户，保持老客户忠诚度的成本更低，且对企业的长期增长更为有益。在产品种类繁多的市场环境下，不应低估老客户在促进销售方面的作用。留住老客户将大大有利于新客户的开发，因为老客户的推荐对新的潜在客户的购买决策具有显著影响。对于有购买意向的客户来说，在购买产品之前需要收集大量信息，这时，老客户的推荐往往比公司的宣传更受消费者信任。研究表明：一位满意的消费者会激发 8 位潜在购买者的购买意向，而这 8 位中至少有一位会达成交易；一位不满意的消费者至少会影响 25 位潜在购买者的购买意向。如果公司注重与消费者发展长期的合作互利关系，就会得到一部分现有消费者的拥护和支持。这样的消费者愿意推广和购买更多公司的产品或服务，且他们的消费能力往往是一般无黏性消费者的 2 ～ 4 倍。此外，随着这类消费者年龄的增长、经济收入的提高，他们对产品的需求将进一步增加。

客情维护的核心在于责任、沟通、专业和回馈。企业应展现出负责任的态度，确保客户能够安心购买产品。通过有效的沟通，企业可以更好地理解客户需求，展现关怀。此外，通过返利、赠品等方式回馈客户，可以进一步加强与客户的联系。

维护客情关系的常见做法包括：定期举办客户感恩活动、组织线下交流；表彰优秀客户；在产品配送上提供支持；在重要节假日向客户发送慰问和祝福；对客户反馈的问题给予重视并快速响应；总部对重大营销事件提供支持，例如在门店举行庆祝活动时，总部重要领导出席或推广组协助促销等；在总部举办的重大活动中邀请客户出席、做分享，并通过官方微信等渠道宣传客户事迹。这些做法有助于巩固与客户的长期合作关系，提升客户满意度和忠诚度。

7.3 产品退市

如同生命会经历生老病死，硬件产品也会步入其生命周期中的衰退期。硬件产品经理需要适应市场的变化，精准把握产品每个阶段的重要节点。

7.3.1 产品进入衰退期的两种情况

产品进入衰退期是每个硬件产品经理必须正视的现实。在这个阶段，硬件产品经理面临着众多挑战和问题。其中，关键问题是如何挖掘产品的新潜力，尽量延长其生命周期。此时，保持积极的心态对硬件产品经理来说至关重要。产品之于硬件产品经理而言，如同孩子般珍贵，面对产品退市的决策，就像经历一次痛苦的离别。但正是这样的离别，为新的产品相遇铺平了道路，为更加繁荣的未来埋下了种子。在衰退期，可能面临的是产品本身的衰退或用户群体的衰退，这两种情况需要我们分别理解和应对。

1. 产品衰退

若产品即将步入衰退期，硬件产品经理应提前规划，并建立预警机制。面对产品生命周期的终结，产品经理应考虑如何优雅地收尾。从产品投入期开始，就应规划好衰退期的应对策略，在成熟期形成可行方案，并在成熟期结束时开始实施。这可能包括升级产品功能、提升用户体验、小幅改变产品外观以赋予产品新的生命力等。成功赋予产品二次生命或转型不仅能延续产品效益，也为硬件产品经理处理产品衰退期提供一种新模式。

2. 用户群体衰退

用户群体衰退即用户流失。那些之前拥有良好消费记录的用户流失，对公司来说是一大损失。硬件产品经理需深入了解用户流失的原因，并与营销部门合作，进行一对一的沟通，因为不同的用户可能有不同的流失原因。提前布局和研究用户群体衰退，对硬件产品经理来说至关重要。

7.3.2 产品退市评估的 6 个要点

硬件产品经理的重要工作之一是确保老产品顺利退市。硬件产品经理在产品生命周期的终止阶段，需要制订科学、合适的退市标准，并在执行过程中进行严密监控。评估产品是否应该退市，应综合考虑以下几个关键方面。

1. 产品销量

产品销量无法提升是导致产品退市的一个主要原因。若公司持续保留低销量的产品，可能会因利润不足而难以承担相关运营成本。在评估销售情况时，硬件产品经理应避免与不同行业的数据进行直接比较，而应重点参考同行业及公司产品的历史销售数据。这包括分析月度销售的环比增长率、年度销售的同比增长率，以及在相同价格区间内，公司产品与主要竞品的销售情况。通过这样的对比分析，可以更准确地判断产品销量是否低于正常水平。

2. 产品的盈利能力

华南理工大学工商管理学院教授陈春花曾指出，赚钱是公司经营和管理的本质。对于那些无法盈利甚至亏损的产品，退市往往是必然的选择。尽管如此，出于战略考虑，公司有时仍会保留一部分低利润的产品，也就是波士顿矩阵中所描述的瘦狗产品。保留这类产品的原因很多，例如：建立市场壁垒，防止新的竞争对手进入；维持产品线的完整性；为了满足大客户对特定保量产品的需求。面对这类产品，公司应当致力于持续降低成本，通过提高效率和优化管理等措施，尽可能地提升其盈利潜力。

3. 技术发展因素

当竞争对手推出搭载最新技术且性能卓越的产品时，若公司现有的产品在技术、功能和外观上都已显得陈旧落伍，应考虑让这些产品逐步退出市场。

4. 推陈出新

推出新品是提升毛利率的重要手段之一。若公司已研发出成本更低、功能更强、品质更稳定的改型或优化产品，并且这些新品已准备就绪，那么就应主动将老产品退市，为新产品推出腾出空间。

5. 产品竞争力对比

将公司产品与竞争对手的同类产品进行比较，是决定产品是否退市的重要参考依据。若市场上缺乏直接竞争的产品，硬件产品经理在考虑退市时应当更加谨慎。特别是在那些细分市场规模有限，且公司产品已实现市场独占的情况下，更应如此处理。例如，在大众视线中已经绝迹的 CRT 显示器，在监视器领域尚有特定应用，因为它在某些方面比 LCD 显示器好用。此时，公司的战略重心可能应转向提升产品的市场表现，延长其生命周期，而非急于退市。

6. 其他

即使产品已经满足前述 5 个退市评估条件，硬件产品经理还需进一步深入了解产品的大客户状况，包括大客户的库存水平和营销策略。对于那些对公司至关重要的客户，如果他们依然希望继续销售即将退市的产品，硬件产品经理在做出退市决策时必须格外慎重。在这种情况下，公司若坚持退市，必须先行评估可能引发的大客户投诉风险及潜在的重要客户流失风险，并据此制订相应的应对策略。

7.3.3 产品退市的操作过程

硬件产品经理在执行产品退市流程时，需确保公司能够有序控制退市节奏，保障客户权益，优化产品结构，最小化市场冲击，并降低公司的潜在损失。在此过程中，硬件产品经理需牵头协调各相关部门，共同完成退市工作。

1）产品部：负责提交产品退市申请；经 PAC 会议决定不再继续该产品线后，硬件产品经理需协调整个产品退市进度。

2）销售部：负责进行退市产品的市场调查；为硬件产品经理提供退市评估的重要数据支持；分析产品销售情况，评估市场前景。

3）市场部：负责调研市场上同类产品的经营状况和趋势；结合数据预测退市产品的未来走向；考虑并制定生产替代产品的策略。

4）研发部：负责评估退市产品涉及的所有零部件的库存情况；结合其他部门的建议提出处理意见；负责退市产品的 BOM 注销或封存；处理相关系统 / 应用软件和测试工装 / 生产夹具的退役或封存事宜。

5）采购部：负责通知供应商停止相关零部件的采购；回收图纸、工艺要求等受控文件；完成退市产品售后备件的最后一次采购。

6）工艺部：负责审查退市产品申请；审查涉及退市产品的零部件；回收相关的工艺文件和作业指导书。

7）仓库：负责盘点退市产品的总库存和区域分发中心（Regional Distribution Center，RDC）仓库的库存；统计原材料仓库和零部件库存。

8）生产部门：负责隔离和盘点半成品、成品及相关零部件；收集和统计车间相关工艺文件；整理工装夹具。

9）售后部：根据市场销售和保修情况，预测易损件和必备件数量；根据仓库提供的库存数量和研发部提出的处理意见，确定紧急采购件数量。

10）法律部：提供产品退市引发的相关使用、维修等的客户投诉和法律问题的法律支持。

11）品管部：负责统计检验 / 验收文件和专用工具；回收技术文件和相关批文等。

12）财务部：负责核算相关存货、零部件、备件的资金占用情况；核算后续的处理成本。

7.3.4　产品退市与产品组合配置

既然大多数产品不可避免地会步入衰退期，那么对产品组合进行恰当的配置就成为企业持续增长的核心因素之一。硬件产品经理必须予以密切关注。下面以图 7.16 为例，分析某公司如何配置其产品组合。

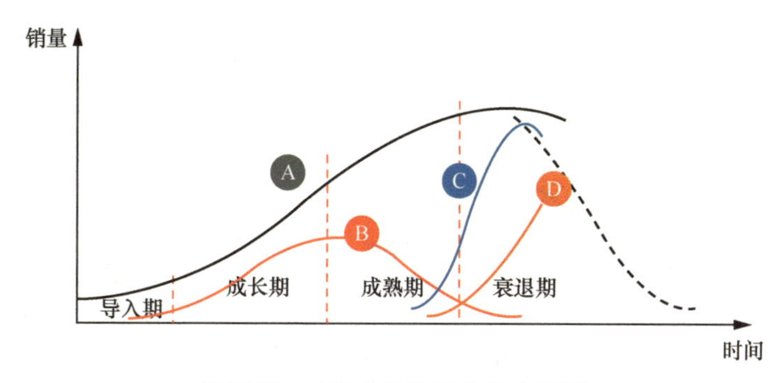

图 7.16　4 种产品的组合生命周期

假设在过去的两年中，该公司成功研发了 4 种产品。其中，产品 A 作为公司的主要产品，拥有较长的生命周期，但目前正逐步步入衰退期，销售额和业绩开始呈现下降趋势。产品 B 与产品 A 同期推出，但在市场中的表现一直不佳，最终不得不退出市场。随着产品 B 的衰退，产品 C 迅速填补了业绩空缺，但由于产品生命周期较短，它也很快步入了衰退期。与此同时，产品 D 正处于迅猛增长的阶段，成为公司备受瞩目的明星产品。

综合来看，该公司的产品发展历程可以概括如下：以产品 A 为核心，相继推出了产品 B、C、D。遗憾的是，产品 B 已经退市，产品 C 虽然一度提升了业绩，但也即将退市。目前，公司寄予厚望的产品是正处于上升期的产品 D，根据其增长势头，它有潜力成为公司未来的主力产品。

在上述阶段，硬件产品经理必须密切关注产品组合的配置情况。试想一下，公司的产品组合会呈现出怎样的格局？通常，公司会同时在市场上推出多款产品，而每款产品都经历着各自的生命周期。当这些产品的生命周期曲线叠加在一起时，我们可以清晰地看到公司产品组合的全貌。然而问题在于，公司应当在何时着手研发产品 B 和产品 C？

20 世纪 80 年代，英国伦敦商学院的查尔斯 • 汉迪（Charles Handy）曾提出著名的“第二曲线”理论。该理论指出，当企业的核心业务要素到达业绩增长的拐点时，企业就必须通过创新来寻找新的“第二曲线”，以补充即将面临增长放缓甚至业绩下滑的“第一曲线”。这一理论对硬件产品经理在规划产品组合和制订研发策略时具有重要的启示意义。

图 7.17 所示的产品组合配置表明，产品 A 是企业的第一曲线，而产品 B 则代表着企

业的第二曲线。第二曲线的策略在于，在第一曲线达到成熟阶段时便开始孕育，在第一曲线开始衰退时迅速崛起，从而顺利接棒，推动公司业绩的持续增长。理解第二曲线的概念对于硬件产品经理至关重要。

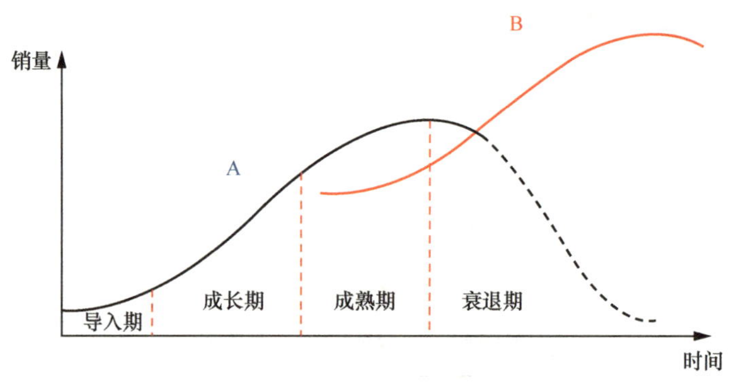

图 7.17　产品组合配置

然而，在实施第二曲线策略时，常常会遇到一些疑问。比如，为何第二曲线必须在第一曲线尚处于顶峰时就开始布局？为何不能继续在第一曲线上加大投资，一边享受现有产品的红利，一边着手布局第二曲线？其中的关键原因在于，只有在公司财务状况良好、现金流充裕的时候，企业才有能力对新的发展曲线进行投资。当公司的营收和利润下滑时，往往难以有足够的资金支持新的投资项目。因此，在财务健康、资金充足时投入第二曲线，才是确保企业未来发展的关键。

那么，是否同时启动多条发展曲线会更安全呢？一般而言，公司不太可能拥有庞大的资金来同时启动数条产品线。因此，硬件产品经理在规划产品组合时，必须权衡资源配置，确保在维持现有业务的同时，有效地培育和支持新的增长点。

7.3.5　产品的改型 / 升级 / 迭代规划

产品的改型 / 升级 / 迭代规划是企业持续发展的核心动力。正如古语所言，“流水不腐，户枢不蠹”。产品必须随着时间的推移而不断进化，才能满足消费者不断变化的需求，确保公司在市场中保持竞争力。在日益激烈的市场竞争中，产品改型 / 升级 / 迭代是直接展示市场活力和效率的关键行动。没有永远畅销的产品，每个产品都有其生命周期。通过不断的产品改型 / 升级 / 迭代，公司才能够保持其生命力，产品也能持续吸引消费者。

产品改型 / 升级 / 迭代成功的关键在于深入理解消费者需求。只有当产品真正满足这些需求时，改型 / 升级 / 迭代才具有价值，产品也才更有可能取得成功。持续地更新和升级是产品保持核心竞争力和延长生命周期的关键。然而，对于研发团队而言，产品改型 / 升级 / 迭代往往比研发新产品更具挑战，因为改型 / 升级 / 迭代后的产品必须显著优于现有产品，并展现出强大的市场竞争力。因此，在产品改型 / 升级 / 迭代方向上，必须经过多次沟通和讨论后，产品定义和设计才能确定下来。样机的快速制作、测试、体验、评测和改进，将引导产品最终定型。

产品改型 / 升级 / 迭代的背后是用户需求的不断升级。随着时间的推移，消费者对产品的创新、外观、功能、技术和材料工艺等方面有了更高的期待，这些期待促使公司不断对产品进行改型 / 升级 / 迭代。因此，明确改型、升级和迭代规划的需求来源，对于硬件产品经理来说至关重要，它将指导产品的发展方向，确保产品能够持续满足市场和消费者的期望。改型 / 升级 / 迭代规划的需求来源如下。

1. 升级需求

一方面，随着时间的推移，用户的需求会不断演变。为了与用户的需求保持同步，公司必须不断迭代产品，以满足他们的新期望，并开创产品升级和用户消费升级的新局面，从而增强用户黏性。另一方面，公司需要考虑降低成本的需求，通过减少开支的方式来扩大毛利率空间，提升产品销售的竞争力。

2. 技术迭代

一旦产品在市场上获得认可，接下来的任务就是考虑硬件的升级。行业的技术进步为现有需求提供了更优的解决方案，相关技术也在不断地升级迭代。技术迭代的首要步骤是将产品与最新技术相结合，提高效率并保持与时代同步。同时，为了应对竞争对手推出的新功能，硬件产品经理也需要跟进相关研究。此外，还需要解决上一代产品中存在的缺陷，这些缺陷可能来自用户反馈、客户意见、售后服务或供应链等各个方面。

3. 扩大优势

在市场竞争加剧和产品同质化严重的背景下，品牌应不断激发产品竞争力的内在动力，通过改型 / 升级 / 迭代，构建产品独特的竞争优势，提升品牌价值。对于销售人员而言，产品的改型 / 升级 / 迭代可能带来挑战，有时可能会收到忠实客户的负面反馈，比如“还不如原来的产品”。面对这种情况，导购顾问需要在推广过程中向客户明确传达产品的改型 / 升级 / 迭代是为了不断优化研发和生产流程，创造更先进、更完美的产品体验。

改型 / 升级 / 迭代的流程与新品开发流程类似，因此不再详细阐述。然而，改型 / 升级 / 迭代的节奏需要注意。根据 7.3.4 节中提到的“第二曲线”理论，在上一代产品的生命周期结束时推出新产品可以刺激消费。因此，硬件产品经理在制订改型 / 升级 / 迭代规划时，应充分掌握产品的生命周期信息，关注新技术和新产品的研发进展。同时，硬件产品经理需要紧跟行业趋势，比如液晶屏技术、物联网技术的发展，这些都会对改型 / 升级 / 迭代规划产生重要影响。在日常工作中，硬件产品经理还需密切关注市场需求的变化，并将新的市场需求纳入后续规划的需求集中。

本章深入探讨了产品运维阶段的三个关键环节，并提供了具有实战价值的指导、建议和方法，目的在于帮助硬件产品经理更深入地理解产品生命周期。

文档篇

第 8 章

硬件产品经理的必备文档及写法

硬件产品经理的主要职责是规划产品的发展路径并保障产品成功上市。生成、处理并按规定整理、保存产品相关文档是项目中的重要工作内容。同时，文档本身还承担着传递产品信息、促进沟通的关键职能。因此，掌握高效撰写文档的能力显得尤为重要。本章旨在为硬件产品经理提供文档模板，并帮助他们掌握在产品规划、定义、设计研发及上市过程中撰写文档的关键点。通过撰写这些文档，硬件产品经理能够确保信息传递的准确性，促进团队间的有效沟通，并为产品取得成功奠定坚实的基础。本章将重点讨论如何制作清晰、有条理的文档，使所有相关方都能够在整个产品开发周期中对产品有统一且清晰的认识。

8.1 立项任务书的写法

项目是将想法或概念转化为现实的过程，其核心在于精准捕捉市场机会。然而，发现并把握市场机会并非易事。新产品成功的关键在于立项阶段所明确的价值点。传统大型企业常将价值点提炼工作延迟至产品上市阶段，由销售部门主导并通过营销话术进行推广。尽管这种方法在一定程度上有效，但存在滞后性。一个强有力的价值点应在产品设计的早期阶段构建，而非在后期才被提炼出来。构建价值点的过程有效降低了新产品立项的不确定性，清晰回答了“为何要开发这个产品”这一根本问题，为产品的发展方向提供了明确的指引。如果价值点不明确、不具体或缺乏差异化，项目审批委员会（PAC）可能会拒绝立项。当项目正式启动时，团队成员需要清晰了解项目的信息、目标和关键时间节点；在项目执行过程中，团队成员应确保项目聚焦并按时进行；而当项目流程中的信息显示需要变更任务书时，团队成员应重新对项目进行审核和定义。立项任务书通常被称为产品

Charter。

产品 Charter 通常由硬件产品经理和项目经理在项目开始时共同起草。许多大中型公司都有标准格式的文档模板，如表 8.1 所示。以下将简要说明产品 Charter 中的一些基本要素，以确保项目能够顺利推进并达成既定目标。

表 8.1 产品 Charter 模板

类目	相关问题
项目名称	该项目的正式名称
项目范围与关键任务	项目的核心需求和输出
问题描述	目前的流程、产品或服务出现的核心问题
项目的主要目标与关键里程碑	每个节点要求的进度和品质标准是什么？项目亮点是什么？要关注哪些关键结果？ 应设定流程指标，并根据这些指标来评价项目成功与否
范围	流程中需要包含哪些方面？哪些方面又不必纳入？流程的起始点是什么？结束点又在哪里
财务考量	重要节点有哪些？目前的成本是什么？该项目有哪些事项对财务产生影响（如成本节约、利润增长、成本避免）？哪些方面将影响外部顾客
项目起始日期	Charter 所定义的日期
项目完成日期	基于项目复杂度、节假日安排、工作量评估及外协合作需求等估算出项目的完成日期。 拟定每个交付节点的人员分工和安排，明确各自的责任和目标
预期的里程碑	如果验收，如何确保交付产品的质量？如何用验收标准和结论来衡量产品的竞争力
风险	所有方案的来源是什么，有哪些历史问题？市场数据如何？关键技术能否如期实现？如何有效处理暂时无法解决的问题
项目团队及职责	团队成员及其主要职责（附带联系信息）: · 项目发起人 · 项目领导 · 小组成员 · 小组督导者 · 专业技术人员 · 其他的流程或者项目专家 · 其他重要的利益相关者
签名和日期	准备和批准人签名、签名日期及修正日期

在一些公司中，为了提高效率，会选择使用一页纸形式的 Charter，如表 8.2 所示。这种大纲式表格侧重于传达项目的核心要点，避免了冗长和复杂的文档描述。

表 8.2　Charter 简化版

<table>
<tr><th>商业案例、问题和任务</th><th colspan="3">焦点和范围</th></tr>
<tr><td rowspan="2"></td><td colspan="3">在项目范围内：</td></tr>
<tr><td colspan="3">不在项目范围内：</td></tr>
<tr><th>利润、目标、评价参数</th><th colspan="3">角色、里程碑、预算</th></tr>
<tr><th>利润</th><th colspan="3">团队</th></tr>
<tr><td></td><td colspan="3" rowspan="4"></td></tr>
<tr><td></td></tr>
<tr><td></td></tr>
<tr><th>目标</th></tr>
<tr><td></td><th colspan="2">日期（节点审核）</th><th>预算</th></tr>
<tr><td></td><td>定义</td><td></td><td rowspan="5"></td></tr>
<tr><td></td><td>评价</td><td></td></tr>
<tr><td></td><td>分析</td><td></td></tr>
<tr><th>评价参数</th><td>改进</td><td></td></tr>
<tr><td></td><td>控制</td><td></td></tr>
<tr><td></td><th colspan="2">硬件产品经理签名</th><th>项目经理签名</th></tr>
<tr><td></td><td colspan="2"></td><td></td></tr>
<tr><td></td><td colspan="2">日期</td><td>日期</td></tr>
</table>

在推行 IPD 流程的公司中，通常会采用一种特定的大纲式 Charter 来指导项目的启动和发展。设计这种格式的目的是确保项目的所有关键方面都能被充分考虑和规划。下面使用一个框架来简要说明这种大纲式结构，具体如表 8.3 所示。

表 8.3　大纲式 Charter

类目	框架
项目概述	简要阐述产品定位、项目目标、目标人群、上市时间、销量目标、生命周期、销售策略

续表

类目	框架
市场分析	• 市场现状：总的市场空间有多大；产品在国内市场的当前普及率是多少；产品在国外市场的普及率（如北美市场、日韩市场）是多少 • 主流品牌：对头部产品进行分析，包括价格、销量、销售渠道、关键卖点等 • 主流价格：提供价格销量图，展示 3 年内主流价格的变化趋势（升高 / 降低） 各渠道消费人群分析：基于年龄、性别、地域进行分析
产品定位	• 产品在公司 Roadmap 中的定位 • 产品参数定义、功能界定、性能规范 • 产品在行业产品序列中的定位 • 对标竞品分析：关键卖点的量化对比和分析、产品的体验分析，以及主要电商平台的用户评价分析 • 产品卖点阐述 • 产品营销策略
产品实现方案	• ID 方案 • 结构设计方案 • 硬件设计方案 • 软件设计方案 • 竞争力持续构筑分析：涵盖产品和技术维度，探讨如何持续构筑竞争力 • 质量目标及达成策略 • DFX（Design For X）目标 • 供应链策略：关键部件的可供货性分析，包括主流品牌所用供应商的分析 • 售后服务策略 • 是否拥有相关专利知识产权 **IoT 实现相关：** • 设备是否接入 IoT 平台？如果不接入，如何处理后续的控制问题 • 设备接入 IoT 的认证机制（推荐使用阿里云 IoT 的认证机制） • 设备接入 IoT 的加密机制（推荐使用阿里云 IoT 的 MQTT、HTTPS 和 WSS） • App 接入的认证机制（需要遵循 App 的统一认证机制） • App 接入的加密机制（采用 HTTPS 或者 WSS） **IoT 的业务场景：** • 设备的属性、操作方法和事件处理 • App 的 RN 热加载功能 • 小程序（如有）认证与加密机制 • 是否涉及音视频功能？如果涉及，需要提供音视频接入方案 • 是否涉及产品生命周期内的线上收费？如果涉及，请确定收费方案

续表

类目	框架
财务预算	· 成本预估（BOM 成本） · 研发费用投入：包括模具费用、人力费用、认证费用 · 公司运营费用 · 销售费用 · 定价 · 目标成本 · 售价 · 销售渠道费用：包括平台费用，线下运营费用 · 税点 · 安装及运输费用 · 毛利预测 · 销量预测 · 关键时间点：线上电商节、线下 KA(Key Account，关键客户）大促、新品发布会、展博会、招商会 · 各时间点销量预估及生命周期预估 · GTM 策略 · 产品生命周期损益预测：可参考图 8.10
项目计划	立项开始（几个关键时间点排期）： · ID 方案确定 · 电路方案确定 · 结构手板调试 · 结构开模 · WS/EVT · DVT · PVT/SVT · pMP · MP · 发货
风险与对策	项目存在风险的领域及问题 解决方案
立项结论	评审及签字、日期

在公司内部，Charter 通常由硬件产品经理提出，并提交给 PAC 或管理层进行评审和批准。随着项目的推进，项目的定义逐渐明确，这时应定期检查、修订 Charter，并根据

需要重新进行审批。

一个有效的项目目标应包含三个关键部分：方向、验收标准以及过程描述。将这三个要素结合起来，就能形成目标的核心描述。比如，在一个降低智能电视底座成本的项目中，目标可能是将底座成本降低到其原始成本的 85%。传统的采购谈判已不足以实现这一目标，推动供应商的流程改进、设计优化和工艺提升才是更为有效的策略。然而，出于规避风险和部门利益考虑，技术人员可能会对设计优化持保守态度，这成为降低成本实施过程中的难点之一。我们可以使用 SMART 原则来评估目标，确定其是否具体、可衡量、可接受、现实可行，以及是否有明确的时间限制。许多项目之所以失败，往往是因为项目范围过于宽泛。因此，建议设定合理的项目范围，比如专注于钢化玻璃底座的优化，确保项目能在 4 ～ 6 个月内完成。关键在于不要抱有“一蹴而就”的心态，而是将问题拆解为一系列的小问题，并逐一解决。

8.2 产品需求文档的写法

产品需求文档（PRD）是一份全面的文件，其核心目的是为团队提供产品的详尽说明，回答“为什么要做这个产品”这一问题。它涵盖了产品性质、开发理由、设计理念、目标、具体要求，以及实现方法等内容。

设计、研发和测试团队均是产品需求文档的主要受众，但他们关注的内容各有侧重。在实际工作中，可能还涉及来自合作伙伴公司的其他相关角色。出于保密性的考虑，某些信息可能不宜公开。因此，在向不同的合作方提供需求文档时，硬件产品经理需要根据具体情况对信息进行筛选，确保只展示必要内容。产品需求文档示例如表 8.4 所示。如果按照“四驾马车”（见第 5 章）的思路来审视不同导向的产品，那么产品需求文档中的核心内容也会相应有所差异。这就要求硬件产品经理在撰写文件时，能够灵活地调整内容。通过这种定制化处理方式，产品需求文档能够更好地满足不同团队的需求，确保各团队都能清晰地理解其工作目标和职责，从而有效地推进产品开发进程。

表 8.4 产品需求文档示例

产品简介			
文档信息			
消费者导向	市场导向	技术导向	供应链导向
使用场景	产品原则	硬件需求：硬件框架、功能需求、性能要求、接口需求、存储需求、ID 和结构设计要求、环境要求、设计限制条件	项目计划

续表

消费者导向	市场导向	技术导向	供应链导向
使用流程	产品功能需求：详细描述产品功能和性能要求	软件需求：系统软件需求、应用软件需求	安全要求
/	/	App 功能列表：App 功能说明	/
/	/	App 原型图：App 交互图	可生产性要求
/	/	云平台：云端功能描述，如存储、设备管理等	可测试性要求
/	/	/	外购元器件
/	/	/	内外部技术合作

1. 产品简介

产品简介类似于学术论文的摘要，其作用是为团队建立初步认知框架，使团队成员能够对产品的本质有整体把握，避免一开始就深入需求细节而失去重点。

产品简介应清晰阐述产品的使用场景，因为需求和产品总是基于特定的场景而产生的，场景中的因素对产品设计有着决定性的影响。所以，向团队成员说明产品的使用场景至关重要。对于公司中正在升级的硬件产品，应解释其在特定使用场景下的功能以及需要实现的目标，这有助于团队成员在相同的场景下分析产品的相关问题。这里的场景既包括硬环境因素（如产品的放置位置、温湿度），也包括软环境因素（如时间，以及涉及的人或设备）。

产品简介还应明确产品原则性要求。产品设计和研发过程中经常会面临众多选择，而产品原则性要求为决策提供了依据。这些原则往往是硬件产品特性，如小巧轻便、性价比高、高光效、大功率等。因此，我们需要清晰地描述产品的特性、功能及其独特之处，并通过功能描述为团队提供一个简单的产品框架。

此外，产品简介还应包括对项目预研及设计研发的整体时间规划的标注和说明。项目经理在进行项目管理时，需要明确该项目的时间分配，以便在管理项目时进行有效的资源调度。产品简介相关表格如表 8.5 所示。

表 8.5　产品简介

产品使用场景	
产品原则	

续表

项目计划	项目类型		项目难度	
	预研启动时间		预研结束时间	
	项目启动时间		项目结束时间	
	上市时间		上市区域	
类目	小类	配置 / 属性	说明	参数
×× 智能电视	×× 智能电视	产品定位		
		型号		
	外观和结构	外观		
		CMF		
		丝印		
		重量		
		按键		
		功能接口		
	硬件	电源		
		控制板		
		Wi-Fi 设备		
		喇叭 / 内置音箱		
		指示灯		
遥控器	遥控器类型	型号		
	按键	功能键		
		按键数量		
包装	整机包装	包装盒尺寸		
		毛重		
	运输包装	物流箱尺寸		
		装箱数量		
		毛重		
产品认证		符合 3C 标准		
备注				
申请				
审核				
批准				

该表全面概述了产品的使用场景、核心特性、形态、规格参数、包装及项目计划等关

键信息，使项目组成员能够迅速掌握产品的概况。市场人员可以迅速识别产品的主要卖点；电子工程师能够立即了解产品所包含的硬件模块，比如电源开关、遥控器的功能按键、指示灯数量、功能接口及其他附件等，且可以根据规格参数确定大致应选择什么样的元器件；ID 工程师能够一眼看出外观设计的限制和可用资源，从而更容易构思出产品 ID 概念；项目经理则能够快速把握项目关键时间节点，便于在项目管理中进行有效沟通和推进。

该表极大地简化了项目组成员对产品整体信息的了解过程。需要特别强调的是，产品的型号命名应遵循公司既有的型号命名规则，避免根据个人喜好随意更改。型号命名应易于记忆，满足公司 ERP 系统的要求，并便于产品的衍生和发展。8.7 节将重点介绍命名规则，并通过实例进行详细说明。

2. 文档信息

硬件产品经理在管理 PRD 时，需要对文档的内容和变更历史进行详细说明，包括文档本身的信息和所有修订及变更记录。文档命名应注意文件名的规范性，以便于文档管理。

建议采用这样的命名方式：PRD_ 产品名称（如 XX 产品）_V1.0.1_ 具体日期（如 20210901）。这种命名法包含文档属性、产品名称、版本号、日期，以及可能的修订或变更记录等关键信息。产品决策每次发生变更，都应该详细记录在产品文档中并及时发送给所有业务相关方，确保信息的一致性，避免信息错位。同时，这种管理方式也使硬件产品经理能够随时查阅和了解产品的最新状态。

当然，在产品变更时，项目经理会准备并提交《变更申请表》。硬件产品经理有责任记录产品完整的研发历程，既为后续产品回溯提供依据，也为未来的项目累积经验。这些记录具有不可估量的价值。文档信息表示例如表 8.6 所示。通过这样的管理方式，硬件产品经理可以确保 PRD 的透明度和可追溯性，为产品的成功开发提供坚实的基础。

表 8.6 文档信息表示例

<table>
<tr><td>文档名称</td><td colspan="2">（××××有限公司）_PRD_20220101</td><td>保密级别</td><td>项目组成员可见</td></tr>
<tr><td>产品名称</td><td colspan="2">W 系列</td><td>子产品名</td><td>Wall Paper</td></tr>
<tr><td>文档版本</td><td colspan="2">V1.0</td><td>隶属部门</td><td>产品部</td></tr>
<tr><td>撰写人</td><td colspan="2"></td><td>撰写日期</td><td></td></tr>
<tr><td colspan="5">修订和变更记录</td></tr>
<tr><td>版本</td><td>日期</td><td>变更描述</td><td>发起人</td><td>备注</td></tr>
<tr><td>V1.0</td><td>20210901</td><td>初版</td><td></td><td></td></tr>
<tr><td>V1.0.1</td><td>20220101</td><td>更改液晶屏供应商，由 LGD 变更为 BOE</td><td></td><td></td></tr>
<tr><td></td><td></td><td></td><td></td><td></td></tr>
</table>

3. 硬件需求

在 PRD 中，以下部分是至关重要的，值得我们深入探讨。

（1）硬件框架

我们需要明确产品硬件部分的关键组件及其相互关系。硬件产品经理可以通过绘制硬件框架图来辅助说明，如图 8.1 所示。这一部分还涉及大量 IC 的选用。如果硬件产品经理的专业背景不是电子专业，对硬件不够熟悉，可以积极参与硬件团队的工作，逐步学习相关知识。硬件选型完成后，硬件产品经理应与系统工程师合作，进一步整合和完善这一部分内容。

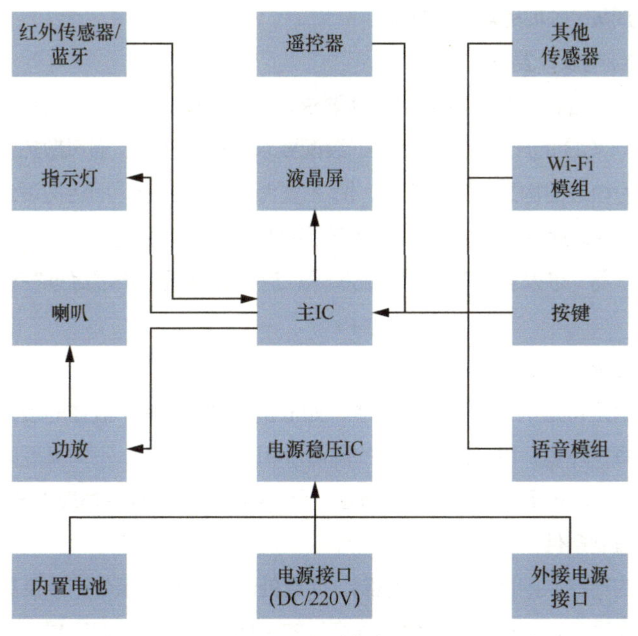

图 8.1 硬件框架图

（2）功能需求

需要详细描述产品硬件的各项功能需求，包括供电方式、无线传输方式、传感器数据收集方式、模组执行对应指令的具体途径、处理器任务处理的详细分类等。此外，还应包括与人机交互相关的显示元器件、信息接收元器件，以及其他与产品功能和实现需求相关的元器件。

（3）性能要求

性能要求指的是设备为满足产品需求所应具备的性能指标，包括待机时长、工作 / 待机功耗、数据采集的精度和灵敏度、指令执行的及时性和精准性、通信速率与功耗的平衡、处理器的处理速度和性能、使用寿命，以及对环境的适应性等。性能要求应基于元器件和功能需求来设定，且每种产品的性能参数都具有其独特性。

（4）接口需求

需要明确产品内部元器件之间及产品对外所使用的接口和通信协议。接口应基于元器件之间支持的接口类型和产品外部接口的需求，同时考虑接口和协议的兼容性、可替代性、性能等关键指标来选择。

（5）存储需求

这一部分详细说明了产品中使用的各类存储器（如 ROM、RAM、Flash 存储器、硬盘）的性能要求，包括存储空间大小、读写速度、可擦写次数、物理尺寸和接口规格等，以确保产品能够满足预期的功能和性能。

（6）ID 和结构设计要求

此部分涉及产品 ID 和结构设计的具体要求，包括设计的灵活性、部件的强度、最大阻力、运动力矩、PCB 的尺寸、灯光效果、装配要求、抗震性能、通风散热性能及组装配合等。硬件产品的物理结构是其独特之处，ID 主要考虑美学因素，而结构设计则关注产品的功能实现和易用性。此外，CMF 也是硬件产品区别于其他产品的特点之一。从设计图纸到实物再到最终产品，涉及多个环节和工艺技术，这些都是硬件产品经理在设计过程中需要考虑的内容。

（7）环境要求

产品必须满足特定的环境适应性要求，如抵抗腐蚀性气体 / 液体的侵入、防虫蛀、抗电击、适应高海拔环境，以及应对不同的温湿度和电磁环境等。不同类型的产品有着不同的环境适用性要求，对于军工、工业、商业、个人类产品，其环境适应性要求逐渐降低。

（8）设计限制条件

前面提到的产品原则属于概念性限制，而此处的设计限制条件则涉及具体的数据和参数。硬件产品经理在定义产品时，会根据产品的目标市场和特性设定具体的限制条件，如产品的成本上限、功耗上限、性能指标的下限等，这些条件将直接影响产品的最终形态和性能。通过这些具体的限制，产品经理能够确保产品设计的可行性和市场竞争力。

4. 软件需求

软件需求通常分为系统软件（包括嵌入式固件）和应用软件两大类别。表 8.7 以模块化的形式对软件需求进行了梳理和汇总。在描述产品软件需求时，应做到简明扼要、逻辑清晰、内容完整，不必像描述硬件功能需求那样深入细致，以保证文档的条理性和可读性。这种方法可以为软件团队提供清晰的指导，帮助他们理解和实现产品所需的软件功能。

表8.7 软件需求

模块	子模块	需求项	描述及参数指标	备注
系统管理	软件设计	软件 OTA 升级		
	配置管理	系统信息配置		
		系统备份		
	开机自检	故障自检		
		自检失败处理		
	开关机处理	开机处理		
		关机处理		
	流媒体文件处理	播放器处理		
控制模块	操作控制	遥控		
		语音控制		
		App 控制		
算法	算法模型	推荐算法		
App	影视			
	购物			
	教育			
	运动			

（1）系统软件需求

本部分阐述了系统软件的功能和性能要求，涵盖了业务逻辑处理、远程配置管理、安全保障机制、设备 OTA 升级能力、设备状态监测、远程监控功能，以及设备遇到问题时的自动恢复程序。由于不同产品的嵌入式系统功能存在显著差异，而且实际产品往往比预期更为复杂，故在此不予赘述。

（2）应用软件需求

应用软件需求更侧重于后期运维、移动端应用需求及模块化和扩展性。随着智能硬件的发展，这一领域的比重日益增加。如果智能硬件产品涉及 App（移动端）或后台系统，通常由软件产品经理和硬件产品经理共同负责定义。如果硬件产品经理具备一定的软硬件协同能力，那么通常也能承担部分软件产品经理的职责。

鉴于智能硬件产品的 App 具有重要的工具属性，下面简要介绍相关内容。表8.8为 App 功能列表。在定义智能硬件产品时，硬件产品经理通常会提前将 App 纳入考虑范围，关注 App 的功能结构、页面布局、信息架构等，并在 App 原型图中逐步完善细节。

表 8.8 App 功能列表

	类别	项目	子项	内容	描述
会员	账户	注册	控件	账号输入 / 验证码输入 / 获取验证码 / 确认 / 已有账号	账号只能是手机号
		登录	控件	账号输入 / 密码输入 / 忘记密码 / 登录 / 注册新账号	用户协议 / 隐私条款
	动画			启动动画	
首页	影视		卡片式控件	选择 / 进入 / 搜索 / 返回	
	购物		卡片式控件	选择 / 进入 / 结算	
	设备		卡片式控件	设备的相关设置	
	我		图标	会员 / 历史 / 收藏	
设备页	静态页面	本机信息		设备信息展示	
		联网设置	控件	相关设置	选择 / 密码输入
		图像与声音			
		主题与壁纸			
	动态页面	蓝牙开关	控件		

图 8.2 展示的是一款电视遥控器的手机 App 原型图。这里不会详细展开介绍原型图中每个层级的每个细节，但会简单讨论一下当 App 的功能列表发生变更时，如何在原型图中相应地更新功能结构、页面布局、信息架构。比如，若电视新增了一个“关屏幕随心听音乐”的功能，为了确保用户能够快速访问这一功能，在手机 App 的首页第一层级可能需要添加一个“随心听”按钮。随后，需要测试用户点击该按钮后的反馈，并根据测试结果调整功能结构、页面布局和信息架构等，逐步完善人机交互功能。通过这样的迭代过程，确保 App 的用户界面既直观又易于使用，从而满足用户的需求和期望。

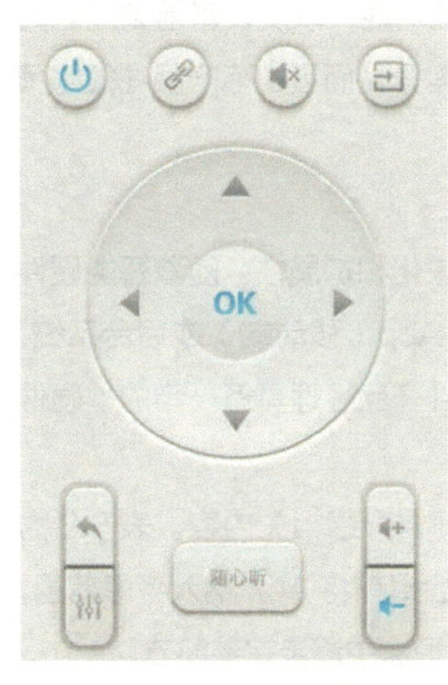

图 8.2　App 原型图

软件研发不仅包括 App 开发，还涉及云平台的构建。云平台作为互联网架构的一部分，提供可扩展的服务，向用户提供基础服务、中间件、数据服务以及管理软件等。对于云平台的具体规划，硬件产品经理应根据产品的特性来决定，通常可从后台管理所需的功能出发进行逆向分析。例如，可能需要考虑云端储存、音视频通信、多设备管理等功能需求。

在面对云平台的规划和实施时，硬件产品经理应具备一定的技术基础，从而能够更好地理解云端服务的运作方式和可能的实现路径，也能更有效地与技术团队沟通，确保云端服务满足产品的需求，为用户提供稳定可靠的体验。通过这样的准备和了解，硬件产品经理可以更自信地处理与云平台相关的决策和问题。

5. 供应链

在新产品研发过程中，供应链部门需要明确认识到，研发部、生产部和计划部是供应链的关键内部客户。供应链的职责不仅是确保生产的顺利进行，更在于要满足设计工程师的需求。为了提升服务能力，供应链部门需要加强自身的技术建设。

（1）安全要求

产品的安全要求不仅涉及产品本身的防护，如防止自身损坏、环境损害、人为破坏（如抗跌落、防潮、抗碰撞等），还包括产品在使用过程中对用户的安全保障，如防止电击伤人等潜在危险。在考虑安全需求时，需要兼顾产品和用户的实际情况，并参照相关安全认证标准。

（2）可生产性要求

产品设计不仅要满足功能和性能的要求，还要兼顾研发和生产的合理性、效率和经济性，即需具备良好的可生产性。设计时应考虑零件的生产和装配过程中的配合、定位和安装问题，确保产品能够快速、高效且低成本地完成组装。减少零部件数量、优化安装便捷性是提高可生产性的关键因素。

（3）可测试性要求

为了确保产品的质量与可靠性，在研发和生产过程中必须进行详尽且可量化的测试。可测试性意味着能够轻松、全面地测试产品的所有功能和性能。通过测试，可以快速、准确地了解产品状态和相关信息，确保测试的可行性、完整性和高效性。测试分为产品出货前检验和新功能研发测试两种，前者揭示质量问题并分析原因，找出影响产品质量的因素，进而找到解决方案，以避免后续出现同类问题；后者用于验证功能的正常运行，并促进设计改进。PRD 特别强调新功能的研发测试。

（4）外购元器件

这部分用于向团队介绍已经确定的核心外购元器件，比如平面转换（In-Plane Switching，IPS）屏，并提供元器件的型号、功能、技术指标和性能参数等信息，以便团队快速掌握这些元器件的特点和作用。

（5）内外部技术合作

若项目中涉及内 / 外部合作团队，应明确团队之间的合作模式和职责，确定相关部门的负责人和联络人，以提高团队间的沟通效率和协作效果。

撰写硬件需求文档的目的是详细规划产品的各个功能模块及其相关的技术条件。在定义产品的过程中，硬件产品经理可以借助该文档预估硬件成本。虽然硬件产品经理负责起草这份文档，但为了确保文档的准确性和实用性，需要与硬件工程师、系统工程师，甚至外部研发团队进行深入的沟通，共同确定关键的元器件选择及相应的约束条件。

一个简化的硬件需求文档示例如表 8.9 所示。这份文档应列出产品所需的硬件组件、性能参数等关键信息。通过与相关人员的协作和沟通，硬件产品经理能够确保文档全面反映产品需求，同时也为后续的设计和开发工作奠定了坚实的基础。

表 8.9 硬件需求文档示例

模块	需求项	描述及参数指标	备注
主板	主芯片		
	内存		
	外接存储器		
	功放		
	传感器		
	天线		
	指示灯		
	按键		
	调试接口		
电源板	主控 IC		
	稳压 IC		
	稳流 IC		
Wi-Fi 模组	封装		
ID	外观		
	颜色组成		
	材料及工艺		
	装饰		
结构	旋转角度		
	阻尼		
	抗震		
	通风散热		
	特殊装配要求		

续表

模块	需求项	描述及参数指标	备注
喇叭	中高音		
	低音		
遥控器	红外 / 蓝牙		
外购部件	液晶屏		
IO/ 接口	HDMI		
	USB		
	AV		
	SPIDF、同轴 / 光纤		
	RJ45		
认证	3C		
待机	待机时长		
	待机功耗		
温度	正常工作温度		
	存储温度		
	高低温		
维护	核心器件的使用寿命		
外部合作	合作性质及要求		
成本	范围要求		

6. 产品功能列表

产品功能列表是一份关键文档，它的主要作用是整理和明确产品的各项功能，如表 8.10 所示。与软件需求文档不同，产品功能列表侧重于功能的概述，不涉及这些功能背后的软件实现细节。在产品审核阶段，研发团队也会参与对这份文档的讨论，确保其全面且详尽地描述了所有的产品功能需求。此外，在产品测试阶段，该文档也是一个重要的参考依据，可以用来检查研发过程中是否有遗漏或未被充分实现的功能。产品功能列表为确保产品开发的完整性和准确性提供了坚实的基础。

表 8.10 产品功能列表

	类别	项目	子项	内容	描述
系统功能	系统运行	开关机			
		待机			
	联网功能	Wi-Fi		双频 2.4GHz、5.8GHz 模式	
	操控和反馈	按键			
		遥控器			
		指示灯			
应用功能	购物	广告	弹窗		

7. 使用流程

使用流程是一种详细描述如何操作产品、使用特定功能及预期交互方式的指南。以之前提到的 USB-Key 为例，其使用流程如图 8.3 所示。

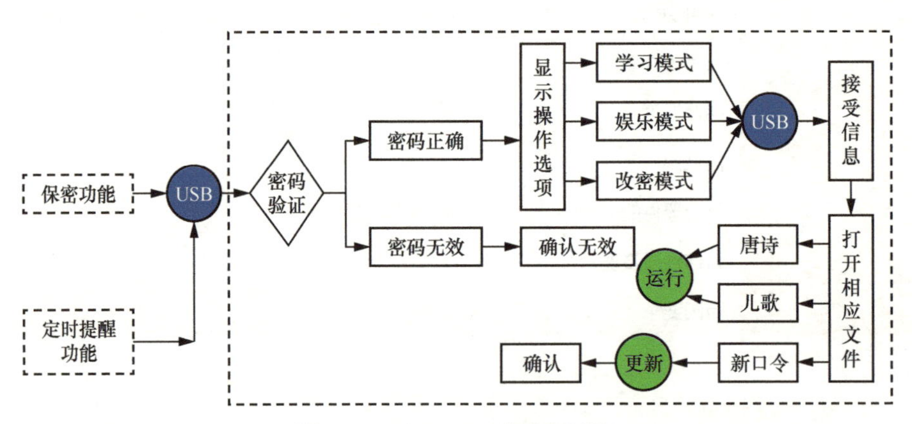

图 8.3 USB-Key 的使用流程

如果用户是首次访问智能电视购物商城并进行注册，那么注册流程的具体步骤如图 8.4 所示。

这些流程图不仅为用户提供了明确的操作指导，还帮助设计和研发团队理解和规划用户交互的预期路径。通过这些具体的流程描述，我们可以确保产品使用体验的直观性和流畅性，同时提升用户满意度。

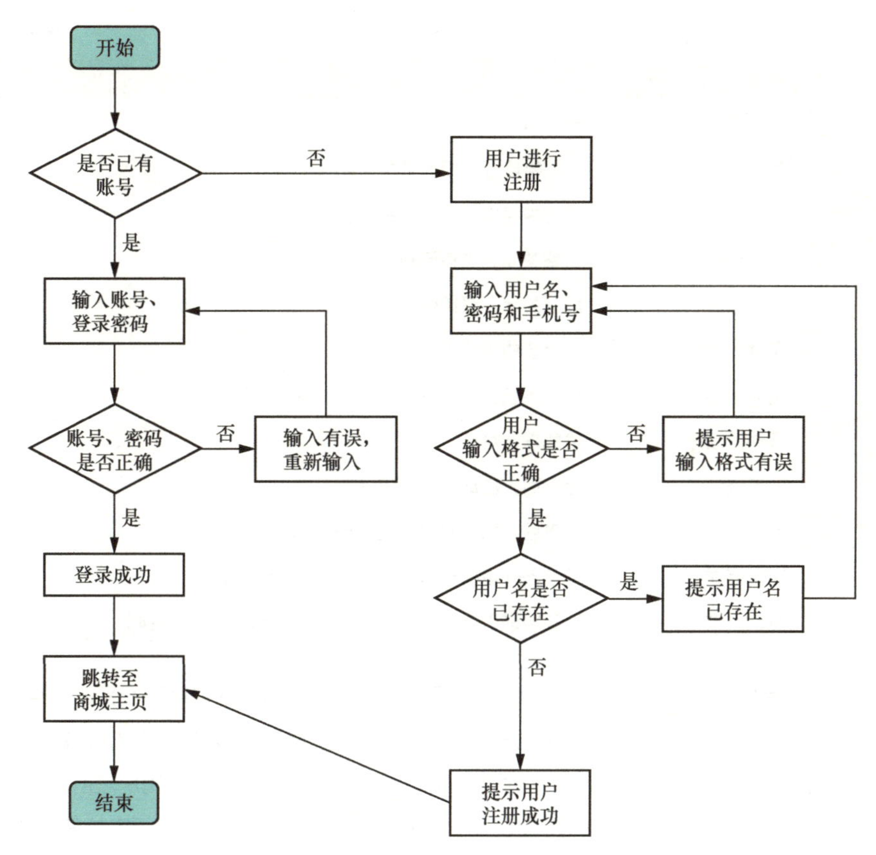

图 8.4　用户注册流程

8. 产品功能需求文档

产品功能需求文档是基于产品功能列表和使用流程来撰写的，它包括对功能的清晰描述、详细的操作步骤与条件，以及对该功能性能要求的详细说明。以智能电视的开关机功能为例，具体信息如表 8.11 所示。

表 8.11　智能电视的开关机相关功能

功能项	说明	描述
开机	功能描述	接通电源
	条件	电视机底部的桥型开关拨向开
	需求描述	从上电到系统启动完成，以及 Wi-Fi 连接成功，时间不长于 30 秒
	互动反馈	屏幕亮起，蓝色指示灯亮起

续表

功能项	说明	描述
关机	功能描述	断开电源
	条件	电视机底部的桥型开关拨向关
	需求描述	清空内存中的全部数据，关机
	互动反馈	屏幕关闭，无指示灯
待机	功能描述	屏幕关闭，系统休眠
	条件	遥控器按下待机键
	需求描述	保存系统数据，不清理内存，屏幕关闭
	互动反馈	橙色指示灯亮
开机自检	功能描述	上电后，自动检测系统状况
	条件	上电后，启动时自动进入自检模式
	需求描述	检查各外接模组状态，比如 Wi-Fi 模组
	互动反馈	无故障进入主页；出现故障，则给出故障状况说明

硬件产品经理在准备 PRD 时，必须进行反复的逻辑推演，并置身于产品的使用场景中深入思考，以确保所设计的功能真正解决了用户问题。在功能设计过程中，可能会出现功能冲突，这时就很考验硬件产品经理的逻辑思维和同理心了。有时，用户之所以对公司产品的体验不满，可能是因为在前期设计阶段考虑不周或未能充分预见所有的使用场景。因此，应对产品功能需求进行反复推敲和分析。

注意，PRD 中的几个关键部分是不可或缺的：产品信息、产品功能列表、使用流程和产品功能需求描述。它们构成了工程师进行设计和研发的基本指导文件。在审核 PRD 的过程中，要特别关注与之相关的文档，它们详细阐述了产品所需的功能、涉及的业务流程和具体的功能 / 性能要求，是确保产品开发顺利进行的关键。

8.3 各种专业立项书的写法

产品立项在硬件产品开发中具有举足轻重的地位，它标志着产品正式步入了规范化的开发流程。立项书就如同启动整个流程的信号枪。如果将 PRD 视为整个系统工程的蓝图，那么各种专业的立项书就是构成这个系统的具体子工程方案。由于硬件产品所涉专业领域广泛，下面将从工业设计、结构设计、电路设计、软件设计 4 个方面，分别探讨撰写各类立项书时应聚焦的核心要点。

8.3.1　工业设计立项书的写法

工业设计立项书由硬件产品经理负责撰写，该立项书明确定义了工业设计项目的目标和验收标准。虽然工业设计强调创新，但也需要基于详尽的设计输入条件来进行。硬件产品经理可依据通用电子产品的工业设计需求，来制订需求条目，从而确保所提供的信息足够详尽和清晰。对于那些在设计过程中可能需要由系统、硬件和结构团队共同商定的工程参数（比如尺寸），如果在项目启动之初尚未最终确定，则可以在立项书中提供一个初步的预估。工业设计立项书主要包含以下几个部分。

1. 概述

工业设计是一门综合性学科，在产品设计研发过程中占据着核心地位。为了使设计师能够深入理解设计对象所处的背景和定位，必须提供对现有产品规划的简要概述，明确产品究竟是现有产品的升级换代、参考借鉴后的优化改型，还是一个全新的研发项目。

在概述中，还应包括公司产品系列的规划，并指出当前设计是否需要基于现有产品系列进行衍生，以及新设计如何与企业文化相融合。通过这样的概述，工业设计立项书能够确保设计师不仅了解设计的即时目标，还理解其在更广阔背景下的意义和价值，确保最终设计既符合市场需求又体现公司理念。

2. 市场营销规划

工业设计立项的首要任务是明确用户的核心利益，这也是销售人员推广产品时最为关心的部分。市场营销规划在工业设计中扮演着至关重要的角色，为设计的定位提供方向。硬件产品经理需要从整体产品规划中提炼关键信息，以便清晰地阐述市场营销规划。

1）销售区域：明确产品的目标市场，具体到国家或地区，全面考虑当地的消费偏好、习惯、价格敏感度等关键信息。

2）目标人群：描述目标区域人群的基本特征，包括性别、年龄、社会阶层等，帮助设计师把握目标用户的偏好和需求。

3）竞争对手信息：识别主要的竞争对手，并明确产品设计应针对哪些品牌或产品。

4）竞争产品：分析典型的竞品，了解市场现状。

5）行业地位：确定产品在行业中的地位，是采取引领策略还是跟随策略。

6）竞争策略：制订竞争策略，如品牌形象建设或价格竞争，并明确产品成本的最低要求。

7）产品预期的销售量：基于市场分析和预测，预估产品在一年内的销售量。

3. 产品功能和技术标准要求

产品的功能和技术标准是确保产品质量和市场竞争力的关键要素。以下是对产品功能和技术标准要求的具体说明。

(1) 功能描述

详细阐述产品功能及其实现方式，包括使用方式、使用环境及目标用户群体等。在产品设计中，硬件交互是一项重要考虑因素，“形即功能”(即通过产品外形传达其功能) 尤为重要。例如，设计师在电视屏幕下方设计了一个直径 2 cm 的圆形指示灯，用户看到这个指示灯就会自然地想去按压，因为在用户心目中，圆形往往与按钮相关联。这个例子展示了“形即功能”设计的重要性。无论硬件产品的内部技术多么先进，如果外观不能有效传达这些技术特性，用户可能无法感知或认可其价值，甚至会忽略，导致产品难以获得市场溢价。因此，工业设计需要让用户可以轻松理解并感受到产品的核心利益。

(2) 特殊结构实现要求

描述产品中可能涉及的局部转动、滑开等特殊结构设计，以及设计师、推广人员和顾客期望实现的特殊结构形式等。

(3) 技术标准要求

明确产品需要遵守的国家或地区标准、行业标准、公司内部标准，以及必要的测试要求等。这些标准可以确保产品在设计、生产和使用过程中的安全性、兼容性和可靠性。

4. 产品工业设计要求

产品工业设计要求是确保产品设计符合预期市场和用户需求的关键指导。以下是对产品工业设计要求的具体说明。

(1) 产品外观风格特点要求

明确描述期望的产品风格，如简约、轻奢、北欧、国风等，确保设计方向与市场定位一致。

(2) 产品色彩、外形、大小、材质、工艺要求

考虑产品的便携性、轻薄感，并平衡行业主流色和企业特色色彩。明确可用材质和工艺的范围限制。材料和工艺在工业设计中至关重要，因为材料的特性或质感可以带来独特的用户体验。例如，铝合金的一体成型和氧化工艺带来的质感是任何塑料材质都无法给予的。

(3) 结构及系统硬件构成

1) 详细说明产品系统硬件的组成、模块间的装配和位置关系、可变动模块等。

2) 说明硬件的人机交互元素 (如按键、指示灯、接口等) 的具体数量、位置、功能和结构尺寸等。

3）考虑 Logo、产品昵称，以及推广性文字标签的体现方式，如字体、位置等。

4）明确各模块的尺寸、重量、固定方式。

5）考虑电磁兼容对结构零件及装配的影响，如电磁屏蔽的要求。

6）分析散热方式、热源、热耗、工作方式等对外观设计的影响，比如所需空间大小。

7）考虑结构件的共用及标准件的选用。硬件产品经理在产品定义阶段应强调模块化和标准化的设计要求，这不仅有助于降低成本，还能简化后续的维护工作。

8）确定安装及维护要求。确定具体的安装方式，如使用免钉胶固定或预留螺钉孔安装。同时，应考虑零部件的可维护性、维护频率和维护方法，这些因素不但直接影响零部件的选用，还会间接影响产品的外观和结构。

9）需考虑产品在包装和运输过程中可能遇到的振动、跌落、跑马试验等对材料和结构的影响。物流中的核心问题是如何设计包装，使其既能实现有效保护，又能确保在存储和运输过程中产品的安全和稳定。

（4）交互要求

在产品设计的早期阶段，硬件产品经理应与设计师共同进行用户研究，深入观察和分析用户使用现有产品的情景和习惯，识别用户不满意的地方。此外，通过前面介绍的竞品分析或产品用户研究，硬件产品经理可以更深入地了解产品在实际使用中的不足之处。基于这些分析，设计团队可以有针对性地进行优化。比如，对电视遥控器的按键布局进行合理化设计，精简按键数量，以提升用户体验等。硬件交互设计的重点在于人机工程学和维护的便捷性（如方便安装、操作、观察和维护），以及产品与使用环境的和谐融合。在这个过程中，关注细节至关重要。

（5）整体结构件成本要求

这是产品设计中最具挑战性的要求之一。设计师在发挥创意的同时，必须充分考虑成本约束。产品设计对整体结构件（包括塑料件和金属件）的选择和应用影响巨大。硬件产品经理需要结合竞品与公司产品的成本评估以及市场定位来设定合理的成本要求。这不仅涉及材料成本，还包括生产、加工和组装的成本。通过精确的成本控制，可以确保产品设计在满足功能和美观要求的同时具有市场竞争力。

8.3.2 结构设计立项书的写法

结构设计立项书的开头会通过概述来快速界定产品设计的基本需求。在立项书正文之前，应先阐述结构设计的基本概念，分析产品结构的具体要求，以及硬件和工业设计对结构设计的潜在限制和定位；阐明结构设计的基本理念和环保要求，如可拆卸性、可回收性和节能性；简要描述结构形式应满足的基本功能和工业设计的要求。

下面来看一下结构设计立项书中的结构设计性能要求。

（1）热设计

硬件产品在运行过程中自然会产生热量。由于电流通过导体时会消耗电能并转化为热能，这些热能通过热辐射或传导的方式使导体及其周围材料温度上升。即使是正常工作的设备，如果散热设计不佳，热量的积聚也可能导致设备过热，这不仅会影响产品性能，严重时甚至可能会损坏产品。热设计需要充分考虑产品结构和电气性能对发热和散热的影响。热量对产品结构和电气性能有着显著的影响，这些影响主要包括以下几点。

1）材料老化：持续的高温环境可能导致绝缘材料或非绝缘材料加速老化、脆化，性能下降，使用寿命缩短。在某些情况下，过高的温度甚至可能使部分绝缘材料失去绝缘性能。

2）元器件击穿：高温可能导致电子元器件过热，进而发生击穿现象，从而降低元器件的性能并缩短其使用寿命。

3）短路：当温度过高时，导体之间的接触电阻可能显著增大，从而导致局部温度迅速升高，严重时甚至可能引起触点熔焊，造成短路。

为了确保结构设计的合理性和系统的稳定运行，温升（工作温度与环境温度的差值）应始终控制在设计范围内。硬件系统中不同电子模块的温升可能有所不同，但热设计的最终目标是确保整个系统的温升保持在合理范围内。为实现这一目标，需要重点关注模块散热和系统散热两个方面。

1）明确模组对使用环境及散热的具体要求。对于外购模组，如果其自身不具备足够的散热能力，需要系统提供额外散热，则应将其视为一个需要初步验证的项目，必要时可以要求供应商提供分析测试报告，以评估模组散热需求的合理性和准确性。

2）确定系统必须采用的散热方式，以及确保在低温情况下系统能够启动的供热方式。系统散热方式包括自然对流、强制风冷、热交换等。系统散热的冗余设计意味着在冷却系统出现局部非致命故障时，系统仍能保持产品的散热安全；维护安全设计则是指在散热系统发生整体或部分故障的情况下，确保产品在规定的维修时间内仍能安全运行。目前流行的低温启动供热方式包括 PTC 发热、碳纤维加热、使用薄膜加热片等。通过这些措施，可以有效地控制产品的温度，确保其在各种环境下都能稳定运行。

（2）控噪设计

部分硬件产品因其内部包含噪声源，运行时会有噪声，例如大功率电源运行时有嗞嗞声、风机转动有嗡嗡声等。有的噪声因为融入了环境噪声，使用时不易察觉；而有的产品，因为噪声控制不佳，有时会带来不好的用户体验。根据产生机理的不同，噪声可分为以下三类。

1）空气流动噪声：由气体流动产生，主要来源是风机。

2）机械性噪声：由机械振动产生，主要来源是电机、外壳的振动。

3）电磁性噪声：由电磁振动产生，主要来源是变压器。

电视内部的噪声主要是电磁性噪声。对于一般消费类硬件来说，风扇是主要的噪声源，比如空气净化器、空调、主机箱等的风扇。控噪设计的最终目的是确保产品的噪声始终低于用户可接受的噪声阈值。这里需要重点说明以下三点。

1）噪声上限标定：可参考新版的《工业企业噪声控制设计规范》（GB/T 50087-2013），并根据产品使用环境、相关噪声标准（如 ISO 7779）及国内外竞品的综合分析，来确定产品的噪声上限。

2）噪声源的控制：以空气动力性噪声为主，可从风扇选型、风扇转速控制和风扇本身的噪声等方面进行设计与分析。

3）噪声传播的控制：主要是从风道的设计出发进行分析。风道的优劣直接决定了风阻的大小，而风阻极大地影响了风扇叶片的振动及其产生的噪声，同时也影响了空气流经障碍物表面时气流分离引起的压力变化所产生的噪声。

（3）三防设计

复杂的使用环境会导致硬件产品中金属和非金属材料遭受腐蚀与老化。三防设计（防霉、防潮、防盐雾）的核心目标是防止这些环境因素对产品造成损害，从而提高产品的环境适应性和可靠性。潮湿、盐雾和霉菌对产品的影响各有不同：潮湿可能会增强整体腐蚀的强度；盐雾对金属电镀结构件尤其有害，容易引起电化学腐蚀并导致生锈；霉菌主要影响绝缘材料和工程塑料，可能导致材料劣化和绝缘性能改变。

根据产品所处的不同使用环境，结构件可分为Ⅰ型和Ⅱ型。Ⅰ型结构件直接暴露在自然环境中，经受雨、雪、阳光和沙尘等因素的影响；而Ⅱ型结构件则不受这些环境因素直接影响。大多数产品会包含Ⅰ型或Ⅱ型结构件，比如，基站外壳通常是Ⅰ型，而智能电视的结构件则属于Ⅱ型。三防设计的任务是为这些结构件选择合适的材料及表面处理工艺，并分析其可行性，以提高产品的可靠性和延长使用寿命。立项书中需要包括以下两个关键点。

1）材料和工艺选择：明确各类结构件所需的材料类型。对于非金属材料，应选择具有防霉性能的材料（如果硬件产品经理不熟悉材料的防霉性能，应要求供应商提供防霉试验报告）。例如，不锈钢比铝（镁）合金更具耐候性；防锈铝（如 LF6 铝合金）比普通硬质铝更耐腐蚀；FR-4 覆铜板性能优于普通 PCB；硅胶比丁腈橡胶更具耐候性。

2）每种材料的表面防护：详细描述Ⅰ型和Ⅱ型结构件应采用的表面处理方法，并提供预期达到的防护性能参数。金属材料可采用阳极氧化、表面发黑等转化膜保护方法，或电镀、喷涂、搪瓷、油漆等涂层保护方法；PCB 应印刷阻焊膜，并在组装调试后喷涂“三防漆”或进行过胶处理；线材连接处可以用热熔胶填充或用热缩套管进行保护等。

（4）IP（Ingress Protection）设计

硬件产品在某些使用场景中可能会面临较为苛刻的环境，如雨水、浴室蒸气或沙漠沙尘等，便携式或穿戴式设备可能会用于这样的环境中。为了评估产品的防溅、抗水、防尘功能，通常会在受控的实验室条件下进行测试，并参考 GB 4208-2017 标准或 IEC 60529 标准。然而，需要注意的是，这些防护功能并非永久有效，随着日常使用的磨损，防护性能可能会逐渐下降。在 GB 4208-2017 中，分别采用 IP（m）X 与 IPX（n）代码表示产品的防尘与防水等级，两者具体的等级解释如表 8.12 和表 8.13 所示。

表 8.12　IP（m）X 防尘等级表

代码	防护程度	说明
0（IP0X）	无防护	无特殊防护
1（IP1X）	防止直径大于 50mm 的物体侵入	在防止直径大于 50mm 的物体侵入的同时也防止人体不慎碰触机器内部零件
2（IP2X）	防止直径大于 12mm 的物体侵入	在防止直径大于 12mm 的物体侵入的同时也防止手指碰触机器内部零件
3（IP3X）	防止直径大于 2.5mm 的物体侵入	防止直径大于 2.5mm 的工具、电线等物体侵入
4（IP4X）	防止直径大于 1.0mm 的物体侵入	防止直径大于 1.0mm 的蚊蝇、昆虫等物体侵入
5（IP5X）	防尘	无法完全防止灰尘侵入，但可避免侵入的灰尘量影响机器正常运作
6（IP6X）	防尘	完全防止灰尘侵入

表 8.13　IPX（n）防水等级表

代码	防护程度	说明
0（IPX0）	无防护	无特殊防护
1（IPX1）	防止水滴侵入	防止垂直滴下的水滴侵入
2（IPX2）	倾斜 15° 时防止水滴侵入	当机器倾斜 15° 时，仍可防止水滴侵入
3（IPX3）	防止喷洒的水侵入	防止雨水或垂直夹角小于 50° 的方向所喷射的水侵入
4（IPX4）	防止飞溅的水侵入	防止各方向飞溅而来的水侵入
5（IPX5）	防止大浪侵入	/
6（IPX6）	防止喷射的水侵入	防止从喷水孔急速喷出的水侵入
7（IPX7）	防止浸水	机器浸入水中，在一定时间和水压下仍可以正常工作
8（IPX8）	防止沉没的影响	机器无限期沉入水中，在一定水压下仍可以正常工作

在进行三防设计时应注意，防水、防尘等级并非越高越好，需要综合考虑成本因素。因为 IP 等级越高，成本也会相应增加。通常，IP5X 这个防尘等级已足够避免电气间隙、

电弧等问题，但可能会影响连接器的接触性能；IPX6 这个防水等级能够防止水滴和飞溅的水侵入。IP56 则能满足大多数消费级产品的防尘与防水需求。设计 IP 防护等级的目的是在控制成本的同时，尽可能提高产品的可靠性和耐久性。IP 防护等级设计包括以下三个关键要素。

1）防尘：根据 IP（m）X 的要求，提出密封结构设计要求。同时，结合结构设计和热设计，说明在非密封场所（如通风口）如何安装防尘材料或采取其他防尘措施。对于危害性较大的细小灰尘，传统防护手段可能效果有限，因此需要综合考虑模块布局和热设计来满足防尘需求。

2）防水：根据 IPX（n）的要求，阐述防滴漏和防飞溅水的结构设计要求，这包括密封、结构排水等，并考虑接口的结构设计、防水密封材料的选择、防水连接件的选择及其抗老化性能。

3）防止异物：对于户外产品，需说明如何防止人为或因自然因素导致的损坏。

（5）电磁屏蔽设计

电磁干扰（EMI）可能由外部强电设备或内部射频模组产生，它会导致硬件产品性能下降或失效，其常见危害如表 8.14 所示。

表 8.14　电磁干扰常见危害

危害项	具体描述
高压击穿	当设备受到电磁能量的干扰时，可能会产生大电流，在高阻抗下转换为高电压，这可能导致电源、部件或电路之间发生击穿现象，从而损坏设备或造成瞬时失效
静电释放	由于静电释放而引起的突发性损坏，可能使产品功能丧失或遭受严重损坏。这类问题通常在生产质检环节中被发现，并会导致产品返工和维护成本的增加。更严重的是，某些潜在的损坏可能仅限于元器件级别，而不会立即影响产品的整体功能，因此在生产过程中难以检测出来。然而，这些潜在的损坏会使产品在使用过程中变得不稳定，对产品质量构成长期的潜在威胁
瞬态干扰	瞬态电压过大可能是因功率过大而引起的，极易导致短路或断路。瞬态电压也许不足以立即损坏元器件，但会降低其性能，影响功能并导致数据丢失；而反复的瞬态干扰也会对产品造成长期的潜在损坏
浪涌冲击	微波能量在金属外壳上感应，产生大脉冲电流，如同“浪涌”一样在外壳上流动。外壳上的孔洞、缝隙或引脚、引线可能会将部分浪涌电流引入电路内部，从而损坏内部敏感的元器件
影响电路正常工作	电磁干扰直接影响模拟电路的工作性能，且随着干扰强度的增加，其影响也会加剧。此外，电磁干扰还容易引起数字电路信号电平产生变化，进而影响数据传输的准确性和可靠性

电磁屏蔽的原理是利用金属屏蔽层对电磁波进行反射和吸收，从而削弱辐射干扰源的影响。通常，金属屏蔽壳由铁、铜（或白铜）等高磁导率的材料制成，设计成盒体、壳体等封闭结构。电磁屏蔽设计的目的是保护产品的内部敏感设备，减少内部电磁干扰源对系统内外的影响。电磁屏蔽设计涉及如下两个关键要素。

1）确定屏蔽需求：根据产品的 EMC 设计方案，提出整机结构的屏蔽需求。

2）描述屏蔽要求：明确屏蔽等级（如机柜级屏蔽、模块级屏蔽等）、屏蔽体方案的要求（或说明采用的标准模块）、金属屏蔽体的连接形式（单件、两件可拆卸、卡扣式等）及是否预留散热孔（若预留，则涉及孔径、孔间距等参数）等。

（6）安全设计

结构安全是产品设计中不可忽视的一环，它对于保障产品的可靠性和用户的安全至关重要。硬件产品经理应当根据所在行业的安全标准（如 IEC 62368-1、EN 60950、UL 1950 等），确保产品结构设计符合防火外壳要求、非金属材料的阻燃等级、产品的稳定性与强度、电气连续性、电气间隙、爬电距离及产品的警示标签等相关规定。

（7）装配、包装、运输和维护设计

产品的整个生命周期包括设计、研发、装配、生产、包装、运输、使用、售后、维护、废弃和回收等环节，其中的装配、包装、运输和维护设计环节往往容易被忽略。以下是对这些方面的简单阐述。

1）整机可装配性设计要求。对于制造型公司来说，面向制造的设计（Design for Manufacturing，DFM）是一种注重产品可制造性的设计方法。其目的是从制造的要素出发，使设计研发的产品易于生产，缩短研发周期并降低成本。DFM 包含的内容很多，在整机可装配性设计中，应关注以下两点。

- 确定整机装配过程中的关键装配点，并设定相应的指标要求，比如尺寸、装配公差、重量要求等。
- 规划走线路径和空间布局，确保线材布局合理，避免相互干扰，并提出线材在内部的连接和固定方式，以及外露电源线的绝缘和保护要求等。

2）包装运输设计要求。产品的包装设计应充分考虑其使用场景和用户需求。对于固定位置使用的产品，通常只需提供基本的包装盒作为运输时的收纳和保护；而对于经常需要移动的产品，则需要设计便于携带且能提供足够保护的包装盒。总的来说，产品受众和使用方式的不同，决定了包装运输设计的复杂程度。硬件产品经理在明确包装运输设计的要求时，需要注意以下两点，以确保产品在运输和存储过程中的安全性和完整性。

- 明确产品基本特征：这涉及对产品的化学和物理特性的详细描述，包括产品的有机/无机材料构成、表面防护需求、形状、最大外形尺寸、重量、重心位置、可承受的压力及可固定的部位等。这些信息对于评估产品在运输过程中可能遇到的风险至关重要，并且可以根据这些风险采取相应的防护措施。

- 详细说明包装形式：硬件产品经理应详细说明产品包装和物流运输包装的要求，包含所使用的材料类型、包装的数量及包装的防护特性。其中应明确防霉、防虫、防水 / 防潮、防尘、防静电 / 防辐射、抗震、防盗等具体要求。此外，还需指出产品是否属于危险品或特殊物品等，以便采取相应的安全措施。

3）可维护性设计要求。消费者通常不希望购买的硬件产品是一次性的，因此产品的可维护性设计至关重要。这不仅能延长产品寿命、增强用户黏性，还能降低售后服务的成本。可维护性设计应关注以下两个方面。

- 说明书中应明确说明产品的警示灯（如果有的话）或其他警示方式所代表的产品状态，并提供简易处理措施清单。
- 指明需要维护的部分，如定期更换 / 清洁的部分（比如空气净化器的滤芯），并说明防尘单元 / 易损器件的清洗 / 更换方式、最小清洗 / 更换间隔期，以及清洗 / 更换的具体要求。对于需要特别维护的部分（如风扇、模组、易损坏元器件 / 线材等），应详细说明维护需求和限制条件等。

8.3.3 电路设计立项书的写法

在深入具体的设计细节之前，首先需要概述电路设计的基本思路，并简要说明选择当前方案的原因。在电子工程师的配合下，通过方框图的形式展示产品的整体架构和单板布局，阐述硬件 / 固件的设计选择，包括功能、性能、接口等方面。

对于电子工程师而言，系统方框图就是整个系统功能设计的蓝图，它展示了系统的各部分如何组合构成一个完整的系统。方框图应详细列出系统的各个组件，比如子系统、模块和单元，并描述它们之间的逻辑关系和连接关系。

系统方框图通常分为两种类型：功能方框图和物理方框图。功能方框图用于描述系统的功能组成和所需实现的功能模块，包括模块间的逻辑关系、接口模式和协议规范等。如果是产品的迭代 / 升级，只需在原有的功能方框图上进行添加、修改、删除即可。物理方框图详细说明了系统由哪些具体的硬件模块构成，包括模块的型号、制造商、规格和性能等，这是制订硬件实现方案的基础。在电路设计立项书的描述中，需要明确功能方框图与物理方框图之间的对应关系，指出哪个物理方框图实现了哪个功能方框图的功能。这一部分内容较为专业，通常由硬件研发部的系统工程师负责，或者由具备相关专业知识的硬件产品经理与系统工程师合作完成立项准备。如果硬件产品经理的专业不是电子工程类，那么应与系统工程师紧密合作。

下面来看一下电路设计立项书中的硬件设计要求。

硬件设计要求是确保产品功能实现和性能达标的基础。以下是硬件设计中的一些关键要求。

（1）模块间接口说明

这一部分需要详细描述电路系统中各个功能模块的具体作用，并解释它们是如何相互配合来实现整体功能的。图 8.5 展示的是系统整体接口标识，该图详细说明了最小功能单元之间的接口，并为每个接口提供了唯一标识。对于改型 / 升级类产品，应明确标注接口的变更情况。

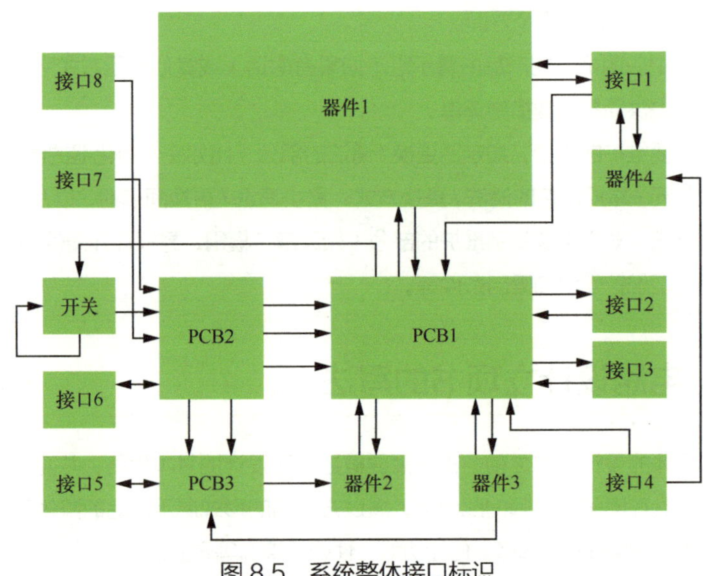

图 8.5　系统整体接口标识

图 8.6 是某板卡最小功能单元说明示意图，它描述了关键接口的接口标准和信号定义等。对于非关键接口，可以不提供详细定义；若是改型 / 升级类产品，则需注明板卡功能及接口标准的变化情况。

（2）模块需求分配说明

电路设计时应以需求为导向，明确定义功能，确保满足必要的功能和性能需求，同时尽量避免不必要的冗余设计，除非出于竞争策略考虑确有必要。每个需求对应的功能模块应按照以下要点进行描述。

1）关键元器件规格：从元器件尺寸、接口、可靠性、环境适应性、可加工性、可测试性等方面描述关键元器件的工程设计要求，并提出影响元器件质量 / 可靠性的关键指标。

2）连接方案说明：描述产品的关键连接器类型、线缆连接部件等（若模块间接口说明中已提及，则此处不予赘述）。

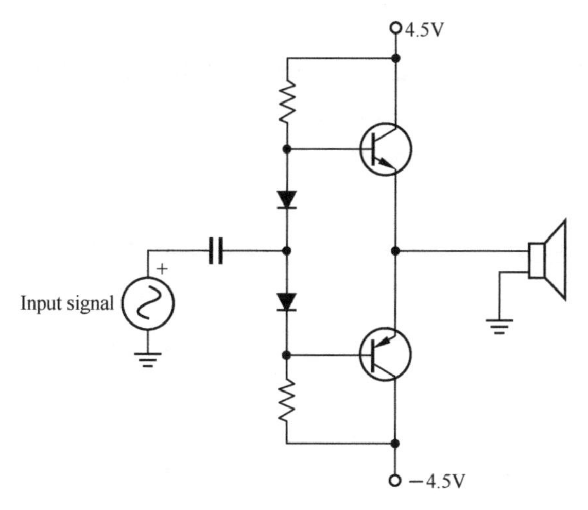

图 8.6 某板卡最小功能单元说明

3）电气特性说明：明确各模块的电气参数，如功耗、额定电流 / 电压等。

4）可测试性设计：描述各模块的可测试性规范。

5）单板硬件基本要求：描述包括电源及接地布置、调试接口设计、指示电路、主时钟、控制引脚、信号点、测试接口等的基本要求。

6）单元电路设计要求：详细说明处理器和外围电路（包括 FLASH、NVRAM、SDRAM 和 RTC）的设计要求、接口规范等。

7）元器件应用可靠性设计说明：根据产品的可靠性要求，描述各种元器件的应用规则和设计准则。

（3）模块研发状态 / 类型说明

在产品线中，功能模块复用是一种常见且高效的做法，能够节约时间和成本。模块复用的程度反映了研发团队在模块化和标准化方面的技术积累。为了确保团队成员之间的有效沟通，建议对模块的研发状态进行详细说明。模块的研发状态可分为如下几类。

1）新研发：指的是完全新开发的模块，这是对现有技术的全新尝试和探索。

2）复用现有的最小功能模块：如某款 Wi-Fi 模块因其稳定性和成本效益已在多个产品上广泛使用，那么在需求相似的情况下，可以直接在新产品中复用该模块。

3）复用现有设计：当现有设计能够满足新产品的需求时，可直接采用。比如，具有宽电压输入范围的升压板（过电压 / 电流仍在升压板的支持范围内），只要输入和输出电压规格相符，就可以在不同产品中重复使用。

4）重新研发最小功能模块：如果新产品的需求超出了现有模块的能力，就需要对模块进行重新研发。比如，从百兆网络端口升级到千兆网络端口，可能需要更换或重新配置相应的芯片。

5）研发最小的功能模块以供复用：针对产品线中出现的共通需求，可以专门研发最小功能模块以供未来复用。比如，为满足一对多蓝牙连接需求，可以研发通用蓝牙模块及其外围电路，并在后续类似产品中快速调用。

（4）外包 / 外购模块规格说明

为了加速研发进程和提升产品质量，有时也会选择采购市场上已有的成熟模块。例如，可以选择 TUYA 的蓝牙 /Wi-Fi 通信双模模组。同样，当团队在某些技术领域的积累较深，而对其他领域不太熟悉时，可以考虑将部分模块的设计工作外包出去。比如，如果团队擅长弱电设计而对强电电源模块不太熟悉，可以将电源模块的设计外包给专业团队，并明确提出设计要求和交付时间。在产品中使用外包 / 采购模块时，需要明确定义模块的规格。

1）详细说明模块的结构、功能、性能指标、技术参数和接口等。

2）根据上述要求，定义模块的验收标准。

3）描述外包方的概况和外包模块的实施方法，如有需要，可以参考外部协作方提供的设计方案文档。

8.3.4 软件设计立项书的写法

在某些硬件公司中，硬件产品经理可能会负责整个产品的开发周期，甚至负责软件立项。在硬件产品的配套软件设计立项过程中，需要确定软件系统平台、收集并分析需求、确定功能模块等。

1. 系统平台的选择

硬件产品的智能化特性通常可以通过软硬件结合的方式来增强。随着信息技术、物联网、AIoT（人工智能与物联网的融合）和云计算等技术的快速发展，以及跨界融合的趋势，智能硬件产品迎来了爆发式增长。为了充分发挥硬件的功能潜力并实现差异化竞争策略，各硬件厂商纷纷采用软件差异化策略，以便提供更丰富、更智能化的功能。某硬件厂商的软件功能展示如图 8.7 所示。

当下智能电视的软件系统平台通常会整合 OTT 流媒体视频服务、第三方 App、增值服务（如购物、广告分发等）及行业的传统功能，旨在为用户提供友好的体验、便捷的操作、符合用户习惯的使用方法。与硬件研发选择 IC 一样，软件研发也需要选择合适的操作系统平台，如 iOS、安卓、Linux、H5 等。在选择软件系统时，可以从以下 5 个方面进行评估。

图 8.7 软件功能展示（图片来源于网络）

- 影响力：考虑平台的用户基数和流行程度。
- 用户习惯：分析用户的使用习惯。
- 用户操作：评估用户获取、安装及使用软件的熟练度和便捷性。
- 可扩展性：考虑在新增 / 扩展功能时，用户升级的难易程度和操作的简便性。
- 研发难度：评估研发所需的人力资源、工作量和试验资源等。

目前，许多品牌厂家选择安卓平台，因为它与手机、智能电视盒子、智能家居等设备的联动较为广泛。然而，从硬件配置和后期运维的角度来看，安卓会消耗较多的硬件资源，且运维较为复杂，所以一些厂商开始探索其他平台，比如 H5、鸿蒙系统等，以寻求更优秀的解决方案。通过这些评估，硬件产品经理可以为硬件产品的软件设计确定合适的系统平台，从而为用户带来更好的产品体验。

2. 收集、分析软件需求以及确定功能模块

收集、分析软件需求的主要目的是明确产品的软件功能定位。对于硬件产品的配套软件，其功能通常源自硬件设备本身、基于硬件产生的数据，以及第三方应用的扩展接口。硬件产品经理需要深入思考如何在这三个方面实现功能差异化，并创造出具有市场认可度的特色功能，以提升产品的整体价值。同时，挖掘产品的亮点和特色功能也是硬件产品经理需要重点研究和考量的问题。马斯洛需求层次理论可以帮助硬件产品经理清晰地识别发明创造所针对的需求层次，如图 8.8 所示。

马斯洛需求层次理论为技术专家和设计师提供了一个宝贵的框架，通过这个框架，技术专家和设计师可以更全面地评估他们的工作如何与人们的需求相关联，从而提供更有意义、更能满足用户需求的产品和服务。这个理论有助于从不同的角度审视问题，确保设计方案能够全方位地覆盖需求。这些需求对应到三个层级的功能：基本功能、特色共性功能，以及特色差异化功能（个性化私有功能）。

基本功能即通用功能，是所有厂商都会追求的功能；特色共性功能则是行业内通过不

同方式实现的功能，其目的是在同类产品中脱颖而出。而特色差异化功能则是硬件产品经理需要特别关注和研究的，其目的是实现独一无二的产品特性。在产品设计过程中，应依据上述三个功能层级来决定功能的选择及优先级。对于基本功能，此处不予赘述。接下来，简要说明在特色共性功能和特色差异化功能方面需要开展的工作。

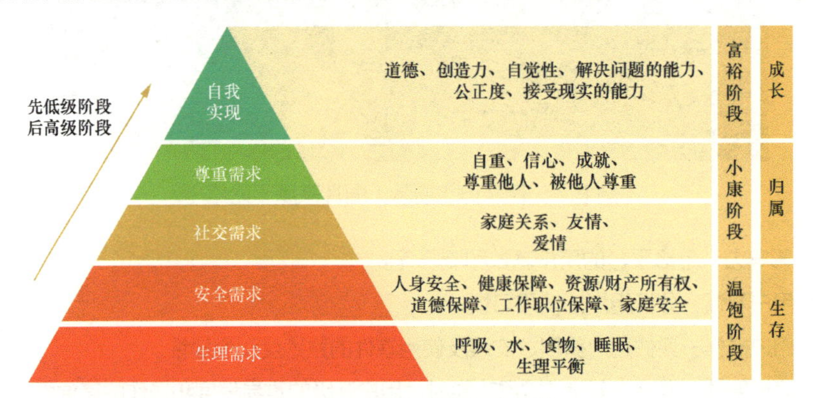

图 8.8　马斯洛需求层次理论

（1）特色共性功能

在产品功能规划的早期阶段，硬件产品经理需要对竞品的功能进行体验、分类及分析，并从用户的角度提出差异化的设计方案。对于智能电视行业，以下是两个可能的差异化功能点。

1）画质引擎。现有方案通常依赖于 IC 厂商提供的算法和软件实现。虽然这为品牌商提供了一个起点，但为了实现差异化，品牌商可以在通用 IC 的基础上，结合用户偏好数据和自身在该领域的经验，开发独特的画质引擎，通过不同的算法和软件来提升画质，比如补帧和色彩增强处理。

2）声音。声音功能的实现方案与画质方案类似，品牌商通常会与声音行业中的知名品牌合作（如哈曼卡顿），或者开发具有特定声音模式（如挂墙模式、自适应模式）的功能，以实现差异化。电视可以根据播放内容和场景模式自动调整设置，如在播放新闻时启动人声模式，播放电影时切换到电影模式，播放音乐时进入音乐聆听模式，甚至不显示画面，仅提供音频播放功能等。

（2）特色差异化功能

在智能电视行业，各品牌商都在努力研发和推广具有差异化和特色化的功能。硬件产品经理需要围绕行业趋势，开展差异化功能的软件设计。以下是两个可能的创新方向。

1）基于硬件的配置和计算能力，结合人机互动需求，进行软件创新。比如利用强大的 IC 和功放能力，依托多喇叭配置，通过算法和软件研发出天花板反射声音技术，实现虚拟 5.1 声道或环绕立体声效果，为用户提供沉浸式的听觉体验。

2）从增值运营的角度做软件创新。智能电视作为大屏设备的代表，其运营范畴远不止视频内容。硬件产品经理应从用户习惯和便利性出发，创新软件功能，比如在大型赛事期间提供赛事相关的精彩瞬间回顾、赛事数据分析等增值服务，或者基于用户观看习惯提供定制化的服务等。

在软件产品设计中，差异化是关键考虑点，同时也不可忽视产品升级的需求。总之，软件规划的核心点应集中在产品功能设计、功能优先级排序及产品方案的可扩展性上。产品功能设计应紧扣公司研发产品的核心理念；功能优先级排序涉及项目的改型 / 升级 / 迭代研发、人员配置、技能需求和研发周期等；而产品方案的可扩展性旨在使产品能够灵活地适应需求的变化。

日本管理学家狩野纪昭（Noriaki Kano）于 20 世纪 80 年代曾提出一种客户满意度模型——KANO 模型。使用该模型有助于在立项过程中识别和分类差异化的功能特点。以智能电视为例，KANO 模型中的不同属性如图 8.9 所示。

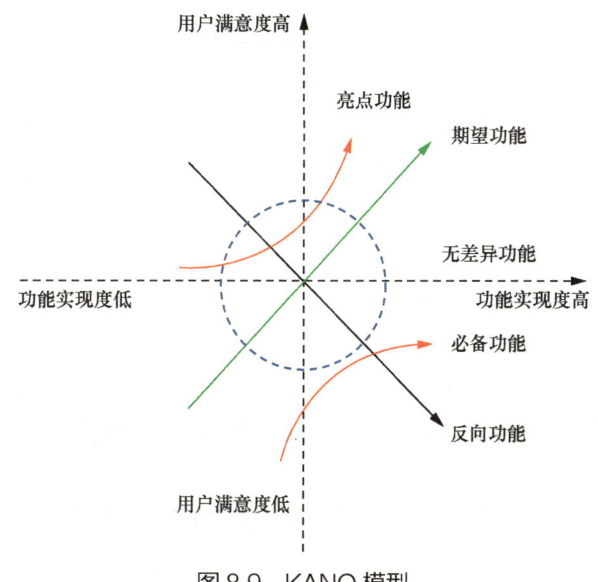

图 8.9　KANO 模型

1）必备功能：用户期望的基本功能，如果没有会导致不满，但实现了也是理所当然。智能电视的基本功能包括信号源、基本画质和音质、互联网连接、遥控操作等。

2）亮点功能：这些功能如果实现，会让用户感到惊喜和赞赏，例如手机遥控、内容投屏等功能。

3）期望功能：这些功能实现得越多，用户的满意度越高。比如画质和音质的显著提升、自适应观看模式、语音控制、智能家居控制中心、OTT 点播、KTV 点歌、游戏、视频通话等。

4）无差异功能：这些功能实现与否对用户的影响不大，即使实现了也不会显著提升用户满意度，如节能。

5）反向功能：这些功能做得越多，越会引起用户的反感，如开机广告等。

必备功能能够消除用户的不满，但它本身并不会提升用户的满意度；亮点功能的关键在于它们能够带来口碑，没有亮点的产品用户不会积极推荐；必备功能的完善需要扎实的行业知识；亮点功能的挖掘则需要深入理解用户需求、场景和人性。

8.4 产品体验报告的写法

产品体验报告能够系统性地记录和分析产品使用感受，以下是该报告中可涉及的 5 个部分。

1. 产品描述

产品描述旨在让阅读报告者形成对产品的初步印象，其内容可细分为以下 6 个方面。

1）产品功能：着重介绍产品的核心功能，尤其是软件功能。例如，在智能电视领域，由于硬件创新空间有限，用户对已达到满意水平的硬件功能不愿再支付额外的溢价，因此软件功能成为重点关注对象，例如智能电视与智能手环、手机、真无线立体声（TWS）耳机等设备的连接功能就尤为重要。

2）产品使用场景：详细描述产品的使用环境，包括地理位置、气候条件、使用时段与场景等。以智能电视为例，它主要用于室内环境，但可能会在不同纬度地区（如赤道附近地区）、不同海拔高度的地区（如海南省和青海省）、不同天气状况（如晴天、多云、小型雨雪雾）下运行，也可能在各种时段使用，如白天阳光直射时段或夜晚低温环境下。

3）目标用户群：描绘典型用户特征如年龄、性别、兴趣等，以帮助识别用户需求与偏好。

4）用户关注点：总结用户在使用过程中的主要关注点，以及产品到底解决了用户的哪些需求或痛点。

5）产品的安装与调试方式：介绍产品的安装和调试方式，比如放置方式（如桌面放置、底座支撑或挂墙安装），以及是否有特殊的安装和调试要求（例如需要无缝贴墙、界面字体要大等）。

6）交互方式及创新点：描述产品的交互方式和创新特性，以智能电视为例，语音交互功能可使用户在换台、点播、控制等操作中更加便利。

2. 市场信息

市场信息是产品开发和迭代过程中不可或缺的一部分，它涉及产品的市场定位和用户反馈等多个方面。具体来说，市场信息主要包括以下三个方面。

1）市场反馈的产品体验相关问题：详细记录和分析产品体验的市场反馈和评价，这对于后续的产品立项至关重要。通过这些信息，可以了解哪些产品特性受用户欢迎，从而在未来的产品中保留和强化这些优点；同时，也可以识别并改进或摒弃那些不受用户认可或存在问题的部分，以降低用户接受新产品的难度。

2）竞品优势：清晰地描述竞品的市场定位及独特特点，这有助于学习与借鉴市场上的成功案例，以便更好地定位公司产品，找到差异化策略。

3）销售表现：分析产品在一段时间内的销售数据，包括销售量及与竞品的对比情况。这包括识别产品的独特卖点和差异化特征，并探究它们如何对销售业绩产生影响。通过这些数据，可以评估产品的市场表现，并为未来的市场策略提供依据。

3. 硬件构成

硬件构成是硬件产品经理需要深入了解并清晰表述的关键部分，通常涉及对产品的拆解分析（俗称“拆机”）。虽然不同行业硬件产品的构成有所差异，但一般会包括外壳、主板、电源、无线模块、人机交互模块、对外接口和显示模块等模块。以智能电视为例，其硬件主要由以下几大模块构成。

1）外壳：包括主要的前后壳体及装饰件等。

2）主板：也称作 PCB，集成了 IC、存储器、音频处理器芯片等关键电子元件。

3）电源：可能是电源板或电池（组），包含电源管理、稳流稳压芯片及电池接口等。

4）无线模块：蓝牙 /Wi-Fi 模块、调制解调器和射频芯片等，通常集成在主板上。

5）人机交互模块：包括电源开关（待机）键、选择键、确认键、音量键、进退键等，以及摄像头、麦克风阵列、各类传感器等。

6）对外接口：涵盖 HDMI 接口、USB 接口、RJ45 网口、音频输入接口（如 3.5mm 耳机接口）、存储卡插槽、AV In/Out（输入 / 输出）接口、Spdif/ 光纤口、DC 输入接口等。

7）显示模块：比如液晶显示屏、LED 数码管等显示技术应用。

硬件产品经理在分析产品硬件构成时，应该对各部分进行系统化和模块化的说明，具体包括主要功能模块的详细介绍、各板卡的连接细节，以及与之相连的组件细节。此外，还需考虑电路板、连接线、散热结构、屏蔽壳、环境防护措施，以及结构件的材料选择，元器件或模块的标准件和通用件的选用等。

4. 软件及交互

软件和交互是产品体验的重要组成部分，应重点考虑以下几个方面。

1）用户界面（UI）：包括设计风格、布局设计、图标、色彩搭配及对用户的友好性等因素。

2）交互逻辑：包括用户操控的简便性、操作步骤和路径、搜索功能、收藏功能和历史记录等。

3）操作系统与启动界面：包括启动器、启动时间、系统优化区域和特点等。

4）运营模块：分析产品中包含的运营模块及其入口位置，并评估这些运营模块中支付流程的便捷性等关键要素。

5. 总结和建议

在完成产品体验的介绍和硬件拆解分析后，硬件产品经理需要对产品体验进行总结，并提出优化建议，以便进一步提升产品定义的质量，使其更加贴合市场需求和用户期望。在提出产品优化建议时，可以从以下几个方面入手。

1）设计主体：基于体验结果提出有针对性的产品定义建议，明确后续是进行产品改型 / 升级 / 迭代，还是全新设计研发。

2）外形尺寸及重量要求：根据行业经验和使用习惯，提出产品体积和重量的建议范围。

3）材料要求：提出新产品主要器件的材料选择建议，如电视的外壳材料究竟是采用塑料还是铝合金等。

4）加工工艺：提出有关新产品主要工艺的建议，例如铝合金的加工究竟是采用压铸还是机加工，表面处理究竟是阳极氧化（可着色）还是喷漆或喷塑等。

5）装配工艺：结合自身工厂或代工厂的生产能力和装配环境，建议是否需要复杂的辅助工装夹具或无尘车间。

6）IP 等级：考虑成本因素，提出合适的防尘、防水等级建议。

7）散热：确定产品的工作温度范围，提出散热方案。

8）电磁兼容：根据需要，提出强化对内部干扰或外部电磁干扰屏蔽的建议。

9）造型建议：就新产品的 ID 提出建议，包括颜色、风格等方面。

10）UI 建议：对新产品的 UI 设计提出建议，如风格、布局比例等。

11）其他：根据实际情况提出其他必要的建议。

8.5 GTM 文档的写法

GTM 本质上是产品的上市策略，它涉及一系列复杂的决策和流程。在许多公司中，GTM 策略是一个关键的环节，用于规划和指导产品如何有效地进入市场并吸引目标客户。这个过程不仅包括产品定位和目标市场的确定，还涉及渠道选择、营销策略、销售执行等多个方面，旨在确保产品能够在竞争激烈的市场中获得成功。

8.5.1 GTM 策略的业务逻辑

1. 理解客户

GTM 策略的制订应基于对目标客户的深入理解。只有明确了客户画像，才能制订出有效的策略。了解目标市场的具体情况和目标客户的需求是构建客户画像的前提。市场细分是这一环节中的关键步骤，它不仅能帮助我们更好地理解整体市场状况（包括消费者的购买动机和购买方式），还能更精准地定位特定消费群体的需求，从而有效地分配资源，并建立产品的竞争优势。市场细分还能揭示潜在的市场领域，为公司提供更多的市场机会。在产品上市过程中，通常会选定一类人作为目标客户群体。不同产品对应不同的目标客户，因此也需要制订不同的 GTM 策略。

2. 渠道的选择与管理

了解目标客户和市场后，渠道的选择和管理变得至关重要。优秀的产品需要通过有效的渠道策略来占领市场。渠道可能是直接面向客户，也可能是通过经销商和代理商间接面向客户，或者是两者的混合模式。无论是直销还是分销，关键在于建立有效的渠道关系，合理分配利益，确保市场动力的持续。这部分讨论的是借助渠道将产品销售给客户的途径。

3. 业务规则和体系结构

确定渠道后，需要建立产品上市的业务规则和体系结构。这包括多级定价策略、渠道分层、市场覆盖网格划分、设定销售目标、组建运营团队、制订营销策略等。通路促销（Trade promotion，TP）和消费者促销（Consumer Promotion，CP）也是产品上市体系结构中的重要组成部分。这一部分实际上决定了产品上市的运作方式、渠道成本、折扣和补贴政策、渠道利益分配等，对销售系统的建设有着重要影响。

通过这些步骤，可以确保 GTM 策略的全面性和有效性，从而帮助产品成功地进入市场并实现商业目标。

8.5.2 GTM 文档的编写

撰写 GTM 文档并非单一部门的工作，而是需要市场、销售、产品和供应链等多个部门共同协作。这项工作涉及多个专业领域，在撰写 GTM 文档时，可以参照表 8.15 所示的框架来进行起草。

表 8.15 GTM 框架表

类目	框架
产品情况	**产品概述：** 这部分简要说明产品定位、项目目标、目标人群、上市时间、销量目标、生命周期、销售策略等；此外，还要具体说明产品的规格等 **产品定位：** · 产品在公司路标中的位置 · 产品参数定义、功能定义、性能定义 · 产品在行业产品序列中的位置 · 对标竞品分析（关键卖点的量化对比和分析、产品的体验类分析，以及主要电商的用户评价分析） · 产品卖点描述 · 产品营销策略
竞争分析	大盘分析、竞品说明（包括主要竞品、未来可能的竞品）
销售目标	销售规划（含时间轴）、销售策略及销量目标分解
营销方案	· 价格策略、产品的生命周期盈利预测（请参考图 8.10） · 渠道及销售策略 · 整体销售节奏 · 电商平台销售策略 · 官方商城销售策略 · TP（Third Party，第三方）及 KA（Key Account，重点客户）销售策略 · 二级市场策略 · 线下销售策略 · 首次抢购目标及流量需求 · 销售预案
供应链策略	**交付节奏及风险点：** · 是按订单生产还是按预测生产 · 销售渠道（电商、渠道铺货和大 B 客户）的特点 · 产品的定制化实现 · 提前生产 / 延迟制造的方案 · 备件方案 · 代售、包销方案 · 产品进度的匹配 / 试制进度 · 生产质量的准备 · 生产物流的准备 · 产线资源的准备 · 制造成本的方案 · 物流布局的准备

续表

类目	框架
售后服务策略	BOM List（物料清单） 安装维修价格表（包括自营、代理商和第三方） 售后零件的配件、零部件价格表 售后客服培训（包括产品知识、销售平台规则和话术） 安装技能培训（包括 PPT、视频或在线培训，以及资料发放） 安装技能考核 IoT 的成本和收费方案
上市进展	上市重点工作推进情况报告
GTM 评审结论	评审及签字、日期

图 8.10 为产品生命周期损益表。该表基于 6 个月、12 个月、18 个月以及 24 个月这 4 个时间段的销售价格、销售成本、销售费用、销售量和销售额、推广费用、研发成本来计算盈亏平衡线和利润，为生命周期盈利预测做好准备。

条目		总计	6个月				12个月				18个月				24个月			
			线下代理	线上-有品	线上-天猫	线上-京东	线下代理	线上-有品	线上-天猫	线上-京东	线下代理	线上-有品	线上-天猫	线上-京东	线下代理	线上-有品	线上-天猫	线上-京东
销售价格	预计订单销售价格（含税）/套																	
	电商扣点（按扣点后开票）			13.50%	5.50%			13.50%	5.50%			13.50%	5.50%			13.50%	5.50%	
	预计销售价（含税）		0	0	0	0	0	0	0	0	0	0	0	0	0	0	0	0
销售成本	BOM成本/套（含税）																	
	加工费用/套（含税）																	
	物流费用-加工过程（含税）																	
	安装费用（含税）																	
	单位销售成本合计	0																
销售费用	广告/装修等		5%															
	销售扶持费用		0															
	电商扣点（按销售价开票）					15%				15%				15%				15%
	电商服务费		0	0	0	0	0	0	0	0	0	0	0	0	0	0	0	0
	物流费用-销售过程（含税）																	
	业务员提成		0	0	0	0	0	0	0	0	0	0	0	0	0	0	0	0
	税金		0	0	0	0	0	0	0	0	0	0	0	0	0	0	0	0
销售量和销售额	单位边际贡献		0	0	0	0	0	0	0	0	0	0	0	0	0	0	0	0
	预计销售量	0																
	边际贡献总额	0	0	0	0	0	0	0	0	0	0	0	0	0	0	0	0	0
	销售毛利率																	
推广费用	广告费用																	
	市场推广																	
	工资																	
研发成本	研发费用																	
	人数																	
	工资																	
盈亏平衡线	吃水线																	
利润	税前利润	0	0	0	0	0	0	0	0	0	0	0	0	0	0	0	0	0

图 8.10　产品生命周期损益表

8.6 评审报告的写法

8.6.1 新品研发可行性评审

在新产品研发阶段，大多数公司都会进行可行性评审，这一步骤至关重要，其目的主要有以下几点。

- 确保产品质量：可行性评审有助于确保产品在设计和研发过程中达到预定的质量标准，从而降低产品上市后出现问题的风险。
- 增强产品的市场竞争力：通过评审确保能够满足市场需求，同时紧跟市场趋势，提升产品的市场竞争力。
- 有效管理项目进度：评审有助于及时发现并解决研发过程中的问题，有助于及时处理项目延期问题，确保按时交付。
- 降低成本：通过评审可以及早发现并解决设计阶段的问题，减少后期制造过程中可能出现的错误和返工，有效控制成本。
- 提升团队协作能力：评审过程涉及多个部门和团队的合作，有助于提高团队间的沟通效率和协作能力。

为确保评审的全面性和有效性，新品研发可行性评审可以参考表 8.16。

表 8.16 新品研发可行性评审表

<table>
<tr><td colspan="3">项目名称</td><td colspan="2"></td><td colspan="1">所属产品版本</td><td colspan="1"></td></tr>
<tr><td colspan="3">产品类型</td><td colspan="4">□全新产品 □改型 / 升级 / 迭代产品</td></tr>
<tr><td colspan="3">所处阶段</td><td colspan="4">□ WS □ EVT □ DVT □ SVT □ pMP</td></tr>
<tr><td colspan="3">参与评审人员</td><td colspan="4"></td></tr>
<tr><td colspan="3">产品经理、硬件产品经理</td><td colspan="2"></td><td colspan="1">项目经理</td><td colspan="1"></td></tr>
<tr><td colspan="3">最终评审结果</td><td colspan="4"></td></tr>
<tr><td colspan="3">备注</td><td colspan="4"></td></tr>
<tr><td>序号</td><td>事项</td><td>评审要素</td><td>描述</td><td>结论</td><td>结论说明</td><td>备注</td></tr>
<tr><td rowspan="3">1</td><td rowspan="3">使用评估</td><td>使用对象</td><td></td><td></td><td></td><td></td></tr>
<tr><td>使用环境</td><td></td><td></td><td></td><td></td></tr>
<tr><td>使用习惯</td><td></td><td></td><td></td><td></td></tr>
</table>

续表

序号	事项	评审要素	描述	结论	结论说明	备注
2	资源配置	人力需求				
		设备				
		场所				
		资金				
3	结构评估	材料选择				
		结构设计				
		模具制造				
		工艺处理				
		防呆设计				
4	方案评估	硬件平台				
		电源设计				
		散热设计				
		类似案例的经验				
		成本对比				
5	软件评估	操作系统				
		交互界面				
		用户界面				
		App				
6	安规认证	EMC				
		环保要求				
		其他认证				
		其他要求				
7	制造评估	制造可行性				
		产能				
		交期				
		直通率				
8	风险评估	品质问题				
		研发周期				
		产品生命周期				

8.6.2 制造可行性评审

制造可行性评审是一种非常关键的分析和决策方法，用于评估产品或服务的生产效率和制造可行性。这一评审覆盖了零部件生产、装配、测试、安规及物流等多个环节。制造可行性评审的主要作用如下。

1）为企业提供决策依据：在企业考虑推出新产品或拓展新业务时，制造可行性评审提供了重要的决策依据，帮助企业做出更合理的选择。

2）评估市场潜力：通过评审报告，企业能够更准确地预测产品的盈利前景，从而调整经营市场战略和资源分配。

3）优化资源配置：了解产品制造过程中的资源需求和成本需求，有助于企业有效地规划项目资金和资源投入。

详细的制造可行性评审项目和内容如表 8.17 所示。评审表可以确保评审的全面性和准确性。通过这一过程，企业能够确保产品的制造计划既经济又高效。

表 8.17 制造可行性评审表

项目	设计需求	内部标准或标件要求	风险		解决方案 / 备注
			可制造	可检测	
结构设计	是否明确要求指定材料供应商				
	外观要求标准				
	表面处理				
	尺寸要求及标准				
	防水、防尘设计等级				
PCBA 设计	对板材、设计厚度、尺寸是否有明确要求				
	是否有新器件导入				
	关于 PBCA 设计，是否有新工艺要求				
钢网设计	设计厚度、尺寸是否有明确要求				
	是否有新封装导入				
物料 / 辅料	是否有指定的供应商				
	是否有指定使用的型号				
SMT	是否可以厂内生产				
	是否有新 SMT 应用				

续表

项目	设计需求	内部标准或标件要求	风险		解决方案 / 备注
			可制造	可检测	
软件设计	是否指定研发软件				
	是否有指定的接口				
	是否有指定研发的功能				
装配	是否有新装配工艺和方式				
	是否有新装配设备、工装治具导入				
测试	是否有新测试设备导入				
	电流				
	电压				
老化	是否有新工艺和方式				
	是否有新的老化设备导入				
检验	是否有明确检验标准和特殊检验要求				
	是否有新检测设备和工具导入				
包装	是否有明确的包装方式、数量等要求				
	是否有配件包装				
维修 / 返工	是否对维修 / 返工品有特殊要求（不可维修、不良品报废，以及特殊标价等）				
	维修方案是否明确且方便				
存储	对存储环境是否有明确要求				
运输	是否有指定的运输方式或物流公司				
标识	对产品有哪些标识要求				
	是否对产品可追溯性有明确要求，具体到什么层级				

续表

项目	设计需求	内部标准或标件要求	风险		解决方案/备注
			可制造	可检测	
试验/检测分析	是否明确提供哪些产品功能试验				
	是否明确提供哪些产品电路试验				
	是否明确提供哪些产品结构试验				
	是否明确提供哪些产品环境试验				
	是否明确提供哪些产品工艺可靠性检测分析：如焊点检测 / 应力等				
相关法律法规	是否有特殊要求条款				
使用寿命	是否有明确使用寿命				
使用环境	是否有明确使用环境或应用场景				
产能	是否有产能需求，标注年 / 月 / 日				
	各阶段是否有具体交货期				

8.7 产品命名规则的撰写和整理

对于硬件产品团队而言，确立一套清晰的产品命名规则至关重要，其重要性不亚于代码注释对于软件开发者的作用。在大型公司中，命名规则通常由产品部门负责维护和管理。而在中小型公司，如果没有现成的命名规则，则需要由硬件产品经理负责制订和管理。

有趣的是，当硬件产品经理选择应聘某家公司时，往往仅需查看该公司的命名规则，就能判断出其专业性及流程合理性，从而决定是否就职。对于市场部门来说，命名规则有助于合理规划不同渠道的产品线。而在日常工作中，无论是面对面的交流、电子邮件沟通，还是项目汇报，命名规则都能作为团队成员共同遵循的标准。

产品命名规则的制订和遵守能够培养硬件产品经理的专业交流语言和习惯，有助于形成一个沟通无障碍、工作效率高的团队。硬件产品经理需要对公司的 ERP 系统有深入了解（考虑 ERP 系统中的位数限制），因为命名规则不仅用于产品的外部宣传，还会体现在物料清单（BOM）中。BOM 作为研发和制造过程中的关键文件，对产品命名规则的制订提出了较高要求。

合理的命名规则应易于记忆和区分，并且便于应用。建议采用中文拼音缩写和英文缩写相结合的命名方式。随着新技术和新术语的诞生，每次新增的概念或名称都应录入命名库中，并在库中详细记录每个命名的含义。下面以液晶类产品为例，具体探讨命名规则的撰写和整理方法，以便大家了解如何确保命名规则的有效性和一致性。

液晶类产品统一采用下述格式。

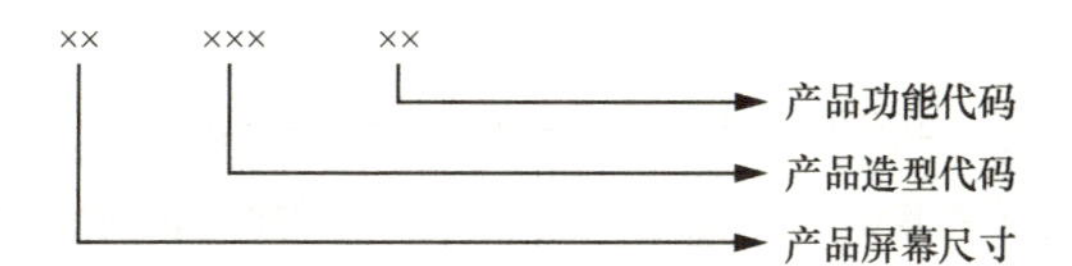

1）产品屏幕尺寸：19、22、24、26、32、37、40、42、47、55、65、75 等，以英寸为单位。

2）产品造型代码：用一个英文字母加两位数字表示产品造型代码。

- 英文字母：品类。易混淆的字母如 U、V、O、I 等不能使用。
- 两位数字：范围为 00 ～ 99。最好不使用具有谐音或其他意义的数字，如 14、24、38 等。

3）产品功能代码：用两个字母表示，如表 8.18 所示。

表 8.18　液晶类产品功能代码表

代码	功能	代码	功能	代码	功能
HR	支持 RM 播放功能	RM	RM 功能 + 卡拉 OK	RF	RM 功能 + 卡拉 OK+FHD
RT	RM 播放 + 时移可录	HF	FHD 功能	HM	简单 USB 功能
FM	FHD + 触摸屏	IW	基本功能	AH	全模式 / 可拓展一体机
DZ	定制机	SW	商务 / 工程	CH	有线电视标准（DVB-C）
SH	卫星电视标准（DVB-S）	TH	地面传输标准（DMB-TH）	SC	卫星 + 有线
CT	有线 + 地面	ST	卫星 + 地面		

例如：42K80RT 表示 42 英寸平板电视，K80 造型，具备 RM 播放与时移可录功能。

硬件产品经理需要定期在产品部门备案新代码，并负责协调和确定最终的产品名称。这些命名规则的制订和执行对于保持产品命名的一致性和清晰性至关重要。

本章内容涵盖了硬件产品经理在产品管理过程中所涉及的关键文档，这些文档不仅具有指导意义，而且具有很高的实用价值，可以直接应用于实际工作中。通过这些文档，硬件产品经理可以更有效地管理产品信息，提高工作效率，并确保产品信息的准确传递。

后记

作为硬件产品经理，我们肩负着对自己长期培育的产品负责的重担。当市场条件、竞争对手动态、成本约束和政策导向限制产品发展时，硬件产品经理应当学会在一定程度上接纳产品与公司系统的不尽完善。同时，鉴于资源的有限性，争取资源就成为硬件产品经理不可或缺的能力。因此，硬件产品经理需要深入理解所负责产品的方方面面：目标、价值主张、实现路径、所需资源及时间规划。硬件产品经理需从时间、范围、成本等多个维度参与并掌控整个产品周期，从初期的工程评估，贯穿研发过程，直到产品落地。此外，还要深度参与同时期的研发团队状态管理、特殊问题处理、资源调配等事项。

不论面向消费者（2C）、企业（2B）还是政府（2G），硬件产品经理只有逐步成为行业专家，才能深刻洞察产品与用户，挖掘用户的深层次需求与痛点。累积行业经验至关重要。诚然，敏锐的洞察力是每位硬件产品经理的追求，但这须通过实践的不断磨砺方能达成。唯有深刻理解实践的价值，具备精炼而深刻的思考能力，才能更易捕捉到线索与机遇。

虽然史蒂夫·乔布斯为硬件产品经理树立了远大梦想，但在现实中并非每位硬件产品经理都能企及这一高度。硬件产品经理应当坚定信念，不畏艰难与挑战，同时也要保持分寸感，明确自身能力边界。本书详细阐述了硬件产品经理所需的各项技能，每位硬件产品经理可借此自我审视，发现不足，持续学习，提升自我，逐步弥补短板。

在多年的职业生涯中，我们深切体会到成长的艰辛，也深知公司对优秀人才的迫切需求。作为结语，我们再次重申那些在日常工作中逐步锤炼而成的关键概念与特质。

1. 公司的 1+*N* 战略

公司的 1+*N* 战略是指以公司的 1 个核心能力为基础，延展出 *N* 条产品线。1 是基础，*N* 可扩展为场景、产品、应用和服务等。1+*N* 战略可以自由扩展，1 可以慢慢增多，1 后也可以再加数字，但必须是 *N* 结尾，因为 *N* 表达的是将来要做的，以及不可预料的。在公司发展、调整的过程中，要围绕 1 展现出超强的能力，从而在若干条产品线上获得成功，并且也可以在后面 *N* 的延展中获得成功。这是公司的基因，也是比较适合公司文化塑造和发展的方式，公司的战略方向、资源投放、团队配合、流程执行力等都与之息息相关。如果可以围绕 1 衍生 *N*，往往就会事半功倍。对硬件产品经理来说，了解优秀公司的 1+*N* 战略，对自己做产品规划有重要的参考价值。下面举例来说。

（1）浪潮：工业互联网平台 1+*N* 战略

1 是指浪潮工业互联网平台；*N* 是指工业云平台及应用服务商，可以涵盖优势行业、龙头公司以及经济产业聚集区。

（2）中国移动：1+1+*N* 的物联网生态体系

第一个 1 指打造一个全新网络，着力推动窄带物联网新网络应用，推动信息基础设施提档升级。第二个 1 指构建一个物联网的产业生态圈，深度打造物联网产业联盟。*N* 指推广 *N* 项应用，依托 OneNET 平台能力，加快智慧城市、智慧交通等多项应用的推广，促进“万物智联”时代的到来。

（3）华为：1+8+*N* 的 5G 全场景战略

1 是智能手机，8 是指 PC、智慧大屏、音箱、眼镜、手表、车机、耳机、平板，*N* 指的是移动办公、智能家居、运动健康、影音娱乐及智能出行各大板块的延伸业务。围绕移动办公、智能家居、运动健康、影音娱乐，华为致力搭建一套更加完善的 5G 服务生态体系。

（4）海尔：4+7+*N* 的全场景定制化智慧成套方案

4 是指海尔智慧客厅、智慧厨房、智慧浴室、智慧卧室 4 大物理空间，7 代表的是全屋空气、用水、洗护、安防、语音、健康和信息 7 大全屋解决方案，而 *N* 代表的是用户可以根据自己的生活习惯自由定制智慧生活场景。

（5）东软集团：打造 1+*N* 人工智能业务体系

1 指自建的 AI 共性技术平台——SaCa 云应用平台。*N* 指的是大健康技术、智能交通技术及智慧城市技术等。如在智能交通领域，东软利用 AI 的图像识别技术，可以从大量道路卡口的监控影像数据中做车辆搜索。在智慧城市领域，基于通信运营商的基站数据，东软可以了解并预测人群的流动情况，SaCa 可应用于景区管理、地铁口监测、商业选址等。在医疗领域，东软与医院进行技术合作，涉及的技术包括数据结构化处理、文本知识发现、机器深度学习等。在结合应用环境方面，东软已为 400 余家三级医院、2000 余家医疗机构提供了软件与服务。

（6）北斗星通：构建北斗 + 新业态，1+1+*N* 战略布局

第一个 1 指的是一个核心支撑平台（云 +IC），第二个 1 指的是一个大体量业务板块（汽车智能网联与工程服务），*N* 是指 *N* 个隐形业务冠军。

（7）其他（仅供参考）

1）阿里巴巴：1 代表数据收集、分析和应用能力，*N* 涵盖零售（天猫、淘宝）、支付宝、物流（菜鸟）等业务板块。

2）腾讯：1 代表社交连接能力，*N* 包括游戏、音乐、QQ、微信等社交产品。

3）创维：1 聚焦于销售能力（包含配套服务能力），*N* 涵盖智能电视、机顶盒、白色

家电等产品线。

4）红星美凯龙：1代表渠道通路优势，N包括联合营销、商业地产等领域。

5）小米：1代表供应链整合和营销能力，N指的是手机、电视、路由器、平衡车、手环、扫地机器人等。

2. 关于销售中的人、货、钱和场景

不论线上线下，这四者都在趋向合一。结合硬件产品经理所处的位置，需要分两部分来看，简单叙述如下。

1）对于公司：人、货、钱、场景四位一体的配合

- 人的准备：人员、团队、团队文化、团队建设。
- 货的准备：产品研发、供应链、品控等。
- 钱的准备：财务健康度、财务冗余、应付应收。
- 场景的准备：渠道建设、价格政策、推广、整合传播。

2）对于店铺（线上/线下）：人、货、钱、场景四位一体的配合

- 人的准备：导购顾问/客服的培训、推广组、终端展示、演示。
- 货的准备：产品展示、库存周转。只有减少不确定因素，才能从根本上降低安全库存。
- 钱的准备：广告、周转、回款、账期。
- 场景的准备：门店建设、动线设计、销售场景搭配、店面经营、直播等。

3. 关于生存和发展

硬件产品经理所处的环境要求其兼顾生存和发展两个方面。公司表面追求生存，实则暗中进行发展布局，因为生存是发展的基础。生存涉及当前的销售额、销售量、毛利率、净利率及周转率等关键指标；而发展则涵盖品牌营销、产品研发、模式创新及市场突围等方面。公司的成长路径实质上是调整生存与发展比例的过程。初期，生存比重远高于发展；随着业务与流程的日益成熟，发展将占据主导地位。硬件产品经理需准确判断公司所处阶段，以便在工作中既不保守也不过于激进。

4. 与管理者的配合

硬件产品经理在工作中不可避免地要与各级管理者接触和沟通，这些管理者包括老板、一级经理人和二级经理人。理解与这三者的沟通与协作模式，有助于构建博弈与研讨的良好氛围，促进对战略的深入思考和战术的忠实执行。通常，老板注重理想与愿景的塑造，一级经理人关注自身地位的提升，而二级经理人则重视实际利益。这三者间存在自然的博弈关系：老板目标激进，追求行业领先地位；一级经理人评估后可能采取保守策略，确保

稳定位置；二级经理人则可能采取更为激进的业绩追求方式。这种互补性推动了整体目标的积极实现。在此过程中，老板强调文化宣导与精神激励，一级经理人负责制定方向与目标，二级经理人则专注于战术执行。

5. 串联与并联的信息流

在企业中，信息流是信息跨部门流动的核心过程，对于确保企业内部沟通顺畅至关重要。信息流的重要性不言而喻，它支撑着企业的顺畅运作。一旦信息流受阻，将导致沟通混乱及士气低落。信息流始于信息发送者，经过编码、传递、解码及接收者反馈等环节完成循环。对于任何规模的企业而言，信息流都是其生命线，通过它实现与客户、供应商及员工的信息交换，追踪市场动态。

为优化企业内部信息流，可采取以下措施：利用 IT 技术实现信息交流自动化，减少人工干预；改善部门间及业务单元间的沟通渠道；激励员工积极分享信息与创意；实施高效的信息管理系统与流程。确保信息流的畅通无阻，对于提升企业运营效率及盈利能力至关重要。在硬件产品经理的工作中，需特别关注信息流转的效率与准确性，借鉴电路原理，灵活运用串联与并联信息流的优势，积累应对不同流转方式的实践经验。

6. 隐性成本与课题改善

我们将那些在公司财务报表中难以直观体现的成本称为隐性成本。对于公司而言，隐性成本实质上是一种资源的浪费，主要包括隐性生产成本和隐性管理成本两大类。

隐性生产成本种类繁多，流程成本便是其中之一。通常，公司并未详细核算流程流转所造成的经济损耗。例如，订单在采购总监处滞留 3 天，产品在生产线中转仓停留 7 天，在成品仓中再待 10 天，随后在 RDC 仓又滞留 5 天，这些时间成本往往被忽视。此外，工序浪费也不容小觑，如生产线因新员工适应期而降低效率，设计研发部门的试产失败导致的返工、报废及停线等，这些均未被纳入成本核算体系。因此，需要全面考量这些隐性浪费，以更准确地评估总生产成本。

隐性管理成本则涵盖会议成本、沟通成本及管理信用成本等方面。许多大型企业倾向于通过频繁的会议来推动工作，但往往效率低下，难以形成有效决策。无效沟通同样普遍，信息传递中的误解与偏差导致重复沟通与确认，无形中增加了成本。管理信用成本则体现在政策执行不力上，当公司政策频繁发布却得不到有效执行时，管理权威受损，成本随之上升。

作为流转中的核心角色，硬件产品经理应如何降低这些隐性成本呢？简而言之，关键在于将隐性成本显性化，并将其作为攻关课题来处理。例如，通过录像、秒表等手段和工具精确测量工序中的时间浪费，收集数据后设定改善目标，调动资源推动课题实施。改善成果将直接体现在成本节约上，同时激发员工的积极性与成就感。对于流程停滞成本，可通过统计订单、物流等信息的停滞时间，明确问题所在，制订改善计划，逐步减少信息停滞，提升效率。

在快速发展的商业环境中，创新是推动企业成功的关键。硬件产品经理作为技术引领者与未来塑造者，带领着团队创造满足并超越客户期望的创新产品。AI 技术的日益成熟，使其在产品管理领域的应用前景广阔。AI 不仅能提供数据驱动的洞察力，还能协助进行客户研究、决策制订等，为产品管理带来智能化与直观化的变革。然而，将 AI 融入产品管理也伴随着挑战，要求硬件产品经理在客户需求与业务需求之间寻求平衡，并学会利用 AI 技术提升工作效率与决策质量。通过 AI 的情感分析、预测分析等功能，硬件产品经理能更深入地理解客户需求与市场动态，从而引领产品走向更加智能与高效的未来。